金属氮氢系固体储氢材料

张　轲　张国英　曹中秋　张　辉　编著

科学出版社
北　京

内 容 简 介

本书系统介绍作者及国内外储氢领域科学家近几年对金属氮氢系储氢材料的研究成果。全书共7章，第1章对储氢材料研究背景、分类、储放氢原理、制备技术进行了简单介绍；第2、3章介绍金属氮氢系储氢材料的研究方法和制备方法；第4、5章应用第一原理对金属氮氢、硼氢化锂储氢材料释氢影响机理、催化机理进行了分析；第6、7章介绍金属氮氢系储氢材料吸放氢机理、储氢性能和硼氢化锂、铝氢化锂对其改性的研究成果。

本书可供从事储氢材料及能源类研究与工程开发的科技工作者阅读，也可作为该领域高年级本科生、研究生及大学教师的参考书。

图书在版编目(CIP)数据

金属氮氢系固体储氢材料／张轲，张国英，曹中秋，张辉编著．—北京：科学出版社，2013.10

ISBN 978-7-03-038432-4

Ⅰ．①金…　Ⅱ．①张…②张…③曹…④张…　Ⅲ．①储氢合金　Ⅳ．①TG139

中国版本图书馆CIP数据核字(2013)第196889号

责任编辑：吴凡洁　陈构洪／责任校对：桂伟利
责任印制：赵德静／封面设计：耕者设计工作室

科学出版社 出版
北京东黄城根北街16号
邮政编码：100717
http://www.sciencep.com
北京凌奇印刷有限责任公司 印刷
科学出版社发行　各地新华书店经销
*
2013年10月第 一 版　开本：720×1000 1/16
2013年10月第一次印刷　印张：14
字数：268 000

POD定价：68.00元
(如有印装质量问题，我社负责调换)

前　言

随着世界人口的持续增长和发展中国家的工业化，全球对能源的需求迅速增加。作为能源主要来源的化石资源逐渐枯竭，而化石燃料的燃烧带来了环境污染和温室效应等问题，迫切需要寻找一种不依赖化石燃料而又储量丰富的新型替代能源并完成相关技术的开发。氢能作为一种清洁、环保的新能源，其众多优异的特性引起了人们广泛的关注，最有希望在未来替代化石能源。氢能的开发和利用涉及氢气的制备、储存、运输和应用等四大关键技术，其中氢气的储存技术已成为氢能利用走向实用化、规模化的瓶颈。近几年车载燃料电池汽车工业的发展，推动了对新型高容量储氢材料的研究。世界各国都投入了大量的经费开发新型高容量储氢材料。国家重点基础研究发展计划(973 计划)、国家高技术研究发展计划(863 计划)、国家自然科学基金都把储氢材料作为新型材料列入重点研究领域。

氢的储存可分为高压气态、高压低温液态以及固态储氢材料储氢三种，其中固态储氢材料具有储氢密度大、安全度高、运输方便且操作容易的特点，特别适合对体积要求较严格的场合，如在汽车储氢罐、车载燃料电池、热泵及氢传感器上的使用。在过去的几十年里，固态储氢材料的研究取得了较大的进展，开发出大量的有前景的固体储氢材料，包括金属氢化物材料、配位氢化物材料、金属氮氢基材料、化学储氢材料，还有碳基储氢材料、金属有机骨架材料等。然而这些储氢材料都各有缺点，有的储氢量低，有的释氢温度高，有的动力学速率慢，还有的储放氢不可逆等。因此，今后储氢研究面临两大挑战：①高储氢含量、近室温操作、可控吸/放氢、长寿命的新型、高效、安全的储氢材料研发；②氢与储氢材料相互作用的本质及其对储放氢性能(如储氢量、热力学稳定性及动力学性能)的影响的深入理解。

显然，为应对上述挑战，应对现存的各类储氢材料进行筛选，找出最有前途的储氢材料体系；然后对所选的储氢体系进行系统研究，包括对该体系储放氢、催化改性机理的理论研究，对其储放氢性能、循环性能、催化改性等进行深入系统的研究。

本书作者及其研究团队自 1998 年以来致力于 M-N-H 高密度储氢材料的开发，得到 863 计划的大力支持，取得了一些有意义的成果，受到国内外同行的关注。在此基础上，作者还参阅了国内外大量的科技文献，总结了国内外储氢材料的最新研究进展，充分融入作者多年科研工作取得的成果，撰写成这部关于金属氮氢系固体储氢材料的储氢技术与机理的专著。书中首先对氢能系统、金属氮氢系储氢材料研究方法进行了介绍(第 1、2 章)；然后详细叙述了金属氮氢系储氢材料的重要组成物质金属氢化物和氨基化物的制备方法(第 3 章)给出了金属氮氢系储氢材料吸放氢机理、储氢性能和硼氢化物以及铝氢化物对其改性的研究成果(第 6、7 章);第 4 章给出了金属氮氢、硼氢化锂储氢材料释氢影响机理、催化机理的第一原理研究;第 5 章叙述了氢相关缺陷、杂质及缺陷杂质复合体对 M-N-H 储氢材料释氢影响机理的第一原理研究。本书最后对储氢材料的研究进行了展望。本书的大部分内容是作者近几年的研究成果,这些成果是在 863 项目(2009AA05Z105)和辽宁省教育厅科研项目(L2012394)的支持下取得的,在此表示衷心感谢。

欢迎读者对本书涵盖的内容进行提问和反馈。鉴于储氢材料发展日新月异,涉及领域广泛,有关文献资料森如瀚海,加之作者水平有限,书中难免有不当之处,恳请专家和读者不吝赐教。最后,对书中所引用的文献资料的中外作者表示衷心感谢。

目　　录

第 1 章　固体储氢材料概述

1.1 引　言

能源是人类赖以生存的基本资源。在人类发展的长期历史进程中化石能源一直是人类使用的主要能源。由于石油、煤等资源的储量是有限的，而且随着工业的发展和人类物质精神生活水平的提高，能源的消耗也与日俱增，全球最近 25 年内能源的消耗量相当于过去 100 年的消耗量，化石能源的长期大量消耗，导致资源日渐枯竭。在环境方面，使用化石燃料备受关注的是它们的碳成分，燃烧过程中碳以气体(包括二氧化碳等)形式进入大气中。全球温度的升高与大气中二氧化碳含量的增高有关，所以人们不希望含二氧化碳的气体进入大气中。如果化石燃料持续占总能源供给的 81%，那么到 2030 年二氧化碳排放量估计会达到每年 40.4Gt。这将导致全球温度进一步上升，结果势必对全球生态系统造成毁灭性影响[1~6]。

上面提到的环境破坏和能源安全问题可通过采用清洁、可持续发展的能源技术来解决。可持续发展的能源技术可利用可再生能源，如风能、太阳能和海洋潮汐能。这些技术允许在本土生产能源，从而降低对外国能源市场的依赖，并且比化石能源对环境具有更轻的损害。但可再生新能源的发展，既有技术瓶颈、成本劣势，亦有政策掣肘、制度羁绊。且不说能量转化率、利用率偏低这一世界性技术难题，仅电力质量一项，就令人头疼不已。火电、水电，可以听从调度，而光伏发电与风电，从能源上来说都是随机的、间歇性的，这将直接导致电压波动和频率波动等而难以保证电力质量。如用可再生能源来满足能源需求，那么剩余的能量必须得储存起来。人们提出用氢来实现能量的储存，即把产生的多余能量用氢以化学的方式储存起来以备不时之需。不过，这种储能方式在实际应用上还是有争议的。

用可再生能源制氢，与化石燃料相比是一种环境友好型燃料，燃烧产物只是水。这使得氢在汽车工业具有较大应用潜力，因为为满足交通需求所燃烧的化石燃料每年产生大量二氧化碳。在现代汽车工业使用氢作为能源会大大减弱地球变暖进程。为此，发展可再生清洁能源是目前全球面临的一个重要课题。世界各国都在因地制宜地发展核能、太阳能、地热能、风能、生物能、海洋能和氢能等化石燃料以外的新型替代能源，其中氢能被认为是未来最有希望的能源之一。

1.2 氢　　能

氢位于元素周期表之首，它的原子序数为 1，是宇宙中普遍存在的元素。自然界中氢在常温常压下以气态氢分子的形式存在，在超低温或超高压下可成为液态或固态。氢能是指以氢及其同位素为主体的反应中或氢的状态变化过程中所释放的能量，主要包括氢化学能和氢核能两大类。H_2的发热值为 142MJ/kg，而化石燃料仅为 47MJ/kg，因此，作为将来的能源载体，氢能是一种理想的洁净能源，被很多国内外专家誉为“21 世纪的绿色能源”、“人类未来的能源”[7]。

1.2.1　氢能的特点

与化石能源相比，氢能具有以下优点[8]。

(1) 氢在所有元素中，质量最轻。在标准状态下，氢气的密度为 0.08988g/L，在−253.7℃时，可成为液体，若将压力增大到数百大气压，液氢可变为金属氢。

(2) 氢在所有的气体中，导热性最好。氢比大多数气体的导热系数高出 10 倍，因此氢在能源工业中是极好的传热载体。

(3) 氢是自然界中存在最普遍的元素。虽然自然氢的存在极少，但氢以化合物形式储存于地球上最广泛的物质——水中。据推算，如把海水中的氢全部提取出来，它所产生的总热量比地球上所有化石燃料放出的热量还大 9000 倍。

(4) 氢的发热值虽然比核燃料低，但它却是所有化石燃料、化工燃料和生物燃料中最高的，约为 1.4×10^5kJ/kg，是汽油发热值的 3 倍。

(5) 氢的燃烧性好，点燃快，与空气混合时有广泛的可燃范围，而且燃点高，燃烧速率快。

(6) 氢燃烧后的产物是水，无环境污染问题，而且燃烧生成的水还可以继续制氢，可反复循环使用。

(7) 氢能的利用形式多，氢能利用既可包括氢与氧燃烧所放出的热能，又可包括氢与氧发生电化学反应直接获得的电能。

(8) 氢的储存方式很多，可采用气体、液体、固体或化合物的形式将氢储存和运输，因而可适应环境的不同要求。

1.2.2　氢能的开发和制氢技术

到目前为止，在氢能的开发和制氢技术领域有三个方向，分别为化石燃料(包括石油、煤和天然气)的裂解[9]、电解水[10]和生物技术制氢[11]。

制氢所需的原材料一般为碳氢化合物和水。工业用氢的制备方法主要是化石燃料的热分解，包括天然气的重整、碳氢化合物的部分氧化和煤的气化，产氢的成本较低。然而，这些技术严重依赖化石燃料的资源并且还排放二氧化碳。近年来也发展了从化石燃料产氢而不释放二氧化碳的方法，即直接热分解和催化裂解碳氢化合物，这种方法已经被用于制备碳[9]，但相对来说制氢成本较高，还处于发展阶段。

电解水制氢的能量效率是相当高的，通常大于70%，但需要电，因此较为昂贵。电解水制氢的发展方向是与风能、太阳能、地热能以及潮汐能等洁净能源相互配合从而降低成本。这些洁净能源由于其能量大小与时间的关系具有波动性，所以在发电时系统给出的电能是间歇性的，通常是不可以直接进入电网的，必须进行调节后方可入网。成本最低、最方便的储能方法是将其电解制氢、储氢、输运氢，然后利用氢能发电入网或转化为其他能量形式。已经证明太阳能电池电解水制氢的能量效率可高达93%以上[10]，但由于太阳能电池成本较高导致大规模制氢的成本上升，因此降低太阳能电池的成本是关键。另外值得一提的是利用风能发电-电解水制氢可降低制氢成本。全世界风能的装机容量以每年27%的速度增长，2004年，我国仅有6家风力涡轮机制造商，2009年，这一数字已提高到70家以上。同时我国风电装机容量也激增，保守估计到2020年可以实现8000万～10000万kW的装机容量，成为继火电、水电的第三大主流能源。目前风电的成本已经下降到0.5～0.6元/(kW·h)，这是风电的完全成本，并且随着技术进步以及风电制造业的规模化，成本还将进一步下降，而火电目前的不完全成本在0.2～0.3元/(kW·h)，但这并不包括化石能源价格未来的不断上升以及污染排放的处理成本，因此风电的完全成本在不远的将来有可能低于火电的不完全成本，从而降低电解水制氢的成本。

生物技术制氢，与传统的热化学和电化学制氢技术相比，具有低能耗、少污染等优势，随着近年来在发酵菌株筛选、产氢机制、制氢工艺等方面取得的较大进展[12]，生物制氢技术已经成为未来制氢技术发展的重要方向。但生物制氢技术目前存在问题也较多，比如如何筛选产氢率相对高的菌株、设计合理的产氢工艺来提高产氢效率、高效制氢过程的开发与产氢反应器的放大、发酵细菌产氢的稳定性和连续性、混合细菌发酵产氢过程中彼此之间的抑制、发酵末端产物对细菌的反馈抑制等还需要进一步研究。

目前，我国氢气年产量已达800多万吨，成为仅次于美国的第二大氢气生产国，我国对氢能的研究一直给予高度重视和支持，863计划和973计划中都把储氢材料列为重点研究项目。《国家中长期科学和技术发展规划纲要(2006—2020年)》中也把“高容量储氢材料技术”列入了前沿技术中的新材料技术，推动我国氢能技术的发展，但目前的储氢技术与应用的要求仍有相当的差距(国际能源组织的目标是在低于 100℃的条件下，可逆储氢容量达到 5.0%①）。可见，进一步发展储氢技术具有重要意义。

1.2.3 储氢技术

储氢技术按氢的聚集状态可分为高压气态储氢、低温液态储氢以及固体储氢材料储氢。由于在常压下氢气的密度只有 0.08988g/L，体积能量密度非常低，因此必须对其进行高压压缩以提高能量密度。高压气态储氢通常是将氢气压缩至压力高达 700bar（1bar 约等于 1atm②）储存于碳纤维增强的复合材料罐中，可应用于电动汽车的车载氢源，比如通用汽车氢能 3 号燃料电池汽车的车载氢源在 700bar 下携带 3.1kg 的氢可使汽车运行 270km[13]。高压气态储氢的关键是超高压压缩技术和耐超高压复合材料技术进展，主要问题是制作罐体复合材料碳纤维的价格太高。另外一种提高氢气的能量密度的方法是低温液体储氢。在压力为 700bar，液氮温度（77K）下，氢为液态，此时密度为 0.070kg/L，约为常压下氢气密度的 1000 倍，常温（压力为 700bar 时为 0.039kg/L）时的两倍[14]，因此低温液态储氢技术相对于高压气态储氢具有更大的吸引力。然而低温液态储氢技术的关键是如何降低汽车在停车时车载低温液态储氢罐中液态氢的气化损耗，该气化损耗有时可以达到每天 1%甚至更多[13]。即使消除了液态氢的气化损耗，液化氢气需要的能量以及低温氢气较低的燃烧焓（较常温常压下的值约低 40%）都是低温储氢技术需要解决的技术难题。

一些固体氢化物被发现在一定的条件下可以可逆地吸放氢，从而避免了高压和低温所带来的技术难题，因此更安全、高效的固体储氢材料的制备以及吸放氢性能被广泛地研究[15]，这也成为储氢技术未来的主要发展方向。固体储氢材料最重要的性能是储氢量（一般为每克储氢材料吸放氢的克数，以质量分数来计）和吸放氢动力学（吸放氢温度、压力和速率）。从最初的金属间化合物，如 AB_5 型（$LaNi_5$，储氢量约为 1.5%）[16]、AB_2 型[17]（结构为 Laves 相，A 为 Ti 或 Zr，B 为原子具有 3d 电子的金属，比如 V、Cr、Mn 和 Fe，储氢量约为 2%）合金体系，到现在新型的 Ti 基固溶体合金体系（结构为体心立方 BCC，如 TiVCrMn 合金，储氢量为 2.5%～4%）[18]，储氢量越来越高且价格越来越便宜，但是，其储氢量还远未达到美国能源部设定用于车载氢源的 6.5%。近十几年来，碱金属、碱土金属的氢化物[19]、硼氢化物[20]、氨基化物[21]、铝氢化物[22]等重量轻、储氢量大的固体储氢材料相继被研发出来并有望解决储氢量的问题。如研究表明，$Mg(NH_2)_2$-LiH 系统在 120～200℃范围内可逆吸放氢的量可高达 7%[23]。然而，这些固体储氢材料系

---

① 本书中如无特别说明，同类情况下百分号（%）均表示质量分数。

② $1atm=1.01325\times10^5Pa$。

统或多或少都存在问题，难以实际应用，比如氨基化物系统在释放氢的同时会伴有氨气，后者会危害燃料电池的寿命，同时也会降低该系统的储氢量；而其他系统存在吸放氢动力学较慢、可逆性较差或者吸放氢条件较为苛刻等其他问题。尽管如此，相对于高压气态储氢、低温液态储氢以及金属间化合物固体储氢材料来讲，这些储氢量大的轻质储氢材料是今后研发的重点。当然，还有其他新型固体储氢材料，比如单壁碳纳米管、多孔纳米金属有机网络材料（MOFs）、可形成氢簇的过氢化物等[24]，也具有很大的发展前途。

1.2.4　氢的输运技术

氢的输运根据需求可采取气态、液态和固态的方式。氢在长距离输运时可采用地下管道像输运天然气一样的方式输送。目前已有 200km 的输氢管道处于实际应用中，将来也可对天然气输运管道做较小的改动来输运氢，这样可以降低输运成本，但输运管道材料的氢脆和泄露问题值得特别注意[2]。从经济角度考虑，有研究表明超过 1000km 的管道输氢要比输电更节省成本[25]。当然，短距离区域间的输运方式可采用高压气罐、液罐以及固态储氢罐，但这样成本将非常高，可达产氢成本的 2～5 倍。

1.2.5　氢能的利用

氢能转化为其他形式的能量，即氢能的利用技术已经应用于实际中，比如电动汽车、燃料电池发电等，并且还在不断地取得技术进步和扩大应用范围。氢能的利用技术大致可分为三类，一为与氧直接反应燃烧产生热能；二为在燃料电池中发电；三为氢化物中的化学能与氢能相互转换。在这些利用技术中充分体现了氢能的两个优点，即高效和洁净。

1.2.5.1　第一类氢能利用技术

与氧直接反应燃烧又可分为三种。①直接燃烧产生水蒸气，其效率接近 100％[26]，可用于电厂用电高峰期间发电、工业水蒸气供给、小型生物和医药用水蒸气发生器。②内燃机和涡轮发动机燃料。氢内燃机的平均效率比汽油内燃机要高出约 20％，并且其排放的氮氧化物要低一个数量级。尽管由于其在内燃机缸内混合气体中的能量密度较低导致约 15％的能量损失，但这可以通过采用先进的燃料喷射技术和液氢加以改进[27]。氢涡轮发动机的进口温度比燃油涡轮发动机高出 800℃，提高了效率，并且由于燃烧后的产物为水蒸气，从而避免了发动机叶片上存在沉积物并减轻了高温腐蚀，减少了维护费用和延长了发动机的寿命。③低温催化氧化。在合适的催化剂上氢可与氧在室温至 500℃范围内催化氧化为水蒸气产生热能，由于催化氧化的温度远低于氢火焰的温度（约为 3000℃），所以氮氧化物污染物不能生成，并且氢源的浓度远高于氢爆炸的极限浓度(75%)，因此这种方式用于家庭厨房灶具燃料是安全的[28]。

1.2.5.2 第二类氢能利用技术

在燃料电池中发电是氢能利用技术中最具吸引力和最有前途的技术，即无需燃烧、依靠电化学反应产生直流电。根据电池中采用的电解液不同，燃料电池可分为碱性燃料电池(alkaline fuel cells, AFC)、导电聚合物膜或质子交换膜燃料电池(polymer electrolyte membrane or proton exchange membrane fuel cells, PEMFC)、磷酸燃料电池(phosphoric acid fuel cells, PAFC)、熔融碳酸盐燃料电池(molten carbonate fuel cells, MCFC)、固体氧化物燃料电池(solid oxide fuel cells, SOFC)。相对于氢与氧直接反应燃烧，燃料电池最大的优点是具有更高的能量转换效率。燃料电池的理论效率接近83%，而实际效率只是电池电压的函数。比如燃料电池在典型工作电压0.6～0.8V时，其能量转换效率为0.48～0.64，而且其产物只有水蒸气，从而实现了零排放。当然，燃料电池最大的缺点是成本太高，成本高的原因一方面是生产规模较小，另一方面是原材料昂贵，比如其隔膜材料目前广泛采用磺化全氟聚合物、电极材料表面铂和铂合金催化剂以及受腐蚀因素限制的不锈钢和镍合金双极板材料等。燃料电池另一个缺点是加氢站等基础设施少，为了解决这一问题，电动汽车生产厂家已经和石油、天然气公司合作开发以汽油和甲醇为燃料的汽车用燃料电池，但汽油和甲醇作为燃料也带来了一些诸如催化剂中毒、发动机瞬间载荷降低等额外技术困难。

1.2.5.3 第三类氢能利用技术

氢与金属可逆的反应生成金属氢化物，这个过程不但可以储氢，而且该可逆反应还伴随着热量的放出(生成氢化物)与吸收(氢化物分解)以及氢气压力的变化，因此有可能用于制冷制热、气体压缩、真空系统、废热利用[29]、发电以及氢气的提纯与分离等，目前这些技术还有待进一步开发。

1.2.6 氢能的安全性

氢气是一种易燃易爆的气体，但不是人们通常想象的那样危险。氢气的危险性并不比天然气、汽油和丙烷大多少，这主要是由于氢气的物理化学性质不同于其他可燃性工业气体。氢气的某些性质使其危险性大一些，而某些性质使其危险性降低，下面就做简要的比较说明。常温常压下氢气的密度为0.08988g/L，约为空气的1/14，分子小且黏度小(0.0101mPa·s)，扩散系数很大，为0.634cm^2/s，所以易扩散和泄露，扩散速率约为空气的3.8倍，导致常温低压下氢气通过相同大小缝隙泄露速率为天然气的1.26～2.8倍。从高压储氢罐中发生大量泄露时，泄露速率取决于介质中的声速，氢气中声速为 1308m/s，约为天然气(449m/s)的3 倍，因此泄露速率也较天然气快得多。但同温同压下天然气的能量密度是氢气的 3 倍，这导致泄露带来的能量损失差不多，并且当有泄露发生时氢气也可以很快消散从而降低爆炸的危险性。氢气还可以对有些金属材料产生氢脆影响，特别是高温高压时会使材料变脆，降低其韧性，从而发生开裂失效，因此选择储氢罐、输氢管线材料时一定要选择对氢脆不敏感的材料来避免氢脆的发生。氢气为无色、无嗅的可燃性气体，在空气中的燃点为 574℃，着火燃烧界限为 4%～75%(体积分数，下同)，范围较其他工业燃气大(天然气为 5.3%～15%；丙烷为 2.1%～10%；汽油为 1%～7.8%)，但实际上当泄露发生时燃烧取决于界限下限，氢气的可燃下限约为汽油的 4 倍、丙烷的 2 倍，只比天然气略小。然而氢气的燃烧速率是天然气和汽油的 7 倍，再考虑到其泄露速率大，因此一旦被点燃，爆炸的危险性较大。氢气的爆炸界限为 18.3%～59%，其中爆炸下限的氢气/空气比为 13%～18%，是天然气的 2 倍、汽油的 12 倍。事实上爆炸的发生很复杂，取决于温度、合适的燃气/空气比，有时还与泄露发生时的空间几何形状有关，在敞开的大气中氢气难以发生爆炸，只有在非常特殊的情况时才会发生爆炸，比如氢气在一个相对密闭的空间发生泄露并积累至 13%，一旦有火星就会触发爆炸。当然发生爆炸时，由于氢气的能量密度小，爆炸能量只有在相同条件下汽油的 1/20。由于氢火焰无色无味，这会导致人们没有意识到氢气在燃烧从而产生危险，这可通过在氢气中加入显色的化学试剂来解决。液氢的泄露也是一个安全问题，较大的泄露在敞开的条件下很快就消散了；另一个潜在危险是液氢压力阀失效时会膨胀发生猛烈的爆炸。总之，氢具有危险性但并不如人们所想象的那样危险，从许多方面来看，氢较汽油和天然气更安全。迄今为止，氢无论作为全世界广泛应用的工业气体，还是作为民用燃气的组成部分，都具有良好的安全记录[30～32]。

1.3 储氢材料

1.3.1 储氢材料的定义

储氢材料是指在一定的温度和压力下能与氢形成氢化物并且能可逆地吸放氢的材料[33,34]。其反应过程可表示为

$$M + 1/2xH_2 \rightleftharpoons MH_x + \Delta H$$

式中，M 为金属或合金；MH_x 为氢化物；ΔH 为反应放出的热量。

以镍-氢化物电池为例[35,36]，储氢合金的电化学反应过程为

$$xNi(OH)_2 + xOH^- \longleftrightarrow xNiOOH + xH_2O + xe\text{(正极反应)}$$

$$M + xH_2O + xe \longleftrightarrow MH_x + xOH^-\ \text{(负极反应)}$$

式中，M 代表储氢合金；MH_x 代表氢化物。总的电极反应为

$$M + xNi(OH)_2 \longleftrightarrow MH_x + xNiOOH$$

1.3.2 对储氢材料的要求[37]

通常，对储氢材料有以下几个要求：

(1) 合金有较大的储氢容量；

(2) 反应的可逆性好，吸放氢过程中的滞后现象小；

(3) 生成的金属氢化物稳定性适中；

(4) 扩散速率、吸放氢速率快，容易活化；

(5) 离解压力适中；

(6) 充放氢循环寿命长；

(7) 抗杂质气体毒害性能好；

(8) 成本低廉。

如果在电化学条件下储氢还要考虑到以下几个因素：

(1) 在氢的阳极氧化电位范围内储氢合金具有较强的抗氧化力；

(2) 在碱性电解质溶液中有良好的化学稳定性；

(3) 良好的导电导热性能。

1.3.3 储氢材料的分类

储氢材料大致可分为金属、碳基材料、无机化合物和有机化合物四种。储氢合金可分为稀土系储氢合金、钛系储氢合金、锆系储氢合金、V 型固溶体型合金、镁系储氢合金和 M-N-H 系储氢合金等。表 1.1 列出常见的储氢材料的特性。

表 1.1 常见的储氢材料的特性

金属氢化物	氢含量/%	分解压/atm	分解温度/℃	生成热/(cal/mol)①
LiH	12.7	1	894	—43.3
MgH_2	7.6	1	290	—17.8
Mg_2NiH_4	3.6	1	250	—15.4
$CeMg_{12}H$	4.0	3	325	—
AlH_3	10.1	—	—	—2.7
$Ti_{1.2}Cr_{1.2}Mn_{0.8}H_{3.2}$	2.0	7	—10	—6.1
$V_{0.8}Ti_{0.2}H_{1.6}$	3.1	3～10	100	—11.8
$LiNH_2$	10.4	—	—	—

① 1cal=4.1868J。

1.3.3.1　稀土系储氢合金[38]

1969年，荷兰Philips公司和Westendorp[39]偶然发现$LaNi_5$，这是最早被发现的稀土系储氢材料。该储氢合金性能优良，质量储氢密度最高可达1.38%，25℃时分解压为0.2～0.3MPa[40～43]。其具有三个优点，首先，活化能较低，对杂质不敏感，易于吸放氢的进行；其次，动力学性能较优，具有适中的解氢压；最后，不易中毒，操作简便。但其缺点是在吸氢后晶格不断膨胀变脆，合金易粉化，致使循环性能下降，且金属La价格昂贵。用于Ni-MH电池时，容量衰减，而且稀土元素价格较贵。稀土系储氢合金无法得到规模化应用，发展前景渺茫。

1984年，Willems[44]依据多元合金化的原理，用Al和Co分别部分替代$LaNi_5$中的Ni，用Nd取代部分的La，可获得$La_{0.7}Nd_{0.3}Ni_{2.5}Co_{2.4}Al_{0.1}$合金，其产物的晶体结构与$LaNi_5$基本一致；掺杂其他元素的$LaNi_5$合金，吸氢后晶胞体积膨胀率下降到14.3%，制约了合金的腐蚀和粉化过程，从而大大延长了循环寿命。2008年北京奥运会期间，$LaNi_5$系列合金粉已经作为商用的Ni-MH电池的负极材料应用于混合动力汽车，并且满足该类汽车燃料的消耗[45]。但是，由于用上述价格高昂的纯稀土金属配制的合金成本较大，未能实现大规模商品化生产。

1.3.3.2　钛系储氢合金

1969年，美国Brookhaven国家实验室的Reilly和Wiswall[46]最早发现了TiFe合金储氢材料。$TiNi/Ti_2Ni$和TiFe是最常见的钛系储氢合金。$TiNi/Ti_2Ni$是较早得到研究的储氢材料电极，具有抗腐蚀能力强等优点，但实际可逆吸放氢量偏低。以TiFe合金为典型代表的钛系储氢合金，具有1.86%的理论储氢容量，室温下其平衡氢压为0.3MPa，晶体结构属于CsCl型。钛系合金的储氢容量较高，成本低；但是，活化能偏高，吸放氢反应过程需在较苛刻条件下进行；而且，它易受H_2O和O_2等气体杂质毒化而使其循环寿命变短。现在多采用Ni等金属部分取代Fe形成多元合金以实现常温活化。如$TiFe_{1-x}M_x$系研究结果表明：用M(Mn、Cr、Zr和Ni)等元素部分替代合金中的Fe，可以明显改善合金的活化性能。当H_2的纯度在99.5%以上时，循环使用寿命在26000次以上[38,40,47,48]。虽然钛基储氢材料储氢量略高、价格相对便宜，但其存在抗毒性能差，易形成TiO_2致密层而难活化等问题，使其应用受到严重限制。

1.3.3.3　锆系储氢合金

锆系储氢合金主要有Zr-V、Zr-Cr和Zr-Mn系列，以ZrV_2、$ZrCr_2$、$ZrMn_2$等为代表，均为Laves相结构，包括Cl_4、Cl_5、C_{36}型六方结构。Zr基Laves相合金具有质量储氢容量高(1.8%～2.4%)、易活化、反应速率快、没有滞后效应以及循环寿命长等优点，因而受到广泛关注。因为合金表面附着的致密氧化膜抑制了氢的表面吸附和向内部渗透，使得该储氢合金电极的初期活化周期变长，为改善其性能，常添加微量稀土元素 Ni、Mn、Cr、V 等。去除合金表面氧化物的预处理方法主要有阳极氧化、热碱浸泡和氟化等，目的是改善电极的活化性能和电催化活性[38,47]。

另外，锆系储氢合金的 *P-C-T* 曲线（压力-组成-温度曲线）平台斜率值较大，说明其活化周期较长，而且原材料价格偏高，这种合金材料有待研究人员进一步研究改善[47]。

1.3.3.4 V 型固溶体型合金

V 及 V 基固溶体型合金包括 V-Ti、V-Ti-Cr 等，吸氢时可生成 VH 及 VH_2 两种类型的氢化物。其中，VH_2 的储氢量高达 3.8%，理论容量为 1018mA · h/g[47]。V 型固溶体型合金具有可逆储氢量大、氢在氢化物中的扩散速率较快等优点，已在氢的储存、净化、压缩以及氢的同位素分离等领域较早得到应用。但是由于 V 基固溶体型合金本身在碱性溶液中没有电极活性，不具备可充放电的能力，一直未能在电化学体系中得到应用[49]。

1.3.3.5 镁系储氢合金

镁系储氢合金可以归纳为镁单质储氢材料、镁基复合储氢材料和镁基合金储氢材料三类。单质镁的吸放氢温度较高，且吸放氢反应的动力学性能较差，无法直接用于储氢研究。镁基合金的典型代表为 Mg-Ni 系储氢合金，其特点是将第三种元素如 Ti、Fe、La 等[38,39～43,50]添加进 Mg-Ni 材料中，起到吸放氢催化剂的作用，可加快吸放氢的速率，降低其放氢温度；但同时也会降低其储氢容量。由于具有价格低廉和吸氢量大、重量轻等优势，在合金储氢材料中，镁系储氢合金是最有潜力的金属氢化物储氢材料。

早在 20 世纪 60 年代，Benjamin[51]等发现一种制备合金粉末的技术——机械合金化法，这是制备合金的常用方法。近年来，机械合金化法用于制备 Mg-Ni 基合金，大大改善其吸放氢性能和电化学性能。机械合金化过程增加了制备 Mg-Ni 基合金的球磨时间，由于球磨可起到修饰表面的作用，所以可以除去表面氧化层，使合金易于活化。机械合金化法具有工艺设备简单、不受熔点和相对密度的限制等优点，能克服合金中 Mg 熔点低、蒸气压高的缺点；但用此方法制备 Mg-Ni 基储氢合金需要较长的球磨时间，且易引入杂质，这使得其在应用于工业化大规模生产时面临一些障碍，生产成本增加，所以只能探索更有效的非晶化手段[52]。

总之，镁基合金储氢材料存在镁极易氧化、吸放氢温度较高以及材料粉化严重、在碱性溶液中容易发生腐蚀等问题。这些难题是镁系储氢材料研究开发的绊脚石，阻碍着氢能规模化应用的发展。

1.3.3.6 M-N-H 系储氢合金

早在1910年，Dafert 和 Miklauz[53]就报道过氮化锂和氢在220～250℃下可以发生反应生成 Li_3NH_4（后来发现这种物质是 $LiNH_2$ 和氢化锂 LiH 的混合物），而且生成的这种物质又可以释放出氢，但是由于生成物中的氨基锂分解产生氨气对环境产生污染，而且氨基锂和氢化锂对空气和水都比较敏感，所以自此以后很少有人继续对氮化锂作为储氢材料进行研究。

直到2002年，Chen 等[54]在 *Nature* 首次提出 Li_3N 可以大量可逆吸放氢，从而引发了众多学者对 Li-N-H 作为储氢材料的研究。氮化锂的储氢反应方程为

$$Li_3N + 2H_2 \longrightarrow Li_2NH + LiH + H_2 \longrightarrow LiNH_2 + 2LiH$$

理论上该反应总的储氢量为10.4%，后一步反应储氢量为6.5%。实验中可以释放出9.3%的氢，在200～320℃放氢量是6.3%。

1.3.4 储氢材料的吸氢原理

1.3.4.1 气-固储氢[55]

氢以原子态溶解于过渡金属或内过渡金属晶格内形成间隙型化合物[37]，利于较稳定的氢气储存。储氢合金的吸氢过程分三步进行。①吸收少量氢后，形成含氢固溶体（α相），合金的结构保持不变，其溶解度$[H]_M$与固溶体平衡氢压 P 的平方根成正比，即 ${P_{H_2}}^{1/2} \propto [H]_M$。②进一步吸氢，固溶相 MH_x 与氢反应，产生相变，生成金属氢化物（β相）。此过程形成α相和β相之间的平高线区域，称之为α+β相区[36]。在此区域，氢压不随氢浓度（H/M）变化，为一定值，此时的氢压称之为平台压。③增加氢气压力，生成含氢更多的金属氢化物。根据此过程，氢浓度对平衡压力作图，得 *P-C-T* 曲线。此曲线对于筛选性能优良的储氢材料具有重要意义。据吉布斯相律，在一定氢压 P_H（平高线压力）下进行 MH_x 固溶相与 MH_y 氢化物相（$y \gg x$）的生成反应为

$$\frac{2}{y-x}MH_x + H_2 \Longleftrightarrow \frac{2}{y-x}MH_y + Q$$

$(y-x)/y$ 为储氢材料效率。生成金属氢化物的反应大多为放热反应，Q 为负值。根据上述平衡关系式得

$$\ln P_{H_2} = \frac{\Delta H^0}{RT} - \frac{\Delta S^0}{R}$$

式中，ΔH^0 是反应生成的标准自由焓变化量；ΔS^0 是反应生成的标准自由熵变化量；R 为摩尔气体常量。

从上述内容可看出，氢以原子态储存于合金中，重新释放出来，经历扩散、相变、化合等过程。这些过程受到热效应和反应速率的制约，不易爆炸，安全程度高。

1.3.4.2 电化学储氢

储氢合金的应用要求人们不但要掌握其热力学性能，也要掌握其动力学性能。在储氢合金吸放氢过程中包含有氢在合金中的扩散这一动力学基本过程，氢在合金中的扩散速率往往制约着合金吸放氢的速率。储氢合金电极在电化学反应过程中包含以下步骤[56]：

$$M + H_2O + e \longleftrightarrow MH_{ad} + OH^- \tag{1.1}$$

$$MH_{ad} \longleftrightarrow MH_{ab} \longleftrightarrow MH_{合金} \tag{1.2}$$

$$MH_{ad} + e + H_2O \longleftrightarrow M + H_2 + OH^- \tag{1.3}$$

$$2MH_{ad} \longleftrightarrow H_2 + 2M \tag{1.4}$$

水分子在电极表面还原产生的吸附氢[式(1.1)]，扩散到合金内部形成吸收氢，并根据氢在固相中浓度的大小，形成 α 相或 β 相[式(1.2)]，即所谓的阴极储氢。阴极储氢过程存在有氢的电化学脱附[式(1.3)]或复合脱附[式(1.4)]的平行反应。式(1.1)和式(1.2)反向进行时代表吸氢电极的放电反应。

储氢合金电极具有多相反应的催化界面。充电时，在其表面上进行的氢扩散假若足够快，且储氢合金又具有大量储氢的性能，那么可以实现储氢合金电极在常温常压下的阴极储氢。但在充电后期或是用大电流充电时，会有氢气从电极上逸出。原因是在充电后期合金内部与合金表面氢的浓度梯度降低，使扩散过程控制着充电反应的速率；对于大电流充电的情况，由于氢扩散来不及进行，吸附氢则通过式(1.3)或式(1.4)脱附[38]。

1.3.5 储氢合金电极电化学反应过程

1.3.5.1 储氢合金电化学反应原理

以镍氢电池为例介绍储氢合金电化学反应原理。实际上镍氢电池是一种碱性电池，负极为储氢合金，正极是氢氧化镍，电解质是氢氧化钾水溶液，其工作原理如图 1.1 所示[57]。电池的正极反应为

$$Ni(OH)_2 + OH^- \longleftrightarrow NiOOH + H_2O + e$$

负极反应为

$$M + xH_2O + xe \longleftrightarrow MH_x + xOH^-$$

式中，M 为储氢合金；MH_x为储氢合金氢化物。总的电极反应为

$$M + xNi(OH)_2 \longleftrightarrow MH_x + xNiOOH$$

镍氢电池的正负极反应属固相转变机制，反应过程中不产生任何金属离子，也无生成或消耗电解质成分，充放电过程只是氢从一个电极转到另一个电极的反复过程。充电时，阴极储存水电解产生的氢，放电时，阳极放出氢并氧化成水。通常

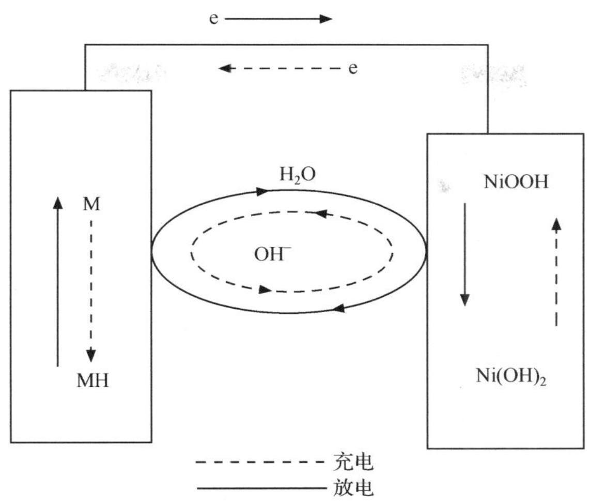

图 1.1　镍氢电池充放电反应

镍氢电池采用负极容量过剩的配置方式，过充时，正极发生消氧反应，氧在储氢电极上被还原成水；过放时，正极发生消氢反应，析出的氢被储氢电极吸收。因此，镍氢电池具有良好的过充放电性能。

与镍镉电池相比，镍氢电池具有下列优点：

(1) 不含有毒物质镉；

(2) 在充放电过程中，电解液的浓度不变；

(3) 电化学容量高，是镍镉电池的 1.5 倍；

(4) 循环寿命长；

(5) 与镍镉电池的工作电位相同，易于替换。

1.3.5.2　储氢合金电极放电动力学

通常，储氢合金电极的放电过程有电化学反应、氢的扩散和 β 相与 α 相相变三个主要过程[58～60]，图 1.2 是储氢合金电极反应动力学示意图。

(1) 电化学反应过程。充电时，氢以氢化物即 β 相的形式存在；放电时，电极表面的氢原子失去一个电子，并与电解液中的 OH^- 化合生成水，从而使合金表面氢浓度下降，该过程的速率取决于电极表面的电催化活性。

(2) 氢的扩散过程。由于电极表面氢原子浓度的下降，在合金体内到合金表面形成氢的浓度梯度。因此，合金内部的氢原子便向表面扩散，其速率取决于氢在表面氧化膜中的扩散系数、合金的尺寸和合金表面氧化膜的厚度以及致密性等。

(3) β 相与 α 相相变过程。合金表面氢浓度充满时用 C_{max} 表示，氢和合金形成的固溶体 α 相与 β 相平衡时，氢浓度用 $C_{\beta\alpha}$ 表示，当 C_{max} 降到小于 $C_{\beta\alpha}$ 时，β 相开始转

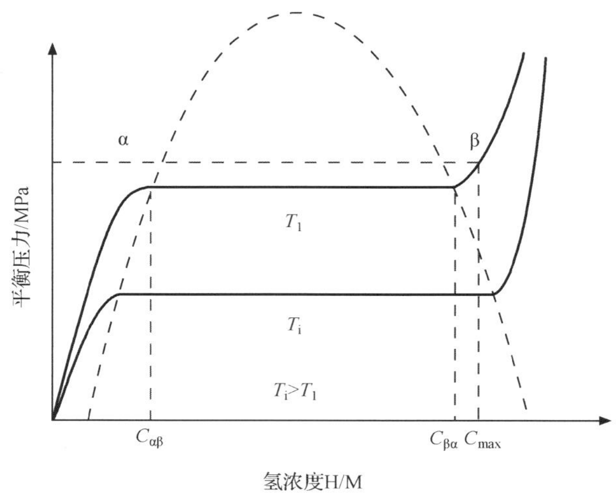

图 1.2　储氢合金电极反应动力学示意图

变为 α 相,并放出氢,电位出现平台,待全部 β 相均转变为 α 相后,电位又继续下降。在最初几次充放电时,相变和氢在氧化膜中的扩散均比较困难,随充放电循环,合金开始粉化,内部缺陷增多,氢化速率逐渐加快,合金开始活化,随着充放电循环次数增加,合金逐渐氧化,电化学容量开始下降,表现为储氢容量下降。合金的循环寿命主要受氧化速率控制。

1.3.5.3　充、放电过程中的电极极化及端电压随时间的变化[61]

电池在充放电过程中存在极化现象,极化主要包括电化学极化、浓差极化和电阻极化,表现为放电时电池的端电压总要下降,而在充电时电池的端电压又要升高。在电池的放电过程中,电池的端电压可由下式表示:

$$V = E - \eta_{c,电} - \eta_{a,电} - \eta_{c,浓} - \eta_{a,浓} - IR$$

式中,V 为电池端电压;E 为电池电动势;$\eta_{a,电}$ 和 $\eta_{c,电}$ 分别为阳极和阴极的电化学极化过电位;$\eta_{a,浓}$ 和 $\eta_{c,浓}$ 分别为阳极和阴极的浓差极化过电位;I 为电池中的电流;R 为电池的内阻。图 1.3 是电池端电压与电流关系受极化类型的影响示意图。在理想的情况下,所有的极化都为零,电压与电流的关系将是一条平行于电流轴的水平虚线。在有电流通过时,则存在极化现象,当电流较低时,电池的极化主要由电化学极化构成,随着电流增加,电池端电压急剧下降;在中间区域,电池的极化主要由电阻极化构成,端电压随电流增加线性下降;在最后区域,当电池的电流达到极限电流时,电池的极化主要由浓差极化构成,导致端电压迅速降至零。电极活性物质在放电过程中,往往只有部分活性物质能发生反应,所以实际所需要的活性物质是按法拉第定律计算出来的活性物质的 2～3 倍,活性物质的利用率一般在30%～

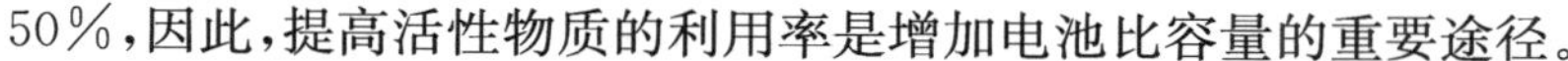
50%，因此，提高活性物质的利用率是增加电池比容量的重要途径。

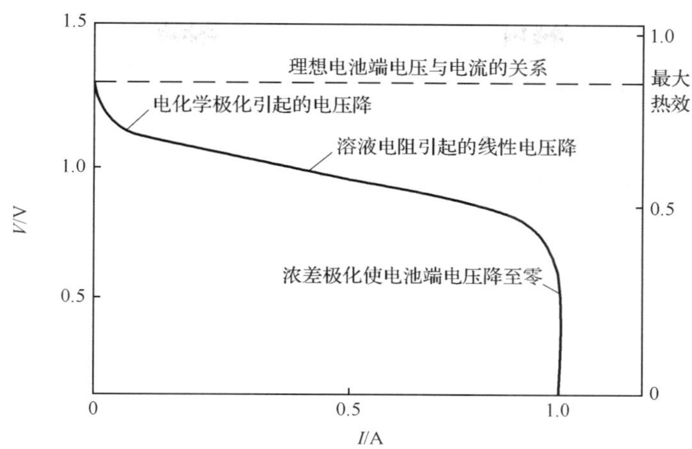

图 1.3　电池端电压与电流关系受极化类型的影响

1.3.6　储氢材料的制备技术[62]

1.3.6.1　机械合金化

机械合金化(mechanical alloying，MA)是 20 世纪 60 年代末由 Benjamin 发展起来的一种制备合金粉末的技术[51]。

机械合金化所用的设备有行星式球磨机、振动式球磨机和搅拌式球磨机等。将待合金化的元素粉末按一定配比机械混合，在氩气保护下，于高能球磨机等设备中长时间运转，待合金化的粉末在频繁的碰撞过程中被捕获，发生强烈的塑性变形，冷焊形成具有层片状结构的复合粉末，这种复合粉末因加工硬化而发生碎裂，碎裂后粉末露出的新鲜原子表面又极易发生焊合。粉末经过如此不断重复的冷焊、碎裂、再焊合的过程，其组织结构不断细化，最终达到原子级混合而实现合金化的目的。机械合金化可大致分为四个阶段：金属粉末在磨球的作用下产生冷间焊合及局部层状组分的形成；反复的破碎及冷焊过程产生微细粒子，而且复合结构不断细化绕卷成螺旋状，同时开始进行固相粒子间的扩散及固溶体的形成；层状结构进一步细化和卷曲，单个粒子逐步转变成混合体系；最后，粒子最大限度地畸变为一种亚稳结构[63]。

机械合金化过程在较低温度下进行，能将生成的新相粉末粉碎到纳米级。由于其独特的固态反应方式，可合成高温冶炼难以制备的新型合金，采用机械合金化技术可改善合金材料的性能。而且同熔铸法和快速凝固技术相比，机械合金化拓宽了合金成分范围，有利于获得其他技术难以得到的特殊组织和结构、新相和亚稳相等，并且具有方法和设备简单、效率高等优点。不过，球磨法存在能耗高、材料成分与结构控制较难、颗粒的畸变等缺点。

机械合金化技术在储氢合金制备上的应用开始于 20 世纪 80 年代中期，当时采用该方法成功制备了 Mg_2Ni 储氢合金[64~66]，机械合金化以及反应机械合金化法为储氢材料领域开辟了新的制取途径，特别是对那些熔点相差很大的两种元素的合金化，更有其独特的好处，而且它能生产纳米晶、微晶，甚至非晶，对储氢材料的性能也有很大改善，是一种非常重要的制备储氢材料的方法。采用机械合金化制备的 MH-Ni 电池用储氢合金与传统方法制备的储氢合金相比具有易活化、吸放氢动力学性能好、高倍率放电能力强、循环寿命长和放电容量大等优点，机械合金化是制备新型储氢合金、提高储氢合金性能的有效方法[62]。

1.3.6.2 感应熔炼法

感应熔炼法的制造工艺过程包括配料、熔炼、粉碎、后处理几个部分。目前工业上最常用的是高频电磁感应熔炼法。其熔炼规模从几公斤至几吨不等，具有可以成批生产、成本低等优点，但耗电量大、合金组织难控制。感应电炉通过高频电流流经水冷铜线圈后，由于电磁感应使金属炉料内产生感应电流，感应电流在金属炉料中流动时产生热量，使炉料加热和熔化。用熔炼法制取合金时，一般是在惰性气氛中进行，该法易于得到均质合金，但由于熔融金属与坩埚材料反应，有少量坩埚材料熔入合金中，如氧化镁坩埚熔炼稀土系合金时有 0.2%的 Mg 熔入。感应熔炼法主要存在的问题是易于产生成分偏析；粉末形状不规则，表面存在微裂纹，内应力大，含氧量高；单炉量小，工序较多[67]。

合金熔炼后需冷却成型，可以采用不同的铸造技术，如锭模铸造法、熔体淬冷法、气体雾化法、铸带法等。其中熔体淬冷法和气体雾化法研究较早，目前不仅在实验室中广泛应用，而且也已成为急冷合金的生产方法，铸带法是一种较新的合金制备方法。

1.3.6.3 化学合成法

1. 普通还原法

普通还原法通常用活泼碱金属或 CaH_2 等强还原剂在惰性气氛保护下，还原按比例配比好的反应原料。如用 CaH_2 还原人造 $FeTiO_3$ 可制取 FeTi。其基本反应为

$$FeTiO_3 + \frac{3}{2}CaH_2 = FeTi + \frac{3}{2}CaO + \frac{3}{2}H_2O\uparrow \quad (1.5)$$

$$FeTiO_3 + 3CaH_2 = FeTi + 3CaO + 3H_2\uparrow \quad (1.6)$$

高温下用 CaH_2 还原 $FeTiO_3$ 制取 FeTi 时，式(1.5)和式(1.6)均可自发地进

行，而且，还原反应以式(1.6)为主。将固态还原产物用稀盐酸选择性地浸出除去 CaO 后，再经干燥即可获得产物 FeTi。Rieke 等用碱金属还原制备出纳米镁粉。所用的碱金属、镁盐(主要是氯化镁)以及反应条件对产物颗粒有影响。在真空下用高温熔融的金属镁蒸气与溶剂蒸气急速共冷凝是制备纳米镁的另一种方法[68]。

2. 共沉淀还原法

共沉淀还原法采用合金各组分的盐溶液加沉淀剂(如 Na_2CO_3)进行共沉淀，经灼烧成氧化物，再用金属钙或 CaH_2 还原，制得储氢合金。南开大学申泮文等采用共沉淀还原法合成出多种储氢合金，包括用合金各组元的盐溶液加沉淀剂(如 Na_2CO_3)进行共沉淀。沉淀物经灼烧成氧化物，再用金属钙或 CaH_2 还原，则得到储氢合金。如 $LaNi_5$ 的合成过程如下：

沉淀　$$La^{3+} + 5Ni^{2+} + xH_2O + yCO_3^{2-} \longrightarrow LaNi_5(OH)_x(CO_3)_y + xH^+$$

灼烧　$$LaNi_5(OH)_x(CO_3)_y \longrightarrow LaNi_5O_x + yCO_2 + \frac{x}{2}H_2O$$

还原　$$LaNi_5O_x + (x-1)CaH_2 \longrightarrow LaNi_5 + \frac{x-1}{2}H_2O + CaO$$

经水清洗，可得到 $LaNi_5$。采用类似的方法可合成 $LaNi_{5-x}Cu_x$、$LaNi_{5-x}Fe_x$、TiNi、TiFe 等。

共沉淀还原法制备的储氢合金具有化学成分准确、纯度高、不经粉碎或略经粉碎其粒径极易达到亚微米甚至纳米级、粒径分布窄并能保持晶格的完整等优点。而一般的还原扩散法制备 $LaNi_5$ 合金却要在 950℃高温下反应 4～6h，得到的合金颗粒较大。

3. 脉冲电化学沉积法

电化学沉积法制备纳米颗粒的原理是通过控制沉积参数(如镀液成分、pH 值、温度、沉积电流密度)，使沉积过程具有高成核率、低长大速率的特性，从而获得纳米颗粒。这种方法具有成本低、工艺控制简单、适宜于大规模生产等特点，已规模化生产[69]。Bryden 等用此法合成出 Pd 及 Pd-Fe 合金的纳米颗粒[70]。改变镀液的成分与参数，有望制备出其他储氢合金纳米颗粒、纳米级薄膜与纳米基块体。

4. 氢化燃烧合成法

燃烧合成法，又称自蔓延高温合成法，是 1967 年苏联科学家 Merzhonov 等在研究钦和硼粉压制样品的燃烧烧结时发明的一种合成材料的高新技术，它是利用高放热反应的能量使化学反应自发地持续下去，从而实现材料合成与制备的一种方法。燃烧合成工艺燃烧反应有燃烧模式和爆炸模式两种基本模式。1995 年 Akiyama 等利用燃烧合成法成功合成了 Mg_2Ni，1997 年 Akiyama 等又发现了在氢气气氛中加热可直接合成 Mg-Ni 系合金的新工艺，即氢化燃烧合成法。

氢化燃烧制备镁基储氢合金的反应，是在无氧条件下的一种固态燃烧反应。

Li Liquan 等的研究结果表明，氢化燃烧合成 Mg_2NiH_4 由七个步骤构成[71]。

$$Mg + H_2 = MgH_2 \quad \Delta H^0 = -74.5kJ \cdot mol^{-1} \quad (520 \sim 660K) \tag{1.7}$$

$$Mg + H_2 = MgH_2 \quad \Delta H^0 = -74.5kJ \cdot mol^{-1} \quad (675 \sim 700K) \tag{1.8}$$

$$2Mg + Ni = Mg_2Ni \quad \Delta H^0 = +3725kJ \cdot mol^{-1} \quad (\text{共晶反应}) \tag{1.9}$$

$$2Mg + Ni = Mg_2Ni \quad (675 \sim 840K) \tag{1.10}$$

$$Mg_2Ni + 0.15H_2 = Mg_2NiH_{0.3} \quad (\text{固溶反应}) \tag{1.11}$$

$$Mg_2Ni + 2H_2 = Mg_2NiH_4(HT) \quad (600 \sim 645K) \tag{1.12}$$

$$Mg_2NiH_4(HT) = Mg_2NiH_4(LT) \quad (510K) \tag{1.13}$$

反应发生后，式(1.8)和式(1.9)即可提供后继反应所需的热量，属于一种自热反应。

1.3.7 储氢材料的应用

1.3.7.1 储氢材料在氢储存与运输中的应用[72,73]

氢的储存与运输是氢能利用的关键环节，利用储氢合金制成的储氢容器应满足下列条件：①储氢合金具有较高的储氢特性；②装置具有良好的热交换特性；③容器气密性好、耐压、耐腐蚀、抗氢脆。

储氢容器分为固定式和移动式，典型固定式储氢容器是 Daimler-Benz 公司用 10t 钛系合金制成的储氢能力为 $2000m^3$ 的储氢容器[74]。该容器直径为 114.3mm，长为 1800mm，厚为 2.9mm。其内部充填储氢合金，由 7 个这样的容器构成一个组件，再由 32 个组件构成内部设有铝隔板、外部为冷热型的大型固定式储氢容器。

移动式储氢容器可以携带运输氢气，也可用于燃料电池氢燃料的存储，要求重量轻、储氢量大。其中金属氢化物储氢容器不需附加设备(如裂解及净化系统)，安全性高，适于车船方面应用；用常温型合金，质量储氢密度与 15MPa 高压钢瓶基本相同，但体积可小得多。如德国海军潜艇的混合推进系统，氧以液氧形式储存，氢则以 TiFe 合金氢化物形式储存。

1.3.7.2 储氢材料在电池中的应用

镍氢二次电池因能量高、无污染等优点已开始取代传统的镍镉电池在信息产业、航天领域等大规模应用。储氢合金作为镍氢二次电池的负极材料，是电池制备的关键材料。用于电池负极的储氢合金应满足电化学容量高且稳定，平衡氢压适当，对氢的阳极极化具有良好的催化作用，较强的抗阳极氧化、抗碱性溶液腐蚀能力，良好的热电传导性。

镍金属氢化物电池在美国、日本及欧洲各国都已大批量投入生产，美国的

Ovonic电池公司、Gates能源产品部，德国的Varta公司，荷兰的Philips公司，日本的日立、三洋、松下、东芝、声宝等公司都建立了生产线，年产量已达上亿只。在863计划支持下，我国南开大学、机电部十八所和包头稀土研究院合作批量生产的镍氢电池，性能已达到国际上公布的标准。

1.3.7.3　储氢材料在能量转换与储存中的应用[36,75]

储氢合金吸放氢的同时分别伴随有放热、吸热过程，利用这种性能可以进行热能-化学能-热能的转换，实现热能的储存。储氢合金的这一特性为太阳能、风能、海洋能、地热能等可再生能源的利用提供了可连续、稳定、实用的有效途径及重要的发展方向。

日本在20世纪80年代开始研制利用储氢合金将风能转化成热能的系统，该系统利用风力机的机械能将空气绝热压缩成高温空气，由系统产生热量，一部分直接供给用户，大部分则导入金属氢化物容器中，使其在放出氢气的同时储存起热能。在风况不正常或夜间寒冷时，再通入氢气，使其与储氢合金反应，生成金属氢化物同时放出热量供热。该系统选用$TiFe_{1.15}O_{0.024}$合金作为储氢合金[76]。

1.3.7.4　储氢材料在氢气的分离、回收与净化上的应用

化学工业、石油精制、制药、冶金工业等均有大量含氢尾气排出，含氢量有的达50%～60%。对这部分氢加以回收利用，在经济上有很大意义。可以利用氢化物对氢气的高选择吸收特性获得高纯度的氢，该方法适用于集成电路、半导体器件、电子材料、光纤等生产。对氢气的分离、回收与净化的研究开发目前还在进一步推广到更多的工业尾气利用。

三菱重工与中国电力公司开发利用储氢合金提纯氢气的精致装置，已正式安装在发电机上，产品纯度由96%升高至99.99%，显著提高了发电效率。对这类合金进行表面结构和表面处理技术的研究，可提高其抗中毒失活的能力。

1.3.7.5　储氢材料在氢化物热泵及空调与制冷开发上的应用

美国Argone国家实验室最先开发了HYCSOS(hydrogen conversion and storage system)，制冷量为3500W，配对合金为$CaNi_5/LaNi_5$。日本积水化学工业则开发了用太阳能供冷、供热的热泵系统，功率分别为夏天40.5MJ/h、冬季64.8MJ/h；还开发了采用三种金属氢化物组成的多段式热泵用于供热与空调，制冷量为314.3MJ/h，制热量为628.5MJ/h。最大的金属氢化物热泵制热量达到1257MJ/h。浙江大学的空调样机制冷量为15.1MJ/h[76]。

金属氢化物热泵的应用还存在一些问题，如提高单位时间、单位合金重量的产热量，改善合金特性，增加氢容量及吸放氢速率，提高传热性能，降低成本等。

1.3.7.6 储氢材料在氢汽车中的应用

氢汽车是一种完全以氢气作为燃料来代替汽油的新型汽车。它没有环境污染问题，具有良好的发展前景。目前多着眼于使用稀土系和钛系以及钛铁锰储氢合金，每立方米 H_2 可行驶 5～6km。德国奔驰公司已成功试制用钛铁储氢合金代替汽油箱的氢汽车，并反复进行了公路实地试车。日本工业技术院技术研究所和化学技术研究所共同设计的氢汽车，已正式投入行驶，时速达 100km 以上，充一次氢可行驶 200km 以上。美国 Ovonic 电池公司也将镍金属氢化物电池用于电动汽车，充一次电可行驶 350km，时速为 90km，最高时速可达 160km。

1.3.7.7 储氢材料在其他领域中的应用

1）用于氢同位素分离

储氢合金在吸收氕、氘和氚的平衡压力及吸附量上存在差异，核工业中 H_2、D_2、T 等氢同位素分离，则是利用同一温度下 H_2、D_2、T 与合金反应的平衡压差来实现分离，氢同位素分离使用的合金有 $V_{0.9}Cr_{0.1}$、TiCr 等[77]。

2）用作吸氢、脱氢反应的催化剂

储氢合金吸收氢气时，氢是分解后被吸收的，氢是以单原子存在于表面的（至少短时间内是这样）。这说明储氢合金表面具有相当大的活性，人们将它作为活性催化剂[78]。

3）用作氢压缩机

金属氢化物氢压缩法是利用氢化物的压力-温度特性进行工作的。储氢材料在室温和较低压力下吸收氢气形成金属氢化物，饱和后提高金属氢化物的温度，则其平衡压力将相应提高，因此，处于高温的氢化物可以释放相应高压的氢气。

此外，储氢合金还应用于温度-压力传感器、储能发电、氢化处理制备金属微粉技术等[79]。

1.4 本书的主要内容

氢代替矿物燃料，尤其是应用于机动车中，长期以来已得到学术和工业界的认可。但氢能利用要走向实用化、规模化还需解决储氢技术这一瓶颈。在过去的几十年里，固态储氢材料的研究取得了较大的进展，开发出大量的有前景的储氢材料，如配位氢化物、金属氮氢化物、化学储氢材料等。然而，反映当前储氢材料最新研究成果的著作还很少见。本书作者一直致力于高密度储氢材料的开发，得到国家 863 计划的支持，取得了一些有意义的成果。在此基础上，作者融入国内外储氢材料的最新研究进展，撰写成这部《金属氮氢系固体储氢材料》专著。本书结合作者多年来对 M-N-H 储氢材料的研究成果，瞄准国内外储氢领域研究发展前沿，全面、及时、准确地反映该方面的新理论和新技术，发掘与整理了该领域顶级科学家的极富价值的研究成果。本书不仅反映了当前 M-N-H 储氢领域的理论研究热点，而且还提供了新的储氢材料制备技术及新型储氢材料催化剂技术，具有很强的技术应用价值。

氢能作为一种清洁、环保的新能源，其研究与开发受到各国的重视。因此与氢能相关的各类书籍出版很多。因为氢能本身与很多领域相关，且有关氢能的研究历史不长，因此以往与氢能相关的著作内容涉及面较广，比较基础，如一般包括氢气特点、储氢原理、制氢技术、储氢技术及氢的应用。相较以往出版的与氢能有关的著作，本书致力于金属氮氢系固体储氢材料的研究进展。全书共 7 章，第 1 章对储氢材料研究背景、分类、储放氢原理、制备技术进行了简单介绍；第 2、3 章介绍金属氮氢系储氢材料的研究方法和制备方法；第 4、5 章应用第一原理对金属氮氢、硼氢化锂储氢材料释氢影响机理、催化机理进行了分析；第 6、7 章介绍金属氮氢系储氢材料吸放氢机理、储氢性能和硼氢化锂、铝氢化锂对其改性的研究成果。

参考文献

[1] 郑庆元，余守志，彭亦. 贮氢合金的开发与研究进展. 河南科学，1998，12：423.

[2] Ragaiy Z D，Darlene K，Slattery，et al. Study of chemically synthesized Mg MgH_2 for hydrogen storage. International Journal of Hydrogen Energy，1991，16(2)：821.

[3] Mandal P，Dutta K，Ramakrishna K，et al. Synthesis，characterization and hydrogenation behaviour of Mg-ξwt. %FeTi(Mn) and La_2Mg_{17}-ξwt. %$LaNi_5$-new hydrogen storage composite alloys. Journal of Alloys and Compounds，1992，184(1)：1.

[4] 张允什. 中国贮氢材料和镍氢电池新进展. 电池，1993，23(3)：135.

[5] 张丞源. 贮氢材料及其电池的发展. 新能源，1993，23(4)：188.

[6] 刘君芳. Mg-N-H 储氢材料的制备研究. 武汉：武汉理工大学硕士学位论文，2007.

[7] Sherif S A，Barbir F，Veziroglu T N. Wind energy and the hydrogen economy-review of the technology. Solar Energy，2005，(78)：647.

[8] 陈军. 新能源材料. 北京：化学工业出版社，2003.

[9] O'Brien C M，McKellar J E，Harvego M G，et al. High-temperature electrolysis for large-scale hydrogen and syngas production from nuclear energy-summary of system simulation and economic analyses. International Journal of Hydrogen Energy，2010，35(10)：4808.

[10] Kelly D B，Gibson N A，Ouwerkerk T L. A solar-powered，high-efficiency hydrogen fueling system using high-pressure electrolysis of water：Design and initial results. International Journal of Hydrogen Energy，2008，33(11)：2747.

[11] Balat E，Kirtay H. Hydrogen from biomass-present scenario and future prospects. International Journal of Hydrogen Energy，2010，35(14)：7416.

[12] 王亚楠，傅秀梅，刘海燕，等. 生物制氢最新研究进展与发展趋势. 应用与环境生物学报，2007，13(6)：895.

[13] Satyapal S, Petrovic J, Read C, et al. The U. S. Department of energy's national hydrogen storage project: Progress towards meeting hydrogen-powered vehicle requirements. Catalysis Today, 2007, 120(3, 4): 246.

[14] Aceves O, Espinosa-Loza S M, Ledesma-Orozco F, et al. High-density automotive hydrogen storage with cryogenic capable pressure vessels. International Journal of Hydrogen Energy, 2010, 35(3): 1219.

[15] Sakintuna B, Lamari-Darkrim F, Hirscher M. Metal hydride materials for solid hydrogen storage: A review. International Journal of Hydrogen Energy, 2007, 32(9): 1121.

[16] Shan J S, Payer X, Wainright J H. Increased performance of hydrogen storage by Pd-treated $LaNi_{4.7}Al_{0.3}$, $CaNi_5$ and Mg_2Ni. Journal of Alloys and Compounds, 2006, 426(1): 400.

[17] Chung C S, Lin C A. Prediction of hydrogen desorption performance of Mg_2Ni hydride reactors. International Journal of Hydrogen Energy, 2009, 34(23): 9409.

[18] Yu X B, Yang Z X, Feng S L, et al. Influence of Fe addition on hydrogen storage characteristics of Ti-V-based alloy. International Journal of Hydrogen Energy, 2006, 31(9): 1176.

[19] Imamura H, Masanari K, Kusuhara M, et al. High hydrogen storage capacity of nanosized magnesium synthesized by high energy ball-milling. Journal of Alloys and Compounds, 2005, 386: 211.

[20] Cakanyildirim M, Guru C. Hydrogen cycle with sodium borohydride. International Journal of Hydrogen Energy, 2008, 33(17): 4634.

[21] Chen P, Xiong Z, Luo J, et al. Interaction of hydrogen with metal nitrides and imides. Nature, 2002, 420: 302.

[22] Jain A, Jain I P, Jain P. Novel hydrogen storage materials: A review of lightweight complex hydrides. Journal of Alloys and Compounds, 2010, 503(2): 303.

[23] Ichikawa T, Leng H Y, Isobe S, et al. Recent development on hydrogen storage properties in metal-N-H systems. Journal of Power Sources, 2006, 159(1): 126.

[24] Shi S Z, Hwang J Y. Research frontier on new materials and conceptions for hydrogen storage. International Journal of Hydrogen Energy, 2007, 32(2): 224.

[25] Balat M. Potential importance of hydrogen as a future solution to environmental and transportation problems. International Journal of Hydrogen Energy, 2008, 33(15): 4013.

[26] Karanasios K A, Vasiliadou I A, Pavlou S, et al. Hydrogenotrophic denitrification of potable water: A review. Journal of Hazardous Materials, 2010, 180(1): 20.

[27] White A E, Steeper C M, Lutz R R. The hydrogen-fueled internal combustion engine: A technical review. International Journal of Hydrogen Energy, 2006, 31(10): 1292.

[28] Bento N. Building and interconnecting hydrogen networks: Insights from the electricity and gas experience in Europe. Energy Policy, 2008, 36(8): 3019.

[29] Singh A P, Asthana S P, Singh R K. Prospects of sugarcane milling waste utilization for hydrogen production in India. Energy Policy, 2007, 35(8): 4164.

[30] Landucci V, Tugnoli G, Cozzani A. Safety assessment of envisaged systems for automotive hydrogen supply and utilization. International Journal of Hydrogen Energy, 2010, 35(3): 1493.

[31] Aprea J L. Hydrogen energy demonstration plant in Patagonia: Description and safety issues. International Journal of Hydrogen Energy, 2009, 34(10): 4684.

[32] 张轲，刘述丽，刘明明，等. 氢能的研究进展. 材料导报，2011，25(5)：116.

[33] 胡子龙. 储氢材料. 北京：化学工业出版社，2002.

[34] 李静明. 储氢合金的研究进展. 安庆师范学院学报(自然科学版)，2004，10(3)：15.

[35] 王荣明，朱兴华，杨福湖. 储氢材料及其载能系统. 重庆：重庆大学出版社，1998.

[36] 王宁. 机械合金化制备 Mg 基大容量贮氢合金电极负极材料的研究. 西安：西北大学硕士学位论文，2001.

[37] 罗晓东. 镁基复相储氢合金的反应合成. 重庆：重庆大学硕士学位论文，2008.

[38] 汪云华，王靖坤，赵家春. 固体储氢材料的研究进展. 材料导报 A，2011，5(25)：120.

[39] Cheng S A，Lei Y Q，Liu H，et al. Effect of Br-on electrochemical performance of the hydrogen storage alloy $MlNi_{3.45}(CoMnTi)_{1.55}$ electrode. Journal of Applied Electrochemistry，1997，27：1307.

[40] 杨明，王圣平，张运丰. 储氢材料的研究现状与发展趋势. 硅酸盐学报，2011，7(39)：1053.

[41] 陈军，朱敏. 高容量储氢材料的研究进展. 中国材料进展，2009，5(5)：3.

[42] 焦健，袁音，杨帅. 青涩“氢能”，低碳发展的“绿色动力”. 中国能源研究会能效与投资评估专业委员会，北京市西城区.

[43] 周素芹，程晓春，居学海. 储氢材料研究进展. 材料科学与工程学报，2010，10(5)：784.

[44] Willems J J G，Buschow K H J. From permanent magnets to rechargeable hydride electrodes. Less-Common Metals，1987，129：13.

[45] 邓安强，樊静波，赵瑞红. 储氢材料的研究进展. 化工新型料，2009，37(12)：8.

[46] Willems J J G. Metal hydride electrodes stability of $LaNi_5$-related compounds. Philips Research，1984，39(suppl. 1)：1.

[47] 展西国. Ti-Ni 系储氢电极合金的微结构和电化学性能研究. 天津：天津理工大学硕士学位论文，2008.

[48] 李星国. 储氢材料研究现状和发展动态. 无机材料学报，2008，9(5)：1000.

[49] 刘欣. 非晶态 Mg-Ni 系储氢合金的制备及性能研究. 重庆：重庆大学硕士学位论文，2007.

[50] Zzluska A，Zaluski L，Strom-Olisen J O. Synergy of hydrogen sorption in ball-milled hydrides of Mg and Mg_2Ni. Journal of Alloys and compounds，1999，289(1,2)：197.

[51] Benjamin J S. Dispersion strengthened superalloys by mechanical alloying. Metallurgical Transactions，1970，1：2943.

[52] 郭佩佩，林玉芳，赵海花. Mg-Ni 基储氢合金的研究进展与发展趋势. 材料导报 A，2009，25(5)：125.

[53] Dafert，Miklauz F W. Uber einige nene vethindungen vonstickstoff and wasserstoff mitlithium. Monatshefte für Chemie，1910，31：981.

[54] Chen P，Xiong Z T，Luo J Z，et al. Interaction of hydrogen with metal nitrides and amides. Nature，2002，420：302.

[55] 孙俊才，季世军. 贮氢合金及其在交通运输上的应用. 大连海事大学学报，2001，27(4)：78.

[56] 黄劲松，周作祥，姚风仪，等. 氢在贮氢合金中的扩散. 高技术通讯，1994，5：34.

[57] 王荣明，朱兴华，杨福湖. 储氢材料及其载能系统. 重庆：重庆大学出版社，1998.

[58] Wang C S，Wang X H，Lei Y Q，et al. The hydriding kinetics of $MlNi_5$：I. Development of the model. Hydrogen Energy，1996，21(6)：471.

[59] Wang X H，Wang C S，Chen C P，et al. The hydriding kinetics of $MlNi_5$：II. Experimental results. International Journal of Hydrogen Energy，1996，21(6)：479.

[60] Wang C S，Wang X H，Lei Y Q，et al. A new method of determining the thermodynamically parameters of hydride electrode. International Journal of Hydrogen Energy，1997，22(12)：1117.

[61] 李荻. 电化学原理. 北京：北京航空航天大学出版社，1999.

[62] 丁福臣，易玉峰. 制氢储氢技术. 北京：化学工业出版社，2006.

[63] 兴长策. 稀土系 $PuNi_3$ 型 $La_{(1-x)}Mg_xNi_{(3-y)}M_y$ 贮氢合金制备工艺及微观组织结构和电化学性能的研究. 兰州:兰州理工大学硕士学位论文，2004.

[64] 袁华堂，李秋荻，王一普，等. 新型镁基储氢合金的合成及电化学性能的研究. 高等学校化学学报，2002，23(4)：517.

[65] Song M Y，Ivanov E，Darriet B. Hydriding and dehydriding characteristics of mechanically alloyed mixtures Mg-$x$wt. %Ni(x=5,10,25 and 55). Journal of Less-Common Metals，1987，131：71.

[66] 张朝晖，唐睿，柳永宁. 机械合金化在贮氢合金研究中的应用. 电池，2004，34(1)：62.

[67] 蓝亭. 贮氢合金的种类及制取方法. 现代机械，2004，4：63.

[68] Llabunde K L. Peraparation of an extremely active magnesium slurry for grignard reagent preparations by metal atom-solvent cocondensations. Journal of Organometal Chemistry，1974，71：309.

[69] Clark D，Wood D，Erb U. Industrial applications of electrodeposited nanocrystals. Nanostructured materials，1997，9：755.

[70] Bryden K J，Ying J Y. Electrodeposition synthesis and hydrogen absorption properties of nanostructured palladium-iron alloys. Nanostructured materials，1997，9：485.

[71] Li L Q，Akiyama T，Yagi J Y. Reaction mechanism of hydriding combustion synthesis of Mg_2NiH_4. Intermetallics，1999，7：671.

[72] 窦涛. Ti-V 基固溶体型储氢合金吸放氢性能的研究. 上海：中国科学院上海微系统与信息技术研究所硕士学位论文，2006.

[73] 崔今花. 储氢合金材料系统研制及其特性研究. 哈尔滨：黑龙江大学硕士学位论文，2008.

[74] 大角泰章. 金属氢化物的性质与应用. 北京：化学工业出版社，1991.

[75] 肖建民. 贮氢材料的热力学和化学性质. 化学工程，1990，18(2)：61.

[76] 王启东，吴京，陈长聘. 新型氢化物氢压缩器的研究与发展. 化学工程，1988，16(2)：40.

[77] Takeshita T，Wallance W E，Craig R S. Rare earth intermetallics as synthetic ammonia catalysts. Journal of Catalysis，1976，44：236.

[78] Reilly J J. Hydrides for energy storage//Andresen A F. Proceedings of an International Symposium. Oxford：Pergamon Press，1978.

[79] Uehara I，Sakai T，Ishikawa H. The state of research and development for applications of metal hydrides in Japan. Journal of Alloys and Compounds，1997，254：635.

第2章　金属氮氢系储氢材料的研究方法

2.1　储氢材料研究方法简述

无机非金属储氢材料的实验方法是在金属储氢材料的基础上，针对无机非金属的一些特点而设计的，特别是高活性的 M-N-H 储氢材料系统一定要注意储氢样品的制备、转移方法，样品分析和测试时都要避免样品与空气和水接触，这是因为 M-N-H 储氢材料相对于其他金属储氢材料来讲，其与空气中的水和氧的反应活性非常高[1]，这会影响其分析测试结果。曾有学者建议将所有制备、测试样品的仪器均置于充满高纯氩气的手套箱中，但这样做使得实验成本提高和操作变得困难。M-N-H 储氢材料系统的实验研究目的一般是研究 M-N-H 储氢材料在不同的组成、温度、压力条件下的储氢反应速率、动力学、储氢量、可逆性和储氢机理。为了全面了解储氢材料在设定条件下的储氢行为，有必要研究与储氢反应相关的各个方面，包括反应速率、反应的可逆性、反应前后反应物和产物的成分、相结构、形貌以及表面层的变化等。

在研究 M-N-H 储氢材料系统的储氢行为实验中最为简单的是热重(thermogravimetric analysis，TG 或 TGA)实验，但其又不同于一般的热分析实验，实质上是等温等容下的热重实验，测试在设定的温度下和标定了体积的密封容器中特定组成的 M-N-H 储氢材料样品的压力随时间的变化曲线，再换算成重量随时间的变化曲线。之所以不直接测定样品重量随时间的变化曲线，原因有以下两个。

(1) 浮力的影响。在测试过程中，由于系统的吸放氢使系统的压力发生变化，从而导致样品的浮力也发生变化，致使样品的重量变化测不准，特别是在测试样品吸氢反应速率和动力学时尤为明显，这时氢气的压力有时可达十几兆帕，浮力不可忽略，比如样品在吸氢过程中应该增重，但重量变化显示样品却失重。有的研究人员不太注意这个问题，使得实验数据不具有重现性，甚至是错误的，这在测试单壁纳米碳管的储氢行为时已有发现[2]。

(2) 反应室密封问题。由于氢气的渗透性能非常强，且在加热的情况下危险性较大，在吸放氢测试过程中由于氢压的变化范围很大，从真空 0.01Pa 直到高压几到十几兆帕，因此不易实现测量系统的密封和重量测定，但易于实现压力测定。

具体的做法是将一个已测知质量的一般为粉末状的组成已知的 M-N-H 储氢材料样品，置于一定压力下的高纯氢气氛的反应室中，使系统处于一个炉子内一段时间，待温度恒定后，采用精密压力传感器记录反应室内氢气的压力随时间的变化曲线，再利用氢气的状态方程转化为重量随时间的变化曲线，从而得到储氢动力学曲线。然后采用 X-射线衍射（XRD）、红外光谱分析（IR）、中子衍射（neutron diffraction）[3]、气质联用（GC-TMS）、扫描电子显微镜（SEM-EDX）、透射电镜（TEM）等各种现代表面分析技术确定吸放氢反应前后系统的组成、形貌、相结构等，再与储氢动力学相结合，经过分析可以得到吸放氢反应机理。虽然这种方法较一般的热分析实验复杂，但其包含了储氢性能测试研究中的基本实验步骤和过程。

从实验技术层面上讲，储氢性能的实验研究有许多具体的实验方法，也各有优缺点，而且具体的实验由于侧重点不同而有所不同。此外也存在一些不确定的因素，比如实验开始的时间不易确定，人们常常采用如下两种方法开始吸放氢实验：

（1）对于放氢反应速率和动力学的测试实验，样品处于较其平衡分解压以上 20～30bar 的氢气中，让其向真空中膨胀，记录从膨胀开始后系统压力随时间的变化曲线；

（2）对于吸氢反应速率和动力学的测试实验，样品处于真空状态，引入较其平衡分解压以上 20～30bar 的高压氢气，记录引入高压氢气后系统压力随时间的变化曲线。

无论采用何种方法，吸放氢反应开始的时间都是不确定的。这是因为突然膨胀或引入高压氢气时，系统初始的压力值达到稳定需要时间，这段时间通常需要 2～3min，对于反应速率和动力学较慢的系统，影响不是很大，但对于动力学较快的系统，在系统初始压力值趋于稳定过程中，吸放氢反应已经快速开始，反映在压力-时间曲线上表现为初始压力不稳定。一般来讲，这个反应开始时间的不确定因素只影响短周期和快速吸放氢反应的动力学曲线测定，对储氢材料的长期和循环吸放氢结果的影响可以忽略。

综上所述，在吸放氢性能测试实验中，无论是吸放氢前后测试样品的制备、高纯氢气压力的控制、实验方法的选择，还是实验具体过程的确定，都存在着具体的技术问题。设计储氢材料储氢性能的实验必须全面考虑、仔细思考，具体问题具体对待，实验结果才能尽可能地如实反映需要得到的储氢性能情况。

2.2　储氢材料测试样品的制备

2.2.1　试验原材料和气体的纯度

人们研究 M-N-H 无机非金属储氢材料的目的不外乎两个方面。①提高固体储氢材料的可逆储氢量，这是针对现有金属基储氢材料如 $LaNi_5$、TiV 基、Mg 基储氢材料可逆储氢量低，其他类无机非金属储氢材料比如硼氢化锂、氨硼烷、铝氢化钠、轻金属氢化物等可逆性差、不能实用化而提出的解决方法。其目的在于发展一种可逆储氢量高的 M-N-H 类储氢材料，以解决车载氢源的商业化问题。②为了研究该系统的吸放氢反应的反应速率和动力学的快慢以及机理问题。这两个目的都必须考虑初始储氢原材料中杂质的影响，为了达到以上两个目的，可以说无论怎样强调材料的纯度都不为过，因为原材料中杂质无论是对可逆储氢量还是对吸放氢反应的反应速率和动力学都有明显的影响。M-N-H 储氢材料系统的原材料通常由两类物质构成，一是轻金属氢化物，二是轻金属氨基化物。原材料中的杂质一般通过对氢气的不可逆吸附、阻碍或加速氢原子在固体储氢材料中的扩散传质、抑制或加速吸放氢反应的副反应等过程来影响储氢材料的性能，因此一般储氢材料的原材料纯度需要在 95%以上。当然，更纯的原材料对实验结果的准确性和精密度有较好的结果，但这时储氢材料原材料所带来的成本将成为主要的研究成本，比如当轻金属氢化物和轻金属氨基化物的纯度从 95%提高到 98%时，每千克的价格将升高 300%～500%。当然这取决于该两类化合物的生产成本、技术进步、进出口试剂和规模化生产方式。这两类化合物在国内和国外的生产厂家均有商品化的试剂出售，比如国外的生产厂家有 Alfa Aesar、Aldrich 等公司，国内的生产厂家有天津西玛科技有限公司、上海至鑫化工公司、广州佰默生物科技有限公司等，包装也从数克到数十千克不等。

实验中使用的氢气和其他气体诸如标定体积用的氦气、保护用的氩气的纯度要求也非常高，至少为 99.999%，特别要注意的是这些气体中氧气和水蒸气的总含量应控制在 100ppm 以下[4]，这是因为 M-N-H 储氢材料系统总金属氢化物和氨基化物强烈地与它们反应，从而影响该系统的储氢量和反应动力学。

总之，储氢性能实验研究中所用的原材料和气体的纯度要尽可能地高，这一点非常重要，否则所要研究的某些因素的影响就有可能被其中杂质的影响所影响和掩盖，实验结果的正确性和精度就得不到保障，甚至这类储氢材料的性能将大幅度衰减。

2.2.2　储氢材料样品的制备

在无机非金属储氢材料 M-N-H 类储氢性能的研究中，实验样品均采用细粉状试样，采用机械球磨法将两种原材料金属氢化物和氨基化物按反应比例球磨混合[5]，做商品化储氢罐时也将球磨法研磨混合后的细粉分散到惰性颗粒中，以增加两种固体物质金属氢化物和氨基化物的接触以及提高氢气在罐中的扩散。球磨法是将两种或数种固体物质充分混合研磨成均匀细粉最为方便和有效的方法之一。在球磨初期，在球-粉末-球之间发生大量的碰撞现象，不同组元的粉末被反复地挤压变形，经过反复破碎、焊合、再挤压等过程，使粉末之间均匀混合并发生严重的塑性变形，形成层状的具有一定原子结合力的复合颗粒。当混合粉末体系中储存的界面能、应变能、晶界能和晶体中的缺陷能等能量达到一定程度时，在高能球磨的作用下，可以发生自发的化学反应，合成新物质，即反应球磨。机械球磨的优点是在常温下能得到均匀的具有精细结构的固体混合物或化合物，已成为制备新合金和新材料(常规生产手段难以制备)的好方法。现在球磨法已经发展出了高速振动球磨，这是为了降低球磨时罐体内温度并可在低温环境中球磨。图 2.1 给出了国产南京大学 QR-1SP 行星式球磨机照片，球磨罐与磨球材质均为 1Cr18Ni9Ti 不锈钢。典型的球磨工艺如下：磨球与储氢材料金属氢化物和氨基化物质量比为 40∶1，球磨机转速设为 400r/min，每球磨 1h 后停止 0.5h，防止球磨时热量在球磨罐中的聚集，直至球磨到需要的时间。由于实验中储氢材料容易与空气中的氧气和水反应而被破坏，所以在球磨过程中都要尽量降低氧气和水存在的可能性，所采取的措施如下：将球磨罐和磨球清洗后放在 200℃下烘干 1h，在温度降至微烫时，橡胶圈涂抹薄薄一层真空酯，加劲拧上盖，在热的状态下放入充满高纯氩的真空手套箱中冷却待用。一切处理样品的过程，比如两种储氢材料和磨球的称量、移至球磨罐内和球磨后研磨混合物从球磨罐移出并封装以便后继测试等，都要在真空手套箱中进行。最后将球磨罐先抽真空到背底真空度在 5Pa 以下后再充入设定压力的高纯氩气，反复抽充两次后再进行球磨。

图 2.1 国产南京大学 QR-1SP 行星式球磨机

球磨后细粉状储氢材料样品的颗粒尺寸一般从数微米到数百甚至数十纳米，

这取决于球磨混合的强度和时间等其他条件。实验证明，分别在室温、−50℃以及液氮温度球磨时，当球磨的其他条件不变时，M-N-H 类储氢材料的性能比如储氢量、吸放氢反应动力学等随球磨温度的降低而提高。实际上，当球磨温度降低时，相同条件下球磨后样品的尺寸将大幅度降低甚至达到纳米级，由于 M-N-H 类储氢材料的吸放氢本质是固体氢化物与固体氨基化物和氢气的固-固-气反应，通常固-固-气反应受限于两种固体的接触面积、表面活性以及气体在固体中的扩散，而大幅度降低两种反应固体的颗粒尺寸，将会增大其接触表面、增加表面活性，降低气体在其中的扩散距离，使得反应速率和反应进度都不同程度地提高，因而提高了该系统的储氢性能。

球磨后储氢材料样品的形状和尺寸一般由研究目的和球磨工艺参数来决定，也常常受实验成本的限制，有时候样品的形状和尺寸对储氢性能的测试结果影响不大，但为了使得同一批次的实验结果有可比性，建议同一批次的实验采用相同的样品形状和尺寸，也就是说，一批次的实验采用相同的球磨研磨混合条件。

2.2.3 活化处理

事实上，M-N-H 类储氢材料的吸放氢过程本质是个表面反应过程，因此样品的表面处理也就是活化过程必须引起重视。实验发现，对于球磨法混合的固体储氢材料，活化过程是测试储氢性能前必需的实验步骤，如果储氢材料未活化，将导致储氢性能大幅度降低，有时甚至测不到储氢量。一般对于 M-N-H 类储氢材料的活化过程采用两种方法[5]。

(1) 在较测试温度高 10～20℃的条件下，真空处理至少 4h，对于动力学较慢的样品，有时需要一天。这个过程实质上是把储氢材料中所含的氢气全部放出来以及表面所吸附的气体杂质除去，使系统的氢含量接近于 0，这样储氢材料的表面得以活化。

(2) 在较测试温度高 10～20℃的条件下，在高氢压(一般较系统的平衡氢压高出 3～5MPa)中热处理至少 4h，对于动力学较慢的样品，有时也需要一天。这个过程实质上是储氢材料中由于球磨研磨混合时损失的氢含量再吸进去，也可以使表面所吸附的气体杂质被氢气所还原和取代，使系统的氢含量接近于理论值最大值，这样储氢材料的表面也可以得到活化。

尽管第二种活化方法不易实施，但实验证明，第二种活化方法可以适当提高 M-N-H 类储氢材料的储氢性能，分析其原因是，采用第二种活化方法可提高该系统脱氢后产物的纯度，也就是说可使放氢反应更充分。事实上实验室通常会采用同一种容易操作并能确保实验结果重现性的活化方法，这取决于实验条件，应尽可能地采用第二种活化方法。

综上所述，要想使实验结果准确且重现性好，必须精心选择样品的活化处理步骤和方式，为了同一批次实验结果有可比性，一定要保证同一批次样品按相同的方法处理。

2.2.4 储氢材料样品的分析测试准备

储氢材料的分析测试对其吸放氢反应速率、动力学以及反应机理的研究非常重要。由于 M-N-H 类储氢材料的原材料金属氢化物和氨基化物可与空气中的水蒸气和氧气强烈地反应，因此制备该系统的测试试样时一般要求在充满干燥的高纯氩气气氛的手套箱中进行，并且手套箱中的氩气是时时缓慢地更新。X-射线衍射、中子衍射、扫描电镜以及透射电镜的样品测试时应与空气和水蒸气隔离，采用的方法是在手套箱中先将一定量的粉末样品置于载玻片的凹槽处，再滴一滴惰性物质液体石蜡覆盖于样品表面[6]，如图 2.2 所示，以保证在测试时样品与空气隔离，制备好的样品在手套箱中置于器皿瓶中保存并准备测试。当然样品最好在制备好后尽可能快地进行测试，以免样品被氧化而得不到准确的实验结果。如前所述，有条件的也可以采用将所有的样品制备、测试设备均置于手套箱中进行操作，但这样带来的试验成本和操作技术的提升使得实验难以进行，不建议采用这种方法。红外光谱法实质上是根据分子内部原子间的相对振动和分子转动等信息来确定物质分子结构和鉴别化合物的一种分析方法。红外光谱法是物质定性的重要的方法之一。其定性分析有特征性高、分析时间短、需要的试样量少且不破坏试样、测定方便等优点。因此，它已成为现代结构化学和分析化学最常用和不可缺少的工具，典型的红外光谱仪如图 2.3 所示。红外光谱试样的制备如下：合成产物与分析纯溴化钾按 1∶20 混合研磨的过程一直在真空手套中进行，混合后的粉末样品移至器皿瓶中再从手套箱中移出，压片和测试时可在空气中进行。

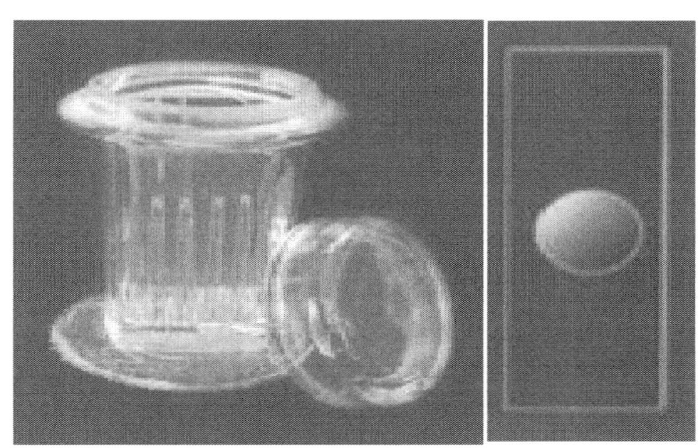

图 2.2 制作测试样品所用的器皿瓶和载玻片

图 2.3　Nicolet 380 傅里叶红外光谱仪

2.3　储氢材料测试样品的表征

用许多方法可分析和确定储氢材料吸放氢反应前、反应过程中以及反应后物质的组成和结构。在储氢材料性能研究中可采用 X-射线衍射、红外光谱分析、中子衍射、气质联用仪等分析技术确定吸放氢反应前后系统的组成、相结构以及放氢反应后气体成分，利用扫描电子显微镜、透射电镜等各种现代分析技术进行观察、分析和鉴定吸放氢反应前后系统物质的形貌、显微结构以及相尺寸。

2.4　储氢性能的测试方法

研究 M-N-H 储氢材料吸放氢反应的热力学和动力学规律对于了解该系统的储氢量、可逆性、热力学性质、反应机理及整个反应的速率控制步骤非常重要，其也是定量描述吸放氢行为的基础，是检验理论模型最具有价值的实验数据。当该类固体储氢材料进行吸放氢反应时，可以写成如下的一般表达式：

$$y\mathrm{MH}_x(\mathrm{s}) + x\mathrm{M}'(\mathrm{NH}_2)_y(\mathrm{s}) \Longrightarrow \mathrm{M}_y\mathrm{M}'_x(\mathrm{NH})_{xy}(\mathrm{s}) + xy\mathrm{H}_2(\mathrm{g}) \tag{2.1}$$

式中，M、M′代表不同或相同的轻金属元素，比如 Li、Mg、Na 或 Ca 等。

其反应进行的程度，也即反应速率可以采用下面的几个物理量来表述：

（1）等温等压下储氢材料系统的重量随时间的变化；

（2）等温等容下氢的压力随时间的变化；

(3) 等温等容下氢浓度或密度随时间的变化。

等温等压下储氢材料系统的重量变化可通过热分析在一定温度和室压下的实验来确定,但其逆过程该温度高氢压下的热重实验变得无法进行,原因有两个:一是热重实验的密封问题变得相当困难,甚至对于热天平来说是无法密封的;二是此时浮力极大地影响重量测定,甚至得到错误的数据。因此热重只能得到放氢动力学曲线而得不到吸氢动力学曲线,这就意味着其不能验证吸放氢反应的可逆性。等温等容下储氢材料系统氢浓度或密度变化的测量由于到现在为止还没有精密的氢浓度探测器也变得无法进行,只有采用间断的实验方法,即过一段时间,停止实验,采样气体采用化学或质谱的方法进行密度分析,再进行实验、停止、密度分析等如此循环可得到氢密度与时间关系,换算成重量随时间变化的动力学曲线。这样使得实验的周期很长,实验设备复杂,操作杂繁,且不易实现在线监控和自动控制。而确定等温等容下氢的压力变化是目前最为简便、经济和易于实现自动化监控的,且吸放氢反应都可实现。依据上述原理,人们在实践中确立了多种方法,并建立了相应的实验装置。下面将分别介绍两种最常用的实验方法和设备。

2.4.1 热重法

热重法是最直接、最方便的测定储氢材料放氢动力学和储氢量的方法。实验设备最为简单,只需要一台加热炉和一台精密天平,常见的是差热分析仪,如图 2.4 所示,对于储氢材料而言,由于其高活性,易于与空气中的水蒸气和氧发生反应,因此一般的热重实验均在惰性气氛中进行。对于储氢材料放氢动力学的测

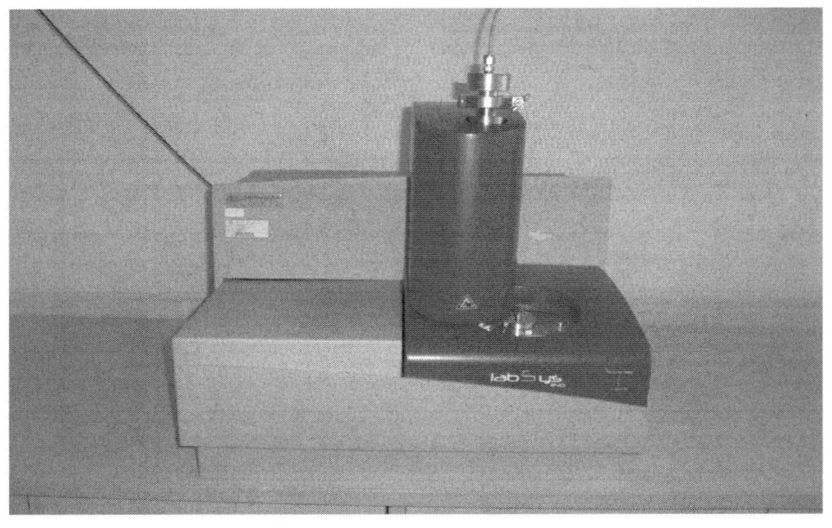

图 2.4　Setaram Labsys EVO 差热分析仪

量除了准确控制温度外，还应控制流过差热分析仪的惰性气体的流速和杂质(特别是水蒸气)的含量，有时为了减小浮力的影响还需控制压力。在放氢动力学的测量中采用等温失重法，该法能连续称重。由于不能测量吸氢动力学曲线，一个样品往往只能得到一个温度下的动力学，但其对于探测储氢材料系统的初始放氢温度非常简便，这时热重实验采用的是温度控制程序，即所谓的 TPD 法，测量储氢材料系统重量随温度升高的变化曲线，一般温度控制程序是线性的，在曲线中重量明显变化的拐点处即为该储氢材料系统的初始放氢温度。

2.4.2　容量法

容量法是一种在等温等容下测量储氢材料系统吸放氢反应过程中反应室中氢气压力随时间变化曲线的实验方法。最简单的实验装置由一个加热管、一个精密压力计和供气系统组成，典型的商品化设备如图 2.5 所示。

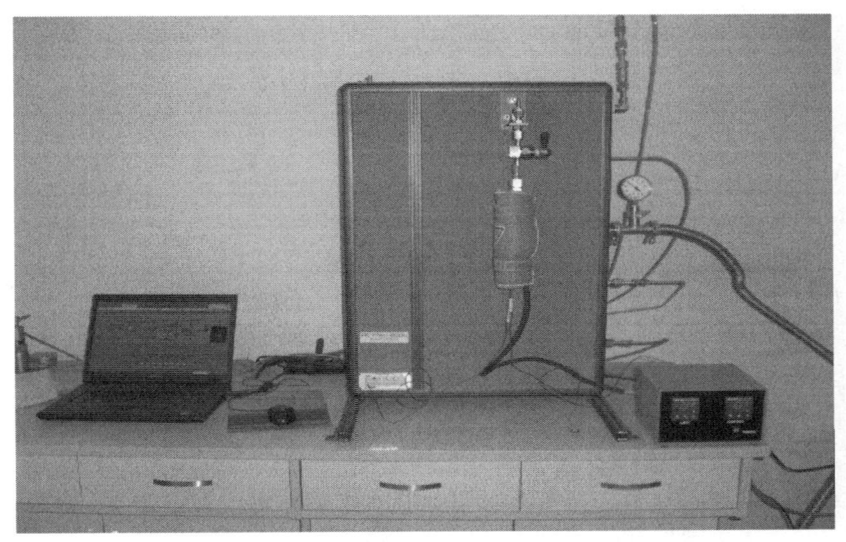

图 2.5　PCT Pro2000 储氢性能测试仪

法国 Setaram 公司生产的商品化的 PCT Pro2000 全自动 Sievert 型储氢性能测试仪采用 Sievert 原理实现了在线监控储氢材料的吸放氢动力学和自动控制，并且还具备了测量软件和数据分析软件，可测量系统的吸放氢动力学曲线和 *P-C-T* 热力学曲线。

固体物质如金属中气体通常指金属中的氢、氮和氧。这些气体的分子都是双原子气体(H_2、N_2和 O_2)。在固态金属表面，它们能以分子形式产生物理吸附；当气体同金属表面的结合力大于气体分子内部的结合力时产生化学吸附，在金属表面形成薄层。吸附在金属表面的气体分子可以分解成原子从金属表面扩散入内部。由于氢、氮和氧的原子半径都很小，分别为 0.046nm、0.071nm 和 0.070nm，因此在固态过渡族金属中，它们占据晶体点阵的间隙位置，和这些金属形成间隙固溶体。超过固溶极限时，将析出金属化合物（氢化物、氮化物和氧化物），弥散于晶粒内或存在于晶界上。同样，由于原子半径较金属原子半径小（半径比小于 0.59），氢和氮在形成的金属化合物中仍占据间隙位置，多数形成结构简单的间隙相。常见的金属氧化物则多为化学化合物。当金属中存在微孔隙时，过饱和气体也能以气体分子形态析出到这些微孔隙内。

气体在液态或固态金属中的溶解度 s 与金属的温度及气体的分压 P 有关。当温度不变时，s 与 P 的平方根值成正比：

$$s = kP^{1/2} \tag{2.2}$$

式中，k 为常数。此即为 Sievert 定律。当气体分压固定，溶解度 s 与温度 T 的关系可用式(2.3)表示：

$$s = c \cdot \exp\left(-\frac{Q}{2RT}\right) \tag{2.3}$$

式中，c 为常数；Q 为气体的溶解热；R 为摩尔气体常量；T 为热力学温度。

从以上原理可以看出，只要在等温等容时，精确测量储氢材料系统压力随时间的变化值，就可以间接地依据 Sievert 定律得到储氢材料中氢的含量随时间的变化值，这个量再除以储氢材料的重量，就是储氢量随时间的变化值，也即吸放氢反应的动力学曲线。储氢性能测试仪最为核心的部件是精密压力传感器。压力传感器是工业实践中最为常用的一种传感器，其广泛应用于各种工业自控环境，涉及水利水电、铁路交通、智能建筑、生产自控、航空航天、军工、石化、油井、电力、船舶、机床、管道等众多行业。下面简单介绍一些常用传感器的原理及其应用。

1）应变片压力传感器原理与应用

力学传感器的种类繁多，如电阻应变片压力传感器、半导体应变片压力传感器、压阻式压力传感器、电感式压力传感器、电容式压力传感器、谐振式压力传感器及电容式加速度传感器等。但应用最为广泛的是压阻式压力传感器，它具有极低的价格和较高的精度以及较好的线性特性。下面主要介绍这类传感器。

在了解压阻式压力传感器时，首先认识一下电阻应变片这种元件。电阻应变片是一种将被测件上的应变变化转换成为一种电信号的敏感器件。它是压阻式应变传感器的主要组成部分之一。电阻应变片应用最多的是金属电阻应变片和半导体应变片两种。金属电阻应变片又有丝状应变片和金属箔状应变片两种。通常是将应变片通过特殊的黏合剂紧密地黏合在产生力学应变基体上，当基体受力发生应力变化时，电阻应变片也一起产生形变，使应变片的阻值发生改变，从而使加在电阻上的电压发生变化。这种应变片在受力时产生的阻值变化通常较小，一般这种应变片都组成应变电桥，并通过后续的仪表放大器进行放大，再传输给处理电路（通常是 A/D 转换和 CPU）显示或执行机构。金属电阻应变片的工作原理是吸附在基体材料上的应变电阻随机械形变而产生阻值变化，俗称为电阻应变效应。以金属丝应变电阻为例，当金属丝受外力作用时，其长度和截面积都会发生变化，其电阻值也会发生改变。当金属丝受外力作用而伸长时，其长度增加，而截面积减少，电阻值便会增大；当金属丝受外力作用而压缩时，长度减小而截面增加，电阻值则会减小。只要测出电阻的变化（通常是测量电阻两端的电压），即可获得应变金属丝的应变情况。

2）陶瓷压力传感器原理及应用

抗腐蚀的陶瓷压力传感器没有液体的传递，压力直接作用在陶瓷膜片的前表面，使膜片产生微小的形变，厚膜电阻印刷在陶瓷膜片的背面，连接成一个惠斯通电桥（闭桥），由于压敏电阻的压阻效应，使电桥产生一个与压力成正比的高度线性、与激励电压也成正比的电压信号，标准的信号根据压力量程的不同标定为 2.0/3.0/3.3mV/V 等，可以和应变式传感器相兼容。通过激光标定，传感器具有很高的温度稳定性和时间稳定性，传感器自带温度补偿 0～70℃，并可以和绝大多数介质直接接触。陶瓷是一种公认的高弹性、抗腐蚀、抗磨损、抗冲击和振动的材料。陶瓷的热稳定特性及它的厚膜电阻可以使它的工作温度范围高达－40～135℃，而且具有测量的高精度、高稳定性。电气绝缘程度大于 2kV，输出信号强，长期稳定性好。高特性、低价格的陶瓷传感器将是压力传感器的发展方向，在欧美国家有全面替代其他类型传感器的趋势，在我国也有越来越多的用户使用陶瓷传感器替代扩散硅压力传感器。

3）扩散硅压力传感器原理及应用

扩散硅压力传感器的工作原理是被测介质的压力直接作用于传感器的膜片上（不锈钢或陶瓷），使膜片产生与介质压力成正比的微位移，进而使传感器的电阻值发生变化，用电子线路检测这一变化，并转换输出一个对应于这一压力的标准测量信号。

4）蓝宝石压力传感器原理与应用

利用应变电阻式工作原理，采用硅-蓝宝石作为半导体敏感元件，具有无与伦比的计量特性。蓝宝石系由单晶体绝缘体元素组成，不会发生滞后、疲劳和蠕变现象；蓝宝石比硅要坚固，硬度更高，不怕形变；蓝宝石有着非常好的弹性和绝缘特性（1000℃以内）。因此，利用硅-蓝宝石制造的半导体敏感元件，对温度变化不敏感，即使在高温条件下，也有着很好的工作特性；蓝宝石的抗辐射特性极强；另外，硅-蓝宝石半导体敏感元件，无 p-n 漂移，因此，从根本上简化了制造工艺，提高了重复性，确保了高成品率。用硅-蓝宝石半导体敏感元件制造的压力传感器和变送器，可在最恶劣的工作条件下正常工作，并且可靠性高、精度好、温度误差极小、性价比高。表压压力传感器和变送器由双膜片构成:钛合金测量膜片和钛合金接收膜片。印刷有异质外延性应变灵敏电桥电路的蓝宝石薄片,被焊接在钛合金测量膜片上。被测压力传送到接收膜片上(接收膜片与测量膜片之间用拉杆坚固地连接在一起)。在压力的作用下,钛合金接收膜片产生形变,该形变被硅-蓝宝石敏感元件感知后,其电桥输出会发生变化,变化的幅度与被测压力成正比。传感器的电路能够保证应变电桥电路的供电,并将应变电桥的失衡信号转换为统一的电信号输出(0~5mA,4~20mA 或 0~5V)。在绝压压力传感器和变送器中,蓝宝石薄片与陶瓷基极玻璃焊料连接在一起,起到了弹性元件的作用,将被测压力转换为应变片形变,从而达到压力测量的目的。

5) 压电压力传感器原理与应用

压电传感器主要使用的压电材料包括石英、酒石酸钾钠和磷酸二氢铵。其中石英(二氧化硅)是一种天然晶体,压电效应就是在这种晶体中发现的,在一定的温度范围之内,压电性质一直存在,但温度超过这个范围之后,压电性质完全消失(这个高温就是所谓的“居里点”)。由于随着应力的变化电场变化微小(也就是说压电系数比较低),所以石英逐渐被其他的压电晶体所替代。而酒石酸钾钠具有很大的压电灵敏度和压电系数,但是它只能在室温和湿度比较低的环境下才能够应用。磷酸二氢铵属于人造晶体,能够承受高温和相当高的湿度,所以已经得到了广泛的应用。压电效应是压电传感器的主要工作原理,压电传感器不能用于静态测量,因为经过外力作用后的电荷,只有在回路具有无限大的输入阻抗时才得到保存。实际的情况不是这样的,所以这决定了压电传感器只能够测量动态的应力。压电传感器主要应用在加速度、压力和力等的测量中。压电式加速度传感器是一种常用的加速度计。它具有结构简单、体积小、重量轻、使用寿命长等优异的特点。压电式加速度传感器在飞机、汽车、船舶、桥梁和建筑的振动和冲击测量中已经得到了广泛的应用,特别是在航空和宇航领域中更有它的特殊地位。压电式传感器也可以用于发动机内部燃烧压力的测量与真空度的测量;用于军事工业,例如用它来测量枪炮子弹在膛中击发的一瞬间的膛压的变化和炮口的冲击波压力。它既可以用来测量大的压力,也可以用来测量微小的压力。

由于 PCT Pro2000 全自动 Sievert 型储氢性能测试仪可测量−260~500℃、真空至 200bar 动态的超高氢压下储氢材料的储氢性能,一般的电阻应变片压力传感器不能使用,因此一般采用压电式加速度传感器,且高压的测试灵敏度在 0.01bar 左右,低压的灵敏度在 0.001Pa 左右。PCT Pro2000 全自动 Sievert 型储氢性能测试仪价值为 80 万元人民币左右(2010 年前后)。反应区的温度必须严格保持恒定,任何温度的变化都会显著地改变反应室中的压力。

2.5　吸放氢反应的热力学和动力学

2.5.1　吸放氢反应的热力学方程

根据热力学基本原理，该系统吸放氢反应[式(2.1)]的吉布斯自由能变与温度的关系式可由吉布斯-亥姆霍兹方程来描述：

$$\frac{\mathrm{d}\left(\frac{\Delta_r G}{T}\right)}{\mathrm{d}T} = -\frac{\Delta_r H}{T^2} \tag{2.4}$$

式中，$\Delta_r G$、$\Delta_r H$ 分别为该反应的自由能变和焓变。将 $\Delta_r G = -RT\ln K$ 代入式(2.4)可得

$$\frac{\mathrm{d}\ln K}{\mathrm{d}T} = \frac{\Delta_r H}{RT^2} \tag{2.5}$$

这就是 Van't Hoff 方程。对于复相化学反应[式(2.1)]，假定所有固相的活度为1，那么这个反应平衡常数 K 只与氢气的压力有关，可表示为

$$K = P_{H_2}{}^{eq}/P^0 \tag{2.6}$$

式中，$P_{H_2}{}^{eq}$ 为温度 T 时该反应对应的氢气平衡压；P^0 为标准压力。代入式(2.5)中得到

$$\frac{\mathrm{d}\ln P_{H_2}{}^{eq}}{\mathrm{d}T} = \frac{\Delta_r H}{RT^2} \tag{2.7}$$

对上式进行不定积分和定积分，有

$$\ln P_{H_2}{}^{eq} = \frac{\Delta_r H}{RT} + C \tag{2.8}$$

式中，C 为积分常数。

$$\ln P_{H_2}{}^{eq} = \frac{\Delta_r H}{RT} - \frac{\Delta_r S}{R} \tag{2.9}$$

式中，$\Delta_r S$ 为反应熵变。

从式(2.9)可以看出，只要测知一系列等温下对应反应[式(2.1)]的平衡氢分压，也即不同温度下的 P-C-T 曲线，以平衡氢压的对数 $\ln P$ 和绝对温度的倒数$1/T$ 作图，经线性拟合，即得一直线，即储氢材料中通常所讲的 Van't Hoff 曲线，如图 2.6 所示[7]。可见，通过该直线的斜率可以间接求出储氢材料吸放氢反应过程中的焓变，通过截距可以间接求出其熵变。其中 ΔH 代表了系统中氢键的稳定性，在吸氢过程，反应表现为放热过程，在放氢过程，则为吸热过程。ΔH 可以用来判断储氢材料的热稳定性，若求得的数值越小(负值的绝对值越大)，该系统越稳定。而 ΔS 则反映了该储氢材料系统的反应进行的趋势大小，若求得的数值越大，其平衡

压力越低，说明生成的储氢材料越稳定。对于商品化车载氢源来讲，为了实现释氢温度低于100℃时1bar的平衡压，ΔH 的值应为39.2kJ/mol H_2。这些热力学参数对于研究和开发储氢材料具有重要的指导意义和实际应用意义。

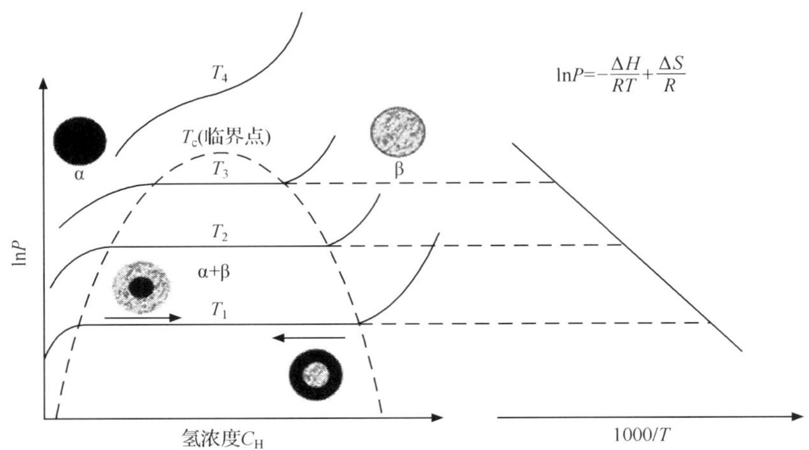

图 2.6 储氢材料系统吸放氢 *P-C-T* 曲线的示意图以及对应的 Van't Hoff 曲线[7]

2.5.2 吸放氢反应的动力学

M-N-H储氢材料系统的吸放氢反应步骤不同，因此也具有不同的反应机理和动力学方程，温度对反应机理也会有影响。首先对于放氢反应来讲，大概分为以下几个步骤。

(1) 系统中含有金属氢化物和氨基化物，且金属氢化物较反应计量比多大概10%。金属氨基化物分解为亚氨基化物和氨气。

(2) 生成的氨气与系统中的氢化物反应生成亚氨基化物和氢气。

如此循环系统便释放出氢气，其副产物为氨气，在较低的温度时反应机理如上两步，最后系统由亚氨基化物和多余的氢化物组成，这时该系统通常具有可逆性，即亚氨基化物和氢化物在高压氢气氛中可吸氢回到系统的初始组成氢化物和氨基化物。但温度进一步升高，亚氨基化物会进一步分解。

(3) 亚氨基化物分解为金属氮化物，同时放出氨气。

(4) 生成的氨气与系统中的氢化物反应生成氮化物和氢气。

最后系统脱氢产物由氮化物和多余的氢化物组成，其过程可以由如下的化学方程式表示[8]：

$$
\begin{aligned}
& MH_x + M'(NH_2)_y \\
& \longrightarrow MH_x + M'(NH)_{y/2} + NH_3
\end{aligned}
$$

$\longrightarrow MH_x + M(NH_2)_x + M'(NH)_{y/2} + H_2$ 较低温度时结束反应

$\longrightarrow MH_x + M(NH)_{x/2} + M'(NH)_{y/2} + H_2$

$\longrightarrow MH_x + M(NH)_{x/2} + M'_3N_y + H_2$

$\longrightarrow MH_x + M_3N_x + M'_3N_y + H_2$ 较高温度时结束反应

实验发现，该系统第一步为慢反应，而随后的步骤较快，因此放氢过程中，金属氨基化物分解为亚氨基化物和氨气这一反应是速率控制步骤。值得注意的是，一般情况下在热重实验中温度扫描反应至氮化物生成的阶段，而 *P-C-T* 仪只做可逆的吸放氢动力学曲线和热力学 *P-C-T* 曲线，即较低温度时结束反应，这是受仪器的温度限制和应用于实际储氢罐时，总是希望系统是可逆的。

其次对于吸氢动力学来讲，此系统的吸氢能力来自于放氢反应的生成物亚氨基化物，其在一定的氢压下，可吸收氢从而返回系统的初始物，具体步骤为：

(1) 在一定的氢压下，氢气分子与亚氨基化物表面发生物理或化学吸附；

(2) 吸附的氢分子离解为氢原子；

(3) 氢原子迁移至固体储氢材料颗粒内部重新形成系统的初始物，如图 2.7 所示。

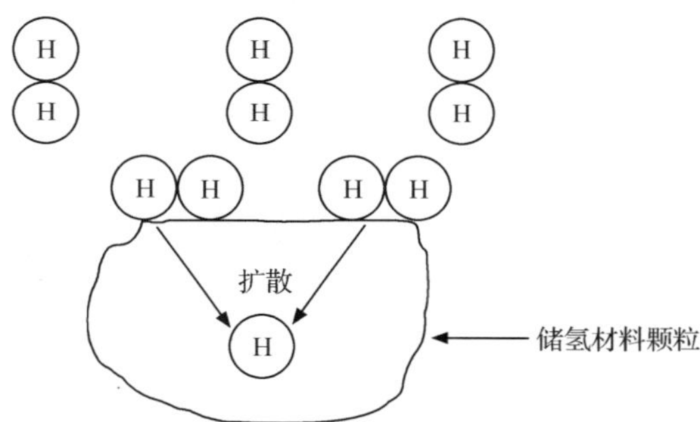

图 2.7 储氢材料吸氢时反应步骤(吸附—离解—扩散)示意图

这三个步骤都有可能成为吸氢反应的速率控制步骤，并且随吸氢反应的进行有可能还会发生变化，从而使吸氢反应动力学表现出不同的行为。

2.6 实验数据的作图与分析

在确定储氢材料系统的初始放氢温度时，通常采用热分析实验的数据。一般的热分析仪都带有数据处理软件，图 2.8 所示为一个典型的 M-N-H 系统的热分析结果[9]。

一般来讲，热分析的实验结果能得到三个最基本的储氢材料性质。

(1) 初始放氢温度。储氢材料样品有明显失重时所对应的温度即为初始放氢

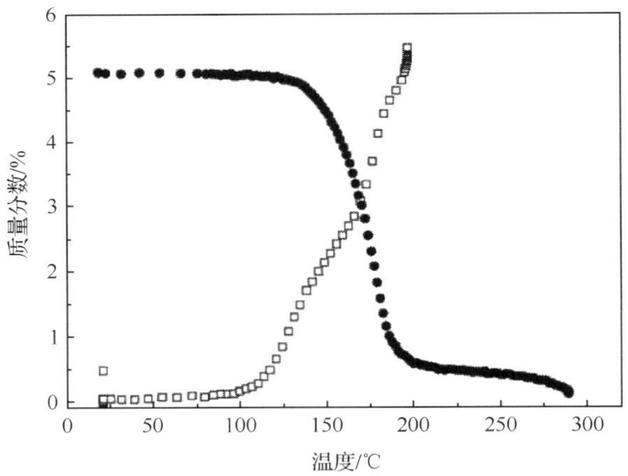

图 2.8　典型的热分析实验结果[9]

系统为 $Li(NH_2)_2+2LiH$

温度，图 2.8 热分析曲线显示这个系统的初始放氢温度在 100℃左右。

(2) 分解温度，即放氢温度。储氢材料样品失重曲线的拐点所对应的温度即为放氢温度，这时通常采用热分析仪的软件通过求失重曲线的微分可得，微分曲线中最高点或差热曲线的最高点即对应该储氢材料的放氢温度。图 2.8 热分析曲线中拐点对应的放氢温度大致在 120℃，而吸氢大致在 110℃。

(3) 储氢量。储氢材料样品的失重百分数对应的是该储氢材料系统的储氢量，但不是其可逆储氢量，这是因为热重实验只能做出放氢动力学，不能给出吸氢动力学，因此吸放氢反应可逆性必须采用 *P-C-T* 仪所做的吸放氢动力学曲线来确定。

在确定储氢材料系统的可逆吸放氢动力学和热力学性质时，通常采用 *P-C-T* 仪上所做的实验数据。*P-C-T* 仪是一个强大的、针对可逆储氢材料系统所设计的储氢性能测试仪。它一般可得到三类实验数据。

(1) 吸放氢动力学曲线。典型的 M-N-H 系统吸放氢动力学曲线如图 2.9 所示。

从图 2.9 中可得到的储氢材料性能的信息有：该储氢材料系统是可逆的，且其可逆储氢量约为 4.8%；放氢反应较快而吸氢反应较慢，放氢反应从开始到进行至 95%时很快，只需要 25min 左右，随后变得异常缓慢；吸氢反应从开始直至 80min 左右也较快，能吸收 80%的储氢量，随后也变得缓慢。至于动力学曲线的拟合，要根据实验条件，结合吸放氢反应前后产物的组成、相结构、微观形貌等性质来进行。当然随着计算机和软件科学的发展，也可以采用直接拟合的方法来得到速率方程中的参数。

温度对吸放氢反应速率的影响满足阿伦尼乌斯经验式。为了得到该储氢系统

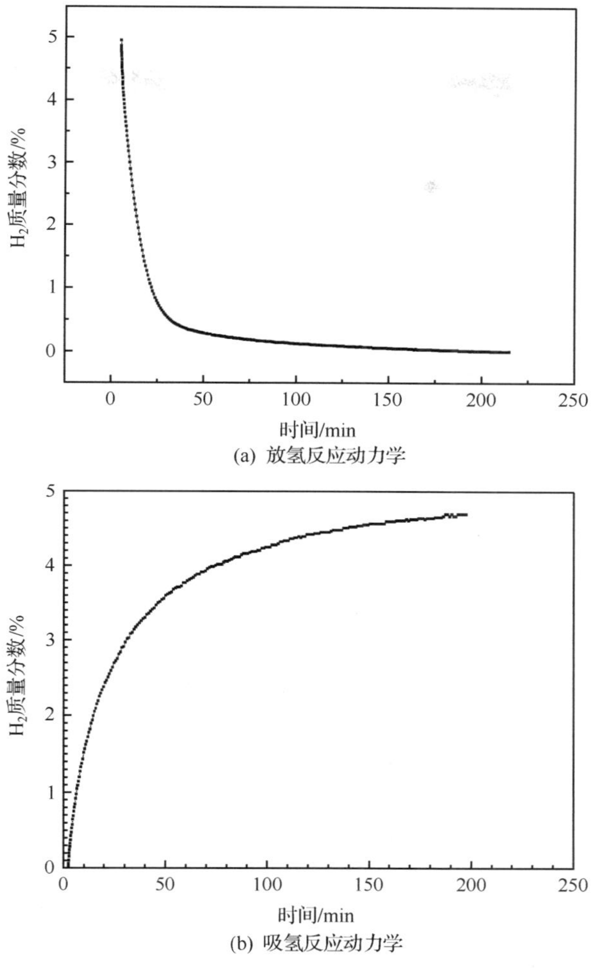

图 2.9　典型的吸放氢动力学实验结果

系统为 $LiNH_2+MgH_2$，实验温度为 210℃

脱氢反应的活化能，对于同一个反应，在保持其他条件(反应机理和反应级数)不变时，当初始浓度(均为吸饱氢后)和反应程度(剩余的储氢量为 2%)都相同时，不同温度时的速率常数 k 与所用时间 T 成反比。再由阿伦尼乌斯经验式可知 $\ln k$ 与 $1/T$ 呈线性关系，其斜率为 $-E_a/R$(E_a 为吸放氢气反应的活化能)，因此 $\ln t$ 与$1/T$ 也呈线性关系，其斜率为E_a/R，从而可求其吸放氢反应的活化能。

(2) *P-C-T* 曲线。典型的 M-N-H 系统 *P-C-T* 曲线如图 2.10 所示。

从图 2.10 中可得到的储氢材料性能的信息有：可逆储氢量在 4.7%左右；该温度(218.3℃)下系统的平衡氢压为 31bar；系统有两个放氢平台，对应的储氢量分别为 0.9%和 3.8%左右，实质上对应的是两个反应：

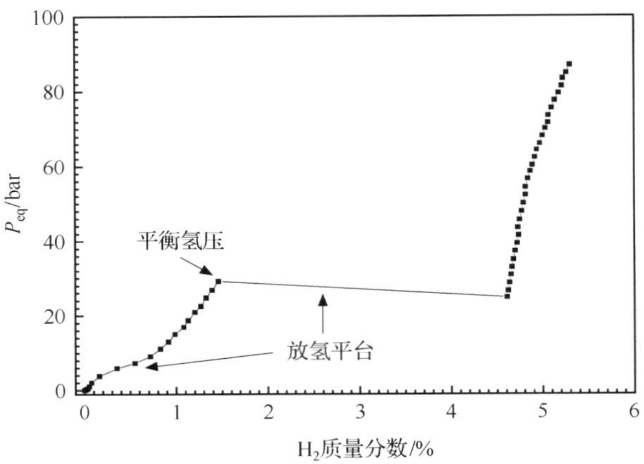

图 2.10　典型的 *P-C-T* 实验结果

系统为 $Mg(NH_2)_2$+LiH,实验温度为 218.3℃

$$Li_2Mg(NH)_2 + 0.6H_2 \longleftrightarrow Li_2MgN_2H_{3.2} \quad 0 < H_2 \text{ 质量分数} < 1.5\% \tag{2.10}$$

$$Li_2MgN_2H_{3.2} + 1.4H_2 \longleftrightarrow Mg(NH_2)_2 + 2LiH \quad 1.5\% < H_2 \text{ 质量分数} < 5.1\% \tag{2.11}$$

多条 *P-C-T* 曲线可以得到不同温度下这个系统的平衡分解氢压与温度的对应关系,根据 Van't Hoff 方程,ln*P* 与 1/*T* 呈线性关系,可作出类似于图 2.6 的曲线,如图 2.11 所示[10],从而可以计算该储氢系统的脱氢反应的焓变和熵变以及该

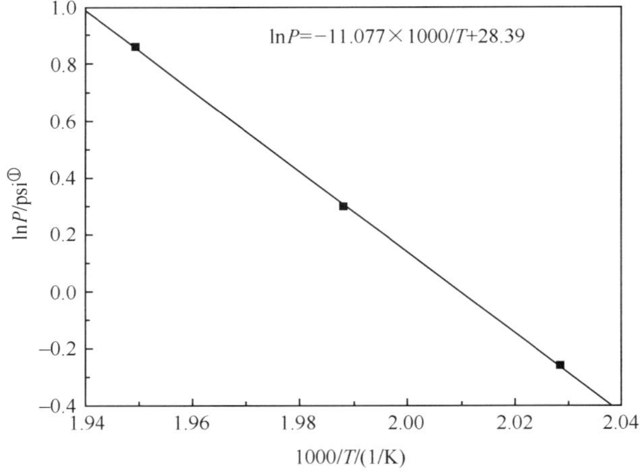

图 2.11　典型的 ln*P*-1/*T* 实验曲线[10]

系统为 $Ca(NH_2)_2$-NaH(1/1)

① 1psi=6.89476×10^3Pa。

系统的自由能；并且根据自由能与温度的关系可估算得到该储氢系统脱氢时最有利的温度即自由能为 0 时的温度。

（3）循环储氢性能。典型的 M-N-H 系统循环吸放氢动力学曲线如图 2.12 所示[11]。

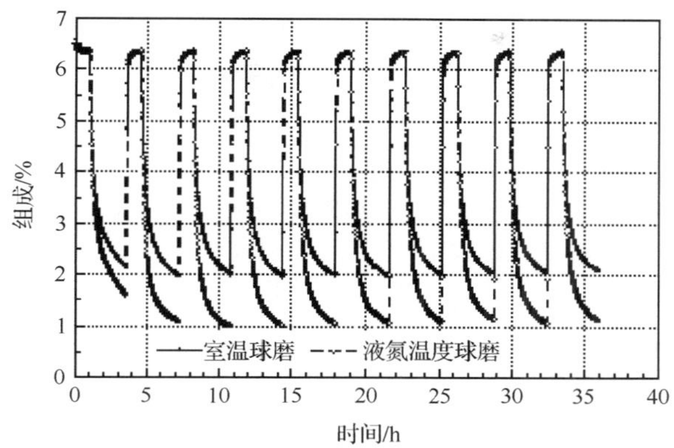

图 2.12　典型的循环吸放氢动力学曲线[11]

系统为 $LiNH_2+LiH$，可见球磨样品较未球磨样品吸放氢的量多 1%

从循环吸放氢动力学曲线可以得到如下信息：该储氢材料系统在前十个循环储氢量没有损失，且球磨可以使其储氢量增加 1%。实验证明 M-N-H 储氢材料系统的储氢量随循环次数的增加会有所降低，这是由于该系统放氢反应的副反应为放出氨气，因此做循环动力学试验时，特别是当储氢量有明显降低的放氢动力学实验，通常将释放的气体采用气质联用仪器进行分析鉴定副反应产物氨气，典型的结果如图 2.13 所示[12]。图中具有明显的氨气峰[10]。

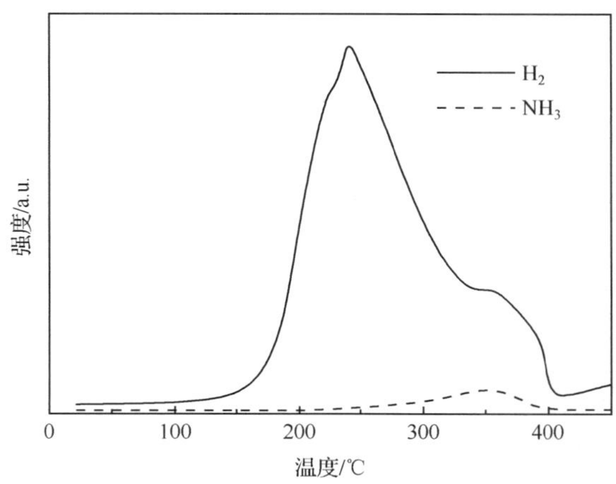

图 2.13　典型的放氢反应产物的质谱实验分析曲线[12]

系统为 $LiNH_2+LiH$，可见明显的氨气峰

以上介绍了 M-N-H 储氢材料系统的实验数据作图和分析。由于多数动力学速率方程中包含两个或多个不确定的参数,并且速率方程的拟合常需要逐个假设并验证,因此正确确定速率方程是相当困难的,这些困难提示我们在解释该系统吸放氢反应动力学和机理时应该强调以下两点。

(1) 尽可能多地以能达到的最高精确度和准确度记录系统吸放氢反应过程,以便有足够的数据确定热力学和动力学速率方程。在文献中常发现一些研究用缺乏准确的数据计算吸放氢反应的热力学和动力学反应速率方程。

(2) 必须仔细地把吸放氢反应速率测量结果与反应前后产物、甚至吸放氢反应过程中物质的组成、相分布和性质结合起来考虑。

参 考 文 献

[1] 刘述丽. Metal(Li 和 Mg)-N-H 储氢材料的制备工艺及性能研究. 沈阳: 沈阳师范大学硕士学位论文, 2011.

[2] Liu C, Chen Y, Wu C Z, et al. Hydrogen storage in carbon nanotubes revisited. Carbon, 2010, 48: 452-455.

[3] Rijssenbeek J, Gao Y, Hanson J, et al. Crystal structure determination and reaction pathway of amide-hydride mixtures. Journal of Alloys and Compounds, 2008, 454:233-244.

[4] Broom D P, Moretto P. Accuracy in hydrogen sorption measurements. Journal of Alloys and Compounds, 2007,446,447: 687-691.

[5] Yang J, Sudik A, Wolverton C. Activation of hydrogen storage materials in the Li-Mg-N-H system: Effect on storage properties. Journal of Alloys and Compounds, 2007,430: 334-338.

[6] 王艳. 纳米晶 Mg_2FeH_6 和 Mg_2CoH_5 的制备及储氢性能研究. 天津: 南开大学博士学位论文, 2011.

[7] Principi G, Agresti F, Maddalena A, et al. The problem of solid state hydrogen storage. Energy, 2009, 34: 2087-2091.

[8] 刘君芳. Mg-N-H 储氢材料的制备研究. 武汉: 武汉理工大学硕士学位论文, 2007.

[9] Xiong Z T, Hu J J, Wu G T, et al. Thermodynamic and kinetic investigations of the hydrogen storage in the Li-Mg-N-H system. Journal of Alloys and Compounds, 2005, 398: 235-239.

[10] Xiong Z T, Wu G T, Hu J J, et al. Ca-Na-N-H system for reversible hydrogen storage. Journal of Alloys and Compounds, 2007, 441: 152-156.

[11] Osborn W, Markmaitree T, Shaw L L, et al. Low temperature milling of the $LiNH_2$+LiH hydrogen storage system. International Journal of Hydrogen Energy, 2009, 34: 4331-4339.

[12] Ichikawa T, Leng H Y, Isobe S, et al. Recent development on hydrogen storage properties in metal-N-H systems. Journal of Power Sources, 2006, 159: 126-131.

第3章 金属氢化物和氨基化物的制备方法

氢能由于具有高效和无污染的特点，是未来最理想的能源形式之一。储氢技术制约氢能发展，而储氢材料是储氢技术的基石。传统储氢合金如 AB_5[1]、AB 金属间化合物的储氢密度均低于 1.7%[2~8]；钒基储氢材料[9]由于放氢不完全，可逆储氢密度低于 2.5%；以 $NaAlH_4$[10,11]、$LiBH_4$[12]为代表的络合物理论储氢量达到 5.6%～18%，但也存在着吸放氢温度太高（$LiBH_4$ 初始放氢温度为 300℃）、动力学性能差的缺点，很难满足氢燃料电池汽车的应用要求（储氢量大于 5%，初始放氢温度低于 100℃）。相对于其他固体储氢材料，轻金属特别是锂和镁的氨基化物在储氢容量大和吸放氢温度低这两个方面具有优势，最有希望达到国际能源组织提出的目标，从而满足氢燃料电池汽车的应用要求[13]。在轻质的锂、硼、氮、镁中，Li_3N 由于具有很高的储氢量（10.4%）而备受关注。$LiNH_2$/LiH 混合后可以在 200～300℃可逆吸放氢（约 6%）[14]。镁[15]部分或全部取代锂可使初始放氢温度降至 100℃以下。然而组成 M-N-H 系储氢材料的基本物质金属氢化物和氨基化物的制备工艺鲜有报道，因此本章将采用加热法和机械合金化法研究 $LiNH_2$ 和 $Mg(NH_2)_2$ 的合成工艺并对其进行表征，进一步优化储氢材料的制备工艺，以期满足实际需要[16]。

3.1 金属氢化物的制备方法

3.1.1 金属氢化物简介

氢化物是一类氢的化合物。严格意义上讲，氢化物只包含氢同金属相互结合的化合物，但由于概念的扩大，有时它也包含水、氨和碳氢化合物等物质，而本章所涉及的仅指前者和氨基化物。氢化物基本上可按以下标准分类：①离子型氢化物（类盐氢化物），这是一类具有高熔点和较高稳定性的化合物，一般由较活泼的金属与氢形成，如碱金属及部分碱土金属和镧系金属氢化物。②共价型氢化物，由非金属（不含稀有气体）或类金属与氢形成，熔点较低，命名上通常叫“某化氢”而非“氢化某”。③过渡金属氢化物，为过渡金属的氢化物，种类很多，其中有些是确定的整比化合物。过渡金属合金的氢化物是近年来氢化物的研究方向。④边界氢化物，性质介于共价型与过渡金属之间，报道较少。⑤配位氢化物（复合氢化物），包括氢化铝锂、硼氢化钠等，在工业生产及有机合成中具有重要应用。

在金属氢化物中，最重要的是氢负离子，氢负离子 H^- 由两个电子及一个质子组成，是已知除电子盐(electride)外最小的阴离子。氢负离子不能在水溶液中存在，是已知的最强碱之一，这可通过以下生成反应看出：

$$1/2H_2(g) \longrightarrow H(g), \quad \Delta H = 218kJ/mol$$

$$H(g) + e \longrightarrow H^-(g), \quad \Delta H = -67kJ/mol$$

$$1/2H_2(g) + e \longrightarrow H^-(g), \quad \Delta H = 151kJ/mol$$

$$1/2Br_2(g) + e \longrightarrow Br^-, \quad \Delta H = -214kJ/mol$$

$$H^- + H^+ \longrightarrow H_2, \quad \Delta H = -1676kJ/mol$$

负氢是非常强的还原剂：

$$H_2 + 2e \longrightarrow 2H^-, \quad E^0 = -2.25\ V$$

已知自由氢负离子的有效半径为 208pm。这个数据与其他数据比较时，特别是与 He 原子的 93pm、H 原子的 50pm、Cl^- 的结晶半径 181pm、H 的共价半径 30pm 及类盐氢化物中 H^- 的半径 134～154pm 相比是有趣的。这个反常大的半径可以用 H^- 的核电荷较小，电子彼此排斥和对核引力的屏蔽效应来解释[17]。

3.1.2　金属氢化物制备方法

下面依据金属氢化物的分类分别介绍其制备方法。

3.1.2.1　离子型氢化物

由于 H^- 离子的生成热为正值，只有电正性大的元素才能与氢形成离子型氢化物。这类化合物在熔融电解时阳极产生氢气，可证明其离子性。这类化合物中 H^- 的结晶半径介于 F^- 和 Cl^- 之间，因此某种氢化物的晶格能与相应的氟化物及氯化物相近。但是氢化物的生成热相对于卤化物却非常低，例如碱金属卤化物的生成热大约为 420kJ/mol，而氢化钠的生成热只有 56.6kJ/mol，氢化锂也不过是 91.0kJ/mol。

离子型氢化物的制备：所有的离子型氢化物都可通过加热法使金属直接与氢气化合制备，反应温度为 300～700℃。为了避免在金属表面生成的氢化物阻止进一步的反应，常用金属在矿物油中的分散质，或者加入表面活性剂。但加入表面活性剂的同时也降低了纯度[18]。这方面的例子有

$$2Na + H_2 \longrightarrow 2NaH$$

离子型氢化物的性质：离子型氢化物都是无色或白色晶体，常因含有金属杂质而发灰，金属过量则呈蓝紫色。这类化合物的反应性从锂到铯、从钙到钡依次增大，遇氧化剂(包括水)会强烈反应，操作时必须注意。它们对空气和水是不稳定的，有些甚至会发生自燃。曾经有人将一份 K_3AlH_6 样品在手套箱中放置了一段时间，后来用药匙触碰了一下样品，立即发生了爆炸[18]。一般认为这类爆炸的发

生与氢化物表面略受氧化后生成的超氧化物有关。触碰超氧化物时其与氢化物相接触，发生剧烈反应便引发了爆炸，KH、RbH、CsH也有发生类似爆炸的危险。

离子型氢化物主要应用于以下五个方面：氢化锂和氢化钠分别用于复合氢化物$LiAlH_4$、$NaBH_4$及类似化合物的制取；氢化钠是有机合成中用途很广泛的碱及还原剂；氢化钠溶在熔融氢氧化钠中可作为钢铁的脱锈剂；氢化钙被用作生氢剂、干燥剂及工业上还原制备某些单质；储氢材料的重要组成部分。

3.1.2.2　共价型氢化物

共价型氢化物是非金属(稀有气体除外)、类金属及一些电正性不大的金属元素与氢形成的化合物。单核的共价型氢化物都可写成MH_{8-x}(x为M的价电子数)的形式，有些元素还可形成双核及多核的氢化物，如N_2H_4、B_2H_6、C_2H_6、H_2O_2等，其中以碳形成的氢化物最多。

共价型氢化物制备方法通常是单质与氢化合，如

$$2H_2 + O_2 \longrightarrow 2H_2O$$

用氢气还原相应的化合物，如AsH_3的制备可由如下四种方法制取。

(1) 在10g金属钠中，通入用氢氧化钾、氧化钡等充分干燥后的氨气，放入装有干冰-乙醇冷冻剂的杜瓦瓶中，氨被液化。然后加入12g(比等摩尔稍过量)砷粉，摇动使之反应。再将42g溴化铵徐徐加入，所产生的气体经水洗后，用P_2O_5干燥，用液氮在捕集器中使之液化。因为用这种方法不产生氢气，所以可以生成高纯度的胂。液化的胂可以进行蒸馏提纯。

(2) 把50g锌放进瓷皿中，将瓷皿送入石英管中。把45g砷放进另一瓷皿，将这个瓷皿放在石英管端，通入干燥氮气，置换其中的空气。首先加热装锌的瓷皿，达到700℃以后，再加热装砷的瓷皿，使其达到300～500℃，使砷蒸气送到锌处与之反应，则合成Zn_3As_2。冷却后，将此Zn_3As_2粉碎并装入三口烧瓶中，在烧瓶上装有滴液漏斗，用惰性气体或氢气置换系统中的空气以后，从滴液漏斗滴加稀硫酸，就可以产生胂。因为所产生的气体中含有氢，所以通过P_2O_5干燥以后，在液氮冷却的捕集器中液化，再进行蒸馏提纯。

(3) 为简便制取胂，可将三氧化二砷溶于盐酸(先令其溶解于氢氧化钠水溶液，再用浓盐酸调节pH在1以下)，加入锌粒，在所产生的气体中，胂不到1/4，经干燥后，用液氮冷却并进行蒸馏提纯。

(4) 一般由As与Zn合成As_2Zn_3，然后再与H_2SO_4反应生成$ZnSO_4$和AsH_3，再经几步纯化、液化而得。

锑化氢通常由Sb与含负氢的化合物反应制备：

$$2Sb_2O_3 + 3LiAlH_4 \longrightarrow 4SbH_3 + 1.5Li_2O + 1.5Al_2O_3$$

$$SbCl_3 + 0.75NaBH_4 \longrightarrow SbH_3 + 0.75NaCl + 0.75BCl_3$$

除此之外，也可通过 Sb 与含质子的试剂（甚至水）反应制备锑化氢：

$$Na_3Sb + 3H_2O \longrightarrow SbH_3 + 3NaOH$$

用水或酸处理相应的金属（通常为镁）化合物，如

$$Mg_2Si + 4HCl \longrightarrow 2MgCl_2 + SiH_4$$

323～333K 电解含有糊精和葡萄糖的 $SnSO_4$ 硫酸溶液可制得锡烷。

用 $LiAlH_4$ 在乙醚中还原相应的卤化物，这种方法可制备 Si、Ge、Sn[19] 的氢化物。

NaH 与 $MgBr_2$ 进行复分解反应或热分解 Be 或 Mg 的烃基物可制备其氢化物。

100％硫酸与氢化铝锂反应可得 AlH_3：

$$2LiAlH_4 + H_2SO_4 \xrightarrow{THF} 2AlH_3 + 2H_2 + Li_2SO_4$$

共价氢化物中的氢可被一些有机基团替代，生成相应的衍生物，如 DIBAL（二异丁基氢化铝）中含有氢桥连接的铝原子，被用于有机合成。

3.1.2.3 过渡金属氢化物

许多过渡金属或合金与氢加热时能形成过渡金属氢化物。绝大多数过渡金属氢化物为整比化合物（钯除外）。过去曾认为它们是氢在金属中的固溶体，或氢间充在晶格空隙中形成的化合物，但现在已弄清楚它们都有很明确的物相，结构完全不同于母体金属的结构[19]。很多过渡金属氢化物很活泼，与水剧烈反应，甚至在空气中可以自燃。

过渡金属氢化物的应用主要有如下四个方面：铀与氢气化合成为氢化铀的可逆反应可用于制备超纯氢气；氢化钛在电真空工业中用作吸气剂，也用作高纯氢的供源；氢化锆用于制造烟火及核反应堆中的减速剂；过渡金属合金是现在储氢材料中很重要的研究方向，如镧镍合金 $LaNi_5$。

3.2 轻金属氨基化物的制备方法

含有氨基的化合物就是氨基化合物（amide）。氨基 amino-NH_2 是氨分子（ammonia）中去掉一个氢原子形成的基团。如果由某胺（amine，如 RNH_2，R_2NH）的氨基去掉一个氢原子而形成的基团（RNH—，R_2N—）称为某氨基。如甲氨基（CH_3NH—）、二乙氨基[（C_2H_5）N—]、苯氨基（C_6H_5NH—）为极性与碱性基。无机化合物为氨化物。有机中有胺、氨基酸（amino acid）、酰胺等。亚氨基（imino）是氨分子中掉下两个氢原子形成的二价基团。含有该基团的有亚胺（imine）、仲胺与二酰亚胺等。

3.2.1　化学法

化学法是应用最广泛的制备轻金属氨基化物的方法之一，下面就简单介绍几种主要的轻金属氨基化物的制备技术。

3.2.1.1　氨基锂

氨基锂是一种无机化合物，化学式为 $Li^+ NH_2^-$。它由锂离子和氨基阴离子(氨的共轭碱)构成。它与氢化锂、亚氨基锂都是具有良好前景的储氢材料。氨基锂是一种白色固体，晶体结构属四方晶系，晶格常数 $a=501.6\text{pm}$，$c=1022\text{pm}$，每个晶胞中含 8 个 $LiNH_2$[20]。氨基锂可以通过向液氨中加入金属锂来制备：

$$2Li + 2NH_3 \longrightarrow 2LiNH_2 + H_2$$

其他胺的锂盐可以用类似方法制备，也就是用相应的胺代替液氨：

$$2Li + 2R_2NH \longrightarrow 2LiNR_2 + H_2$$

工业上可由氢化锂与氨气反应制得，也可将金属锂直接在 400℃下与氨气反应：

$$LiH + NH_3 \longrightarrow LiNH_2 + H_2$$

熔融的氨基锂呈绿色，冷却后恢复白色。在空气中氨基锂缓慢分解，对其加强热则猛烈分解，但不会爆炸。加热到 450℃时，分解为亚氨基锂和氨气[21]。

$$2LiNH_2 \longrightarrow Li_2NH + NH_3$$

氨基锂难溶于液氨，可溶于冷水，溶于热水迅速水解成氢氧化锂和氨气。氨基锂是很活泼的化合物，具有强碱性。它们都是亲核性碱，除非氮原子由于空间位阻而无法进攻碳原子(如 LDA)。

3.2.1.2　氨基钠

氨基钠是一个无机化合物，化学式为 $NaNH_2$。室温下纯品为白色固体，试剂常带金属铁而呈灰色。氨基钠与水强烈反应，是有机合成中常用的强碱。氨基钠可由钠与氨气反应生成[22]，或由硝酸铁催化下钠与液氨的反应来制备。后者反应在氨沸点(约−33℃)时反应最快，也更常用[23]：

$$2Na + 2NH_3 \longrightarrow 2NaNH_2 + H_2$$

$NaNH_2$ 为类盐固体，晶格中[24]钠原子为四面体结构[23]。溶于氨时，$NaNH_2$ 溶液存在 $Na(NH_3)^{6+}$ 和 NH^{2-} 离子，可导电。

3.2.1.3　氨基钾

氨基钾是一个无机化合物，由钾和氨基组成，化学式为 KNH_2。它是由一个钾离子和氨的共轭碱构成，是一种黄褐色固体，可作为一种农药。由钾和氨气反应即生成氨基钾和氢气[25]：

$$2K + 2NH_3 \longrightarrow 2KNH_2 + H_2$$

氢化钾和氨气反应，也可生成氨基钾[24]：

$$KH + NH_3 \longrightarrow KNH_2 + H_2$$

3.2.1.4　氨基铷

氨基铷是一个无机化合物，它由铷离子和氨基阴离子（氨的共轭碱）构成，化学式为 $RbNH_2$。可由铷和氨气加热反应[24]生成，由于铷具有很大的活性，铷可能会在氨气中烧起来：

$$2Rb + 2NH_3 \longrightarrow 2RbNH_2 + H_2$$

也可以在室温下使氢化铷与氨气反应生成氨基铷，但反应非常缓慢[24]：

$$RbH + NH_3 \longrightarrow RbNH_2 + H_2$$

在氮气中加热氢化铷，也可以产生氨基铷，但其为副产物，主要产物是氮化铷[12]。

3.2.1.5　氨基镁

氨基镁的化学式为 $Mg(NH_2)_2$，可采用气态的 NH_3 在 300℃时和用碘活化的镁粉作用，在 350～400℃于氨气氛下加热几个小时，放出大量 H_2 并产生灰色粉末，其主要成分为氨基镁，并含有少量 Mg、MgO 和 MgI_2。

利用 Mg 和 KNH_2 或 $NaNH_2$ 反应，也可得到氨基镁：

$$Mg + 2KNH_2 \longequal Mg(NH_2)_2 + 2K$$

3.2.1.6　氨基钙

氨基钙的化学式为 $Ca(NH_2)_2$，是白色固体，在液氨中不溶，减压下加热变为氨基钙。可由金属钙与氨反应制得六氨合钙 $Ca(NH_3)_6$，然后在铂催化剂存在下分解制得。

3.2.2　球磨法

3.2.2.1　球磨法简介

机械合金化就是采用高能研磨机或球磨机实现固态合金化的过程。机械合金化是一个通过高能球磨使粉末经受反复的变形、冷焊、破碎，从而达到元素间原子水平合金化的复杂物理化学过程。其原理主要有：在球磨初期，反复地挤压变形，经过破碎、焊合、再挤压，形成层状的复合颗粒。复合颗粒在球磨机械力的不断作用下，产生新生原子面，层状结构不断细化。在机械合金化过程中，层状结构的形成标志着元素间合金化的开始，层片间距的减小缩短了固态原子间的扩散路径，使元素间合金化过程加速。球磨过程中，粉末越硬，回复过程越难进行，球磨所能达到的晶粒度越小。并且，材料硬度越高，位错滑移难以进行，晶格中的位错密度越大，这些又为合金化的进行提供了快扩散通道，使合金化过程进一步加快。在机械合金化过程中，大量的碰撞现象发生在球-粉末球之间，被捕获的粉末在碰撞作用下发生严重的塑性变形，使粉末受到两个碰撞球的“微型”锻造作用。球磨产生的高密度缺陷和纳米界面大大促进了自蔓延高温(SHS)反应的进行，且起了三导作用。反应完成后，继续机械球磨，强制反复进行粉末的冷焊-断裂-冷焊过程，细化粉末，得到纳米晶。

目前公认机械合金化的反应机制主要有以下两种方式。①通过原子扩散逐渐实现合金化。在球磨过程中粉末颗粒在球磨罐中受到高能球的碰撞、挤压，颗粒发生严重的塑性变形、断裂和冷焊，粉末被不断细化，新鲜未反应的表面不断地暴露出来，晶体逐渐被细化形成层状结构，粉末通过新鲜表面而结合在一起。这显著增加了原子反应的接触面积，缩短了原子的扩散距离，增大了扩散系数。多数合金体系的 MA 形成过程是受扩散控制的，因为 MA 使混合粉末在该过程中产生高密度的晶体缺陷和大量扩散偶，在自由能的驱动下，由晶体的自由表面、晶界和晶格上的原子扩散而逐渐形核长大，直至耗尽组元粉末，形成合金。如 Al-Zn、Al-Cu、Al-Nb 等体系的机械合金化过程就是按照这种方式进行的。②爆炸反应。粉末球磨一段时间后，接着在很短的时间内发生合金化反应放出大量的热形成合金，这种机制可称为爆炸反应(或称为自蔓延高温反应、燃烧合成反应或自驱动反应)。Ni50Al50 粉末的机械合金化、Mo-Si、Ti-C 和 NiAl/TiC 等合金系中都观察到同样的反应现象。粉末在球磨开始阶段发生变形、断裂和冷焊作用，粉末粒子被不断地细化。能量在粉末中的“沉积”和接触面的大量增加以及粉末的细化为爆炸反应提供了条件。这可以看成燃烧反应的孕育过程，在此期间无化合物生成，但为反应的发生创造了条件。一旦粉末在机械碰撞中产生局部高温，就可以“点燃”粉末，反应一旦“点燃”后，将会放出大量的生成热，这些热量又激活邻近临界状态的粉末发生反应，从而使反应得以继续进行，这种形式可以称为“链式反应”。

机械合金化是一个复杂的过程，因此要获得理想的相和微观结构，就需要优化设计一系列的影响参数。下面列举一些对机械合金化结果有重大影响的参数。

(1) 研磨装置。生产机械合金化粉末的研磨装置是多种多样的，如行星磨、振动磨、搅拌磨等。它们的研磨能量、研磨效率、物料的污染程度以及研磨介质与研磨容器内壁的力的作用各不相同，故对研磨结果起着至关重要的影响。研磨容器的材料及形状对研磨结果有重要影响。在研磨过程中，研磨介质对研磨容器内壁的撞击和摩擦作用会使研磨容器内壁的部分材料脱落而进入研磨物料中造成污染。常用的研磨容器的材料通常为淬火钢、工具钢、不锈钢、内衬淬火钢等。有时为了特殊的目的而选用特殊的材料，如研磨物料中含有铜或钛时，为了减少污染而选用铜或钛研磨容器。此外，研磨容器的形状也很重要，特别是内壁的形状设计，如异形腔就是在磨腔内安装固定滑板和凸块，使得磨腔断面由圆形变为异形，从而提高了介质的滑动速度并产生了向心加速度，增强了介质间的摩擦作用，而有利于合金化进程。

(2) 研磨速率。研磨机的转速越高，就会有越多的能量传递给研磨物料。但是，并不是转速越高越好。这是因为，一方面研磨机转速提高的同时，研磨介质的转速也会提高，当达到一定程度时研磨介质就紧贴于研磨容器内壁，而不能对研磨物料产生任何冲击作用，从而不利于塑性变形和合金化进程。另一方面，转速过高会使研磨系统温升过快，温度过高，有时这是不利的，如较高的温度可能会导致在研磨过程中需要形成的过饱和固溶体、非晶相或其他亚稳态相的分解。

(3) 研磨时间。研磨时间是影响结果的最重要因素之一。在一定的条件下，随着研磨的进行，合金化程度会越来越高，颗粒尺寸会逐渐减小并最终形成一个稳定的平衡态，即颗粒的冷焊和破碎达到一动态平衡，此时颗粒尺寸不再发生变化。但另一方面，研磨时间越长造成的污染也就越严重。因此，最佳研磨时间要根据所需的结果，通过试验综合确定。

(4) 研磨介质。选择研磨介质时不仅要像研磨容器那样考虑其材料和形状(如球状、棒状等)，还要考虑其密度以及尺寸的大小和分布等，球磨介质要有适当的密度和尺寸以便对研磨物料产生足够的冲击，这些对最终产物都有着直接的影响，例如研磨 Ti-Al 混合粉末时，若采用直径为 15mm 的磨球，最终可得到固溶体，而若采用直径为 25mm 的磨球，在同样的条件下即使研磨更长的时间也得不到 Ti-Al 固溶体。

(5) 球料比。球料比指的是研磨介质与研磨物料的重量比，通常研磨介质是球状的，故称球料比。试验研究用的球料比在 1∶1～200∶1 范围内，大多数情况下为 15∶1 左右。当做小量生产或试验时，这一比例可高达 50∶1 甚至 100∶1。

(6) 充填率。研磨介质的充填率指的是研磨介质的总体积占研磨容器的容积的百分率，研磨物料的充填率指的是研磨物料的松散容积占研磨介质之间空隙的百分率。若充填率过小，则会使生产率低下；若过高，则没有足够的空间使研磨介质和物料充分运动，以致产生的冲击较小，而不利于合金化进程。一般来说，振动磨中研磨介质充填率在 60％～80％，物料充填率在 100％～130％。

(7) 气体环境。机械合金化是一个复杂的固相反应过程，球磨氛围、球磨强度、球磨时间等任意一个参数的变化都会影响合金化的过程甚至最终产物。在机械合金化过程中，由于球与球、球与罐之间的撞击，机械能转换成热能，使得球磨罐内的温度升得很高。同时，合金化过程中往往发生粒子的细化，并引入缺陷，自由能升高，很容易与球磨氛围中的氧等发生反应，因此一般机械合金化过程中均以惰性气体如氩气等为保护气体。球磨气氛不同，会对合金化的反应方式、最终产物以及性质等造成显著影响。研磨的气体环境是产生污染的一个重要因素，因此，一般在真空或惰性气体保护下进行。但有时为了特殊的目的，也需要在特殊的气体环境下研磨，例如当需要有相应的氮化物或氢化物生成时，可能会在氮气或氢气环境下进行研磨。

(8) 过程控制剂。在 MA 过程中粉末存在着严重的团聚、结块和粘壁现象，大大阻碍了 MA 的进程。为此，常在过程中添加过程控制剂，如硬脂酸、固体石蜡、液体酒精和四氯化碳等，以降低粉末的团聚、粘球、粘壁以及研磨介质与研磨容器内壁的磨损，可以较好地控制粉末的成分和提高出粉率。

(9) 研磨温度。无论 MA 的最终产物是固溶体、金属间化合物、纳米晶，还是非晶相，都涉及扩散问题，而扩散又受到研磨温度的影响，故温度也是 MA 的一个重要影响因素，例如 Ni-50%Zr 粉末系统在振动球磨时在液氮冷却下研磨 15h 没发现非晶相的形成；而在 200℃下研磨则发现粉末物料完全非晶化；室温下研磨时，则实现部分非晶化。

上述各因素并不是相互独立的，如最佳研磨时间依赖于研磨类型、介质尺寸、研磨温度以及球料比等。机械合金化合成高熔点合金或金属间化合物时具有如下优点：避开普通冶金方法的高温熔化、凝固过程，在室温下实现合金化，得到均匀的具有精细结构的合金，且产量较高。因而已成为生产常规手段难以制备的合金及新材料的好方法。

3.2.2.2　球磨法制备轻金属氨基化物

本书采用高能球磨法系统地研究了氨基锂和氨基镁的制备工艺，并对制得的氨基化物进行了表征和热分解性能研究。

1. 氨基锂的球磨制备与表征

实验采用南京大学产 QR-1SP 行星式球磨机，以 LiH 为反应物(纯度为 98%，购自 Alfa Aesar 公司)分别在 0.2、0.3、0.4、0.5MPa 不同高纯氨气(99.95%)分压下进行球磨，使 LiH 与氨气进行气固反应合成氨基锂。球磨罐与磨球材质均为 1Cr18Ni9Ti 不锈钢，磨球与反应物 LiH 的质量比为 40∶1，球磨机转速设为 400r/min。球磨前先将球磨罐抽真空到背底真空度在 5Pa 以下，然后再充入设定压力的氨气，反复抽充两次后再进行球磨。球磨时每隔 0.5h 从球磨罐中取出少许样品，以液体石蜡包裹后(防止其与空气中的氧和水反应)进行 X-射线衍射(XRD，CuKα)分析。由于反应物 LiH 和合成产物 $LiNH_2$ 容易与空气中的氧气和水反应，所以上述每一步实验过程中都要在高纯氩气保护下的真空手套箱中进行。由于对粉末状球磨产物中化学性质很活泼的 LiH 和 $LiNH_2$ 进行定量分析是不可能的，因此采用球磨产物 XRD 图谱中 LiH 的最强衍射峰[2θ：44.59，晶面指数(202)]和 $LiNH_2$ 的最强衍射峰[2θ：30.66，晶面指数(112)]强度的比值进行半定量分析，此比值的百分比可以半定量地给出球磨合成氨基锂中未转化反应物氢化锂的含量，将此比值与100％之间的差距定义为相对纯度，相对纯度的物理意义为已转化氢化锂的百分数，相对纯度越大，球磨产物中未转化的氢化锂越少，也就是合成产物氨基锂的纯度越高。对所得产物进行红外光谱测试，红外光谱试样的制备如下：合成产物与分析纯溴化钾按1∶20混合研磨后压片，在红外光谱仪中测试样品的红外吸收谱，压片和测试在空气中进行。

1）氨气分压对 $LiNH_2$ 的影响

不同氨气分压下，球磨时间均为0.5h的粉末状球磨产物的XRD图谱如图3.1所示，图中除了虚线LiH的衍射峰外，其余均为目标产物 $LiNH_2$ 的峰，2θ 角度为20附近的馒头状衍射峰是由液体石蜡引起的（以下均同）。由图可以看出，其他条件不变时，随着反应气体氨气的压力增大，反应物LiH的衍射峰减弱，而生成物 $LiNH_2$ 的衍射峰增强。

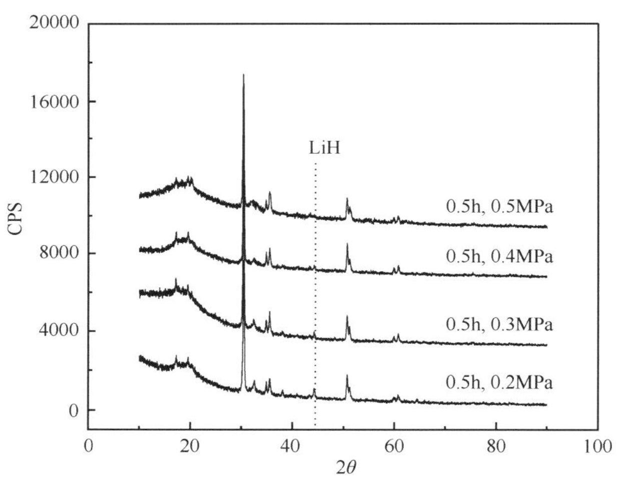

图3.1　不同氨气分压下合成的 $LiNH_2$ 的XRD对比图谱（球磨时间均为0.5h）

图3.2给出了合成产物 $LiNH_2$ 的相对纯度随球磨时氨气压力的变化曲线。由图可知，随着球磨罐内反应气体高纯氨气的压力增大，在相同条件下，合成产物中相对纯度也增大，这意味着合成产物中 $LiNH_2$ 的纯度在升高，因此在高纯氨气下球磨LiH可以合成高纯度的 $LiNH_2$。这可以采用勒夏特里原理来解释，该合成反应为

$$LiH + NH_3 \Longrightarrow LiNH_2 + H_2$$

其他条件不变时，提高球磨罐内高纯氨气的压力，平衡移动的方向为减小这种扰动，即反应向生成 $LiNH_2$ 的方向移动，也就是 $LiNH_2$ 的相对纯度变大了。也可采用化学反应平衡常数的方法来解释，该反应的热力学平衡常数 K^0 的表示式为

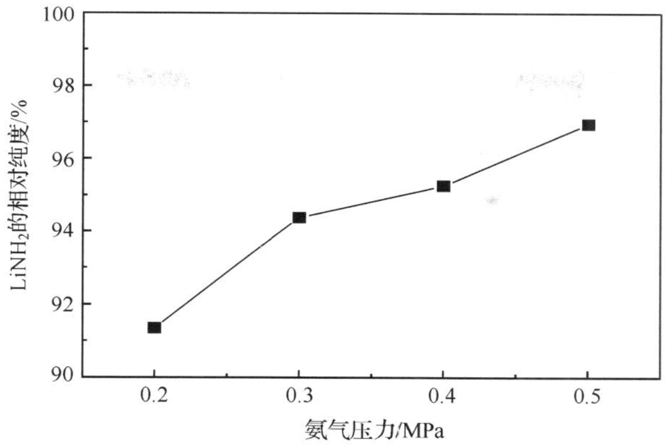

图 3.2　球磨时间为 0.5h 不同氨气分压球磨产物 XRD 图谱中相对纯度的变化曲线

$$K^0 = \frac{\alpha_{LiNH_2} \times (p^{H_2}/p^0)}{\alpha_{LiH} \times (p^{NH_3}/p^0)}$$

式中，α 表示活度；p 表示压力；p^0 表示标准压力。

由于温度不变使得 K^0 的值不变，提高球磨罐内高纯氨气的压力时，使得分母变大，要保持 K^0 值不变必须增大分子的值，也就是 $LiNH_2$ 的活度提高，那么其相对纯度也升高了。

2）球磨时间对 $LiNH_2$ 的影响

不同氨气分压下不同球磨时间的目标产物 $LiNH_2$ 的 XRD 图谱如图 3.3 所示，图中除了虚线 LiH 的衍射峰外，其余均为目标产物 $LiNH_2$ 的峰。由图可以看出，在相同的氨气分压下，随着球磨时间（反应时间）的增大，反应物 LiH 的峰减弱，而 $LiNH_2$ 的纯度升高，在各个氨气分压下，当球磨时间超过 1.5h 后，反应物 LiH 的峰基本消失。图 3.4 给出了不同氨气分压下不同球磨时间的目标产物 $LiNH_2$ 的相对纯度变化曲线。可以看出，在氨气压力为 0.2MPa 时，直到球磨时间达 2h，合成产物 $LiNH_2$ 的相对纯度也未超过 96%；当氨气压力增大至 0.3MPa 和 0.4MPa 时，球磨 1.5h 后，合成产物 $LiNH_2$ 的相对纯度已接近 98%；而氨气压力增大到 0.5MPa 时，球磨 1h 后，合成产物 $LiNH_2$ 的相对纯度已达 98%。从图中还可以看出，当合成产物 $LiNH_2$ 的相对纯度达到 98%时，增加氨气压力和球磨时间对相对纯度的提高作用不明显。这可以从化学反应速率理论加以解释：该合成反应速率可表示为 $r=k[LiH][NH_3]$，当增大反应物氨气的压力时，该合成反应的速率增大，因此合成产物 $LiNH_2$ 的相对纯度达到 98%所需时间变短。考虑到实验时的安全性（氨气压力要小）以及目标产物 $LiNH_2$ 的纯度要得到保证，选择合成高纯度 $LiNH_2$ 的最佳球磨工艺为球磨氨气压力 0.3MPa，时间为 2h。

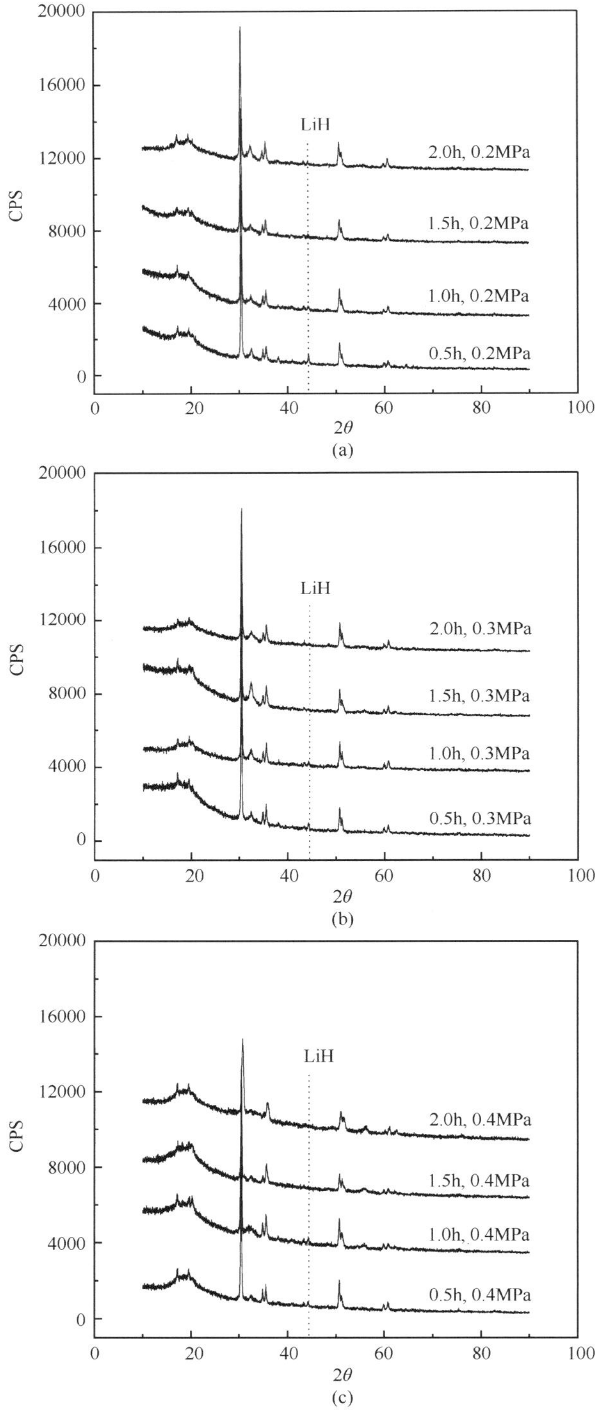

20000
16000
12000
8000
4000
0
CPS
LiH
2.0h, 0.2MPa
1.5h, 0.2MPa
1.0h, 0.2MPa
0.5h, 0.2MPa
0
20
40
60
80
100
2θ
(a)
20000
16000
12000
8000
4000
0
CPS
LiH
2.0h, 0.3MPa
1.5h, 0.3MPa
1.0h, 0.3MPa
0.5h, 0.3MPa
0
20
40
60
80
100
2θ
(b)
20000
16000
12000
8000
4000
0
CPS
LiH
2.0h, 0.4MPa
1.5h, 0.4MPa
1.0h, 0.4MPa
0.5h, 0.4MPa
0
20
40
60
80
100
2θ
(c)

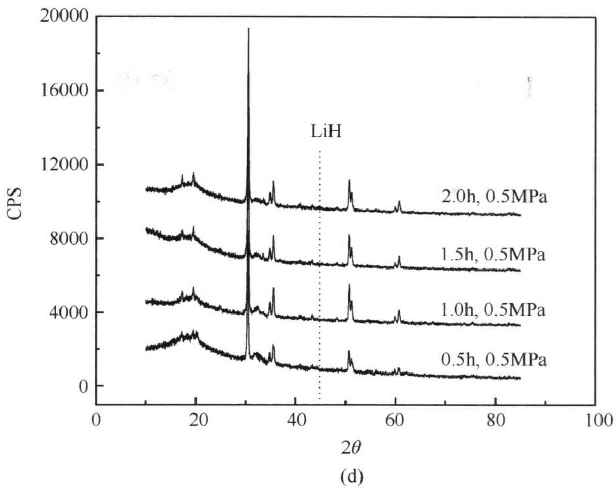

(d)

图 3.3　不同氨气分压和不同球磨时间下合成的 $LiNH_2$ 的 XRD 对比图谱

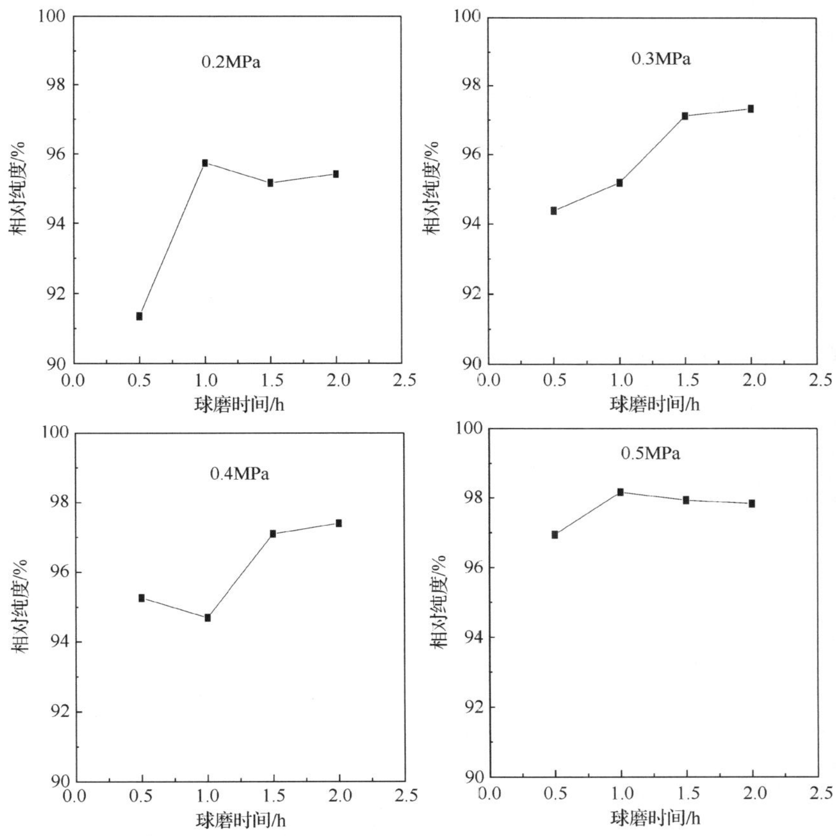

图 3.4　不同氨气分压和不同球磨时间下合成 $LiNH_2$ 的相对纯度

3）球磨法合成的 $LiNH_2$ 表征

为了检验和表征上面所得到的最佳合成工艺(球磨氨气压力为 0.3MPa，时间为 2h)，按最佳工艺重复试验合成出了 $LiNH_2$。图 3.5 和图 3.6 分别为按最佳工

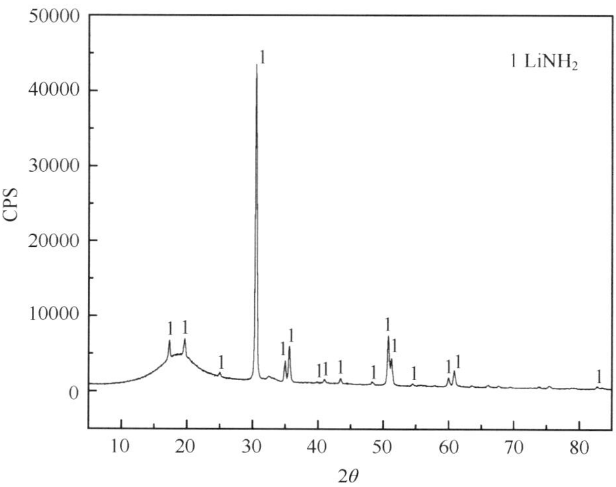

图 3.5 最佳工艺合成 $LiNH_2$ 的 XRD 图谱

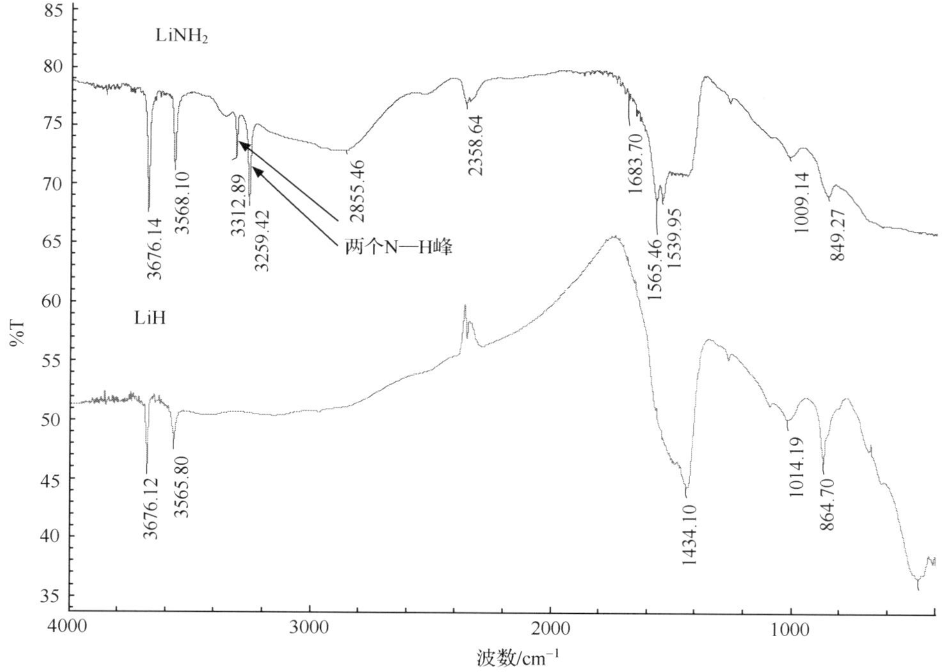

图 3.6 LiH-$LiNH_2$ 红外光谱

艺所制备出的 $LiNH_2$ 的 XRD 图谱和红外光谱结果。由图中可以看出，反应物 LiH 的衍射峰几乎消失，XRD 显现出纯度非常高的 $LiNH_2$，该合成产物的相对纯度已达到 98%。由于胺的 N—H 键伸缩振动在 3500～3100cm^{-1} 红外吸收峰较宽，中等强度，伯胺是双峰，仲胺是单峰，叔胺无此峰，因此合成产物的红外光谱结果表明 $LiNH_2$ 的两个 N—H 键的红外吸收分别在波数为 3259cm^{-1} 和 3312cm^{-1} 处，而反应物 LiH 无这两个红外吸收峰。

2. 氨基镁的球磨-加热制备与表征

1）氨基镁的球磨-加热合成研究

研究表明，与氨基锂的球磨制备不同，氢化镁与氨气的反应较慢，因此为了加速氢化镁和氨气的反应速率，采用了先球磨后加热的方法合成氨基镁。采用正交试验的方法，讨论球磨时间、加热温度、保温时间和加热时氨气分压四个因素对制备 $Mg(NH_2)_2$ 纯度的影响，以期得到 $Mg(NH_2)_2$ 的最佳合成工艺。

正交试验合成 $Mg(NH_2)_2$ 的每一次合成产物的 XRD 结果见图 3.7～图 3.15。以“0”代表产物中未合成 $Mg(NH_2)_2$，“1”代表部分合成 $Mg(NH_2)_2$，“2”代表产物为高纯度 $Mg(NH_2)_2$。表 3.1 给出了 $Mg(NH_2)_2$ 合成的正交试验结果。从表 3.1 的正交试验结果和图 3.16 中可以看出，加热时氨气压力、温度、保温时间对 $Mg(NH_2)_2$ 的合成没有明显的影响作用，而球磨时间对 $Mg(NH_2)_2$ 的合成具有显著影响，因为 MgH_2 球磨 8h 和 16h 后在任何加热条件下都合成了高纯度 $Mg(NH_2)_2$，而没有经过球磨处理的 MgH_2 在任何加热条件下都没有生成 $Mg(NH_2)_2$。因此可以得到 $Mg(NH_2)_2$ 合成的最佳工艺为：球磨时氨气压力为 5atm，球磨 8h，后处理为在 3atm 氨气压力下 300℃热处理 3h 使其晶化。

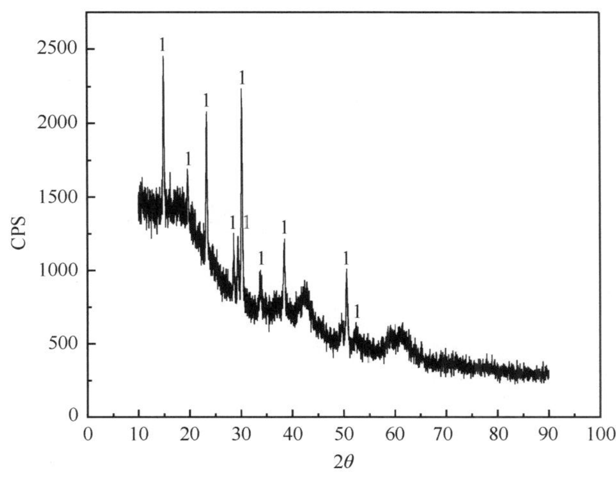

图 3.7　正交试验中第一个实验结果的 XRD 图谱

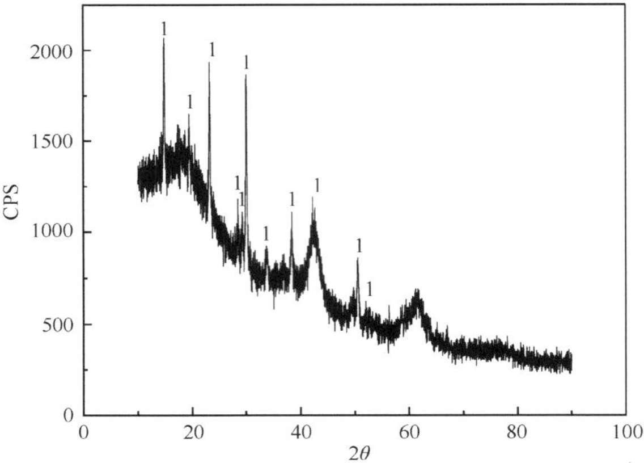

图 3.8　正交试验中第二个实验结果的 XRD 图谱

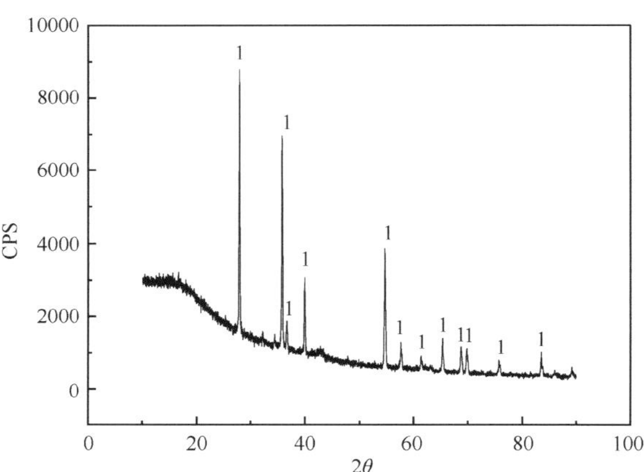

图 3.9　正交试验中第三个实验结果的 XRD 图谱

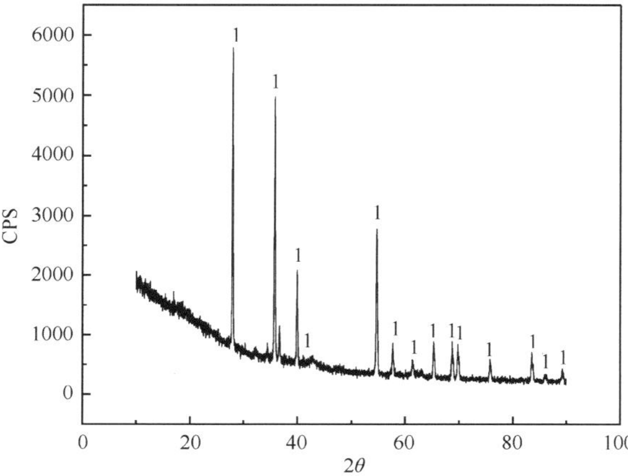

图 3.10　正交试验中第四个实验结果的 XRD 图谱

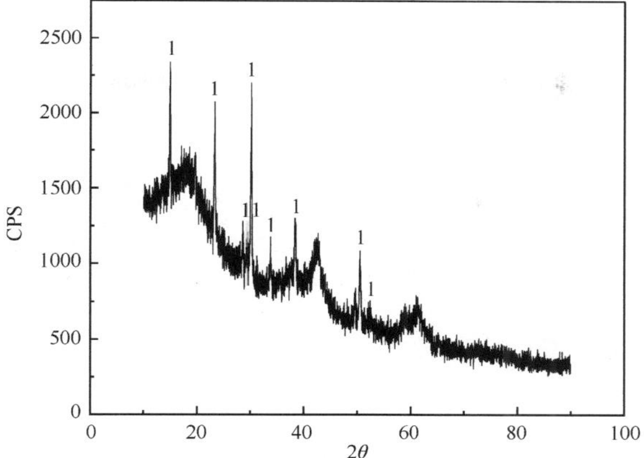

图 3.11　正交试验中第五个实验结果的 XRD 图谱

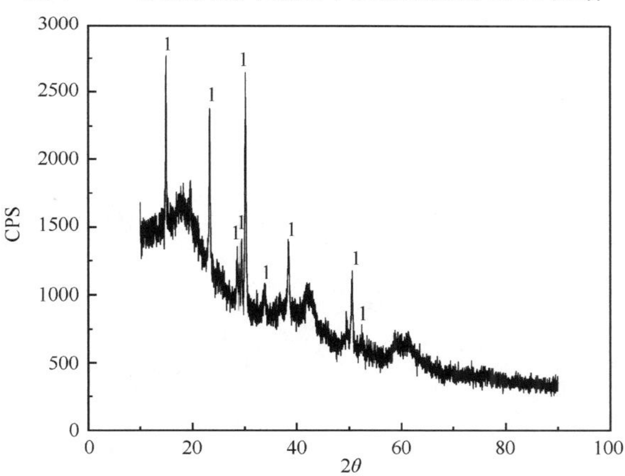

图 3.12　正交试验中第六个实验结果的 XRD 图谱

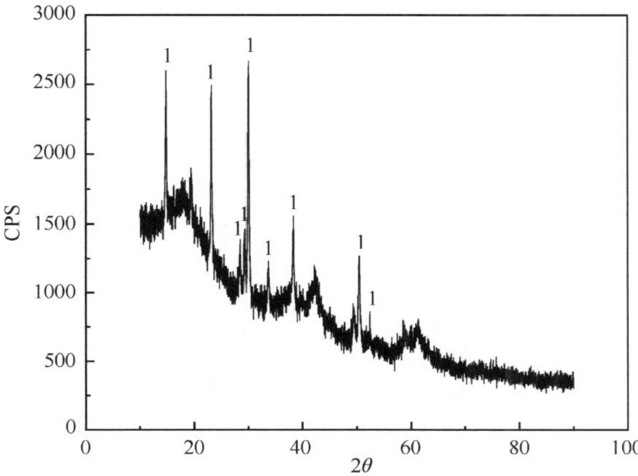

图 3.13　正交试验中第七个实验结果的 XRD 图谱

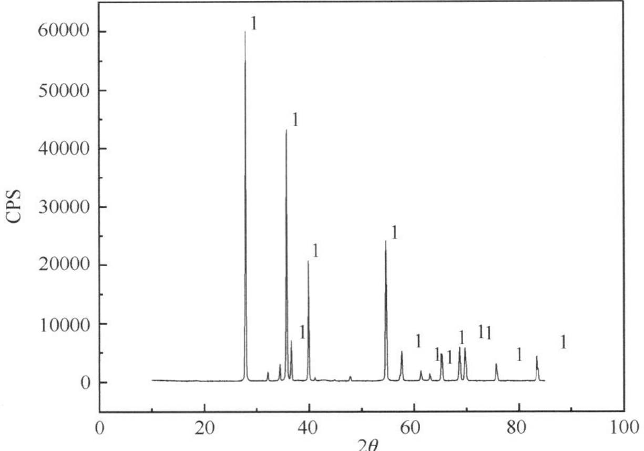

图 3.14　正交试验中第八个实验结果的 XRD 图谱

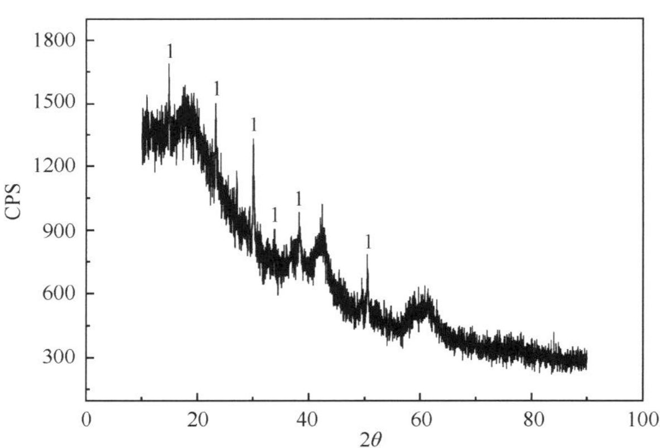

图 3.15　正交试验中第九个实验结果的 XRD 图谱

表 3.1　$Mg(NH_2)_2$ 合成正交试验结果

试验号	氨气压力/atm	温度/℃	保温时间/h	球磨时间/h	纯度
1	5	310	3	8	2
2	5	300	6	16	2
3	5	290	9	0	0
4	4	310	6	0	0
5	4	300	9	8	2
6	4	290	3	16	2
7	3	310	9	16	2
8	3	300	3	0	0
9	3	290	6	8	2

注：纯度一列中用“2”表示高纯度氨基镁无残留反应物氢化镁，“1”表示氨基镁中含有氢化镁，“0”表示未合成氨基镁。

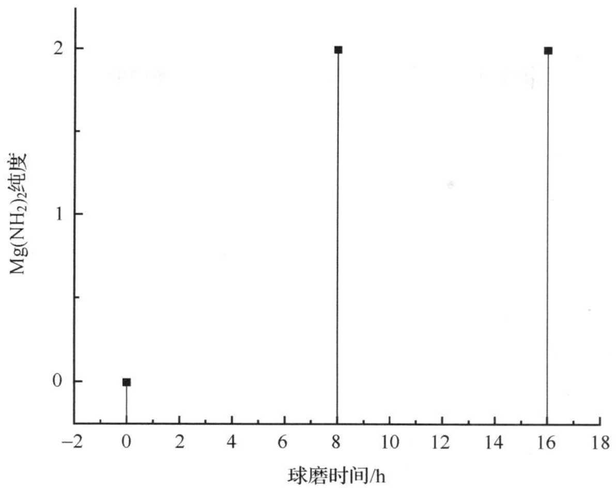

图 3.16　球磨时间对制备 $Mg(NH_2)_2$ 纯度的影响

2）球磨-加热法合成氨基镁的表征

为了检验和表征上面所得到的最佳合成 $Mg(NH_2)_2$ 的工艺参数。图 3.17 和图 3.18 给出按最佳工艺参数所制备的 $Mg(NH_2)_2$ 的 XRD 图谱和红外光谱结果。由图中可以看出，XRD 显现出纯度非常高的 $Mg(NH_2)_2$ 的峰，而红外光谱结果表明 $Mg(NH_2)_2$ 的两个 N—H 键的红外吸收分别在波数为 $3274cm^{-1}$ 和 $3700cm^{-1}$ 处。

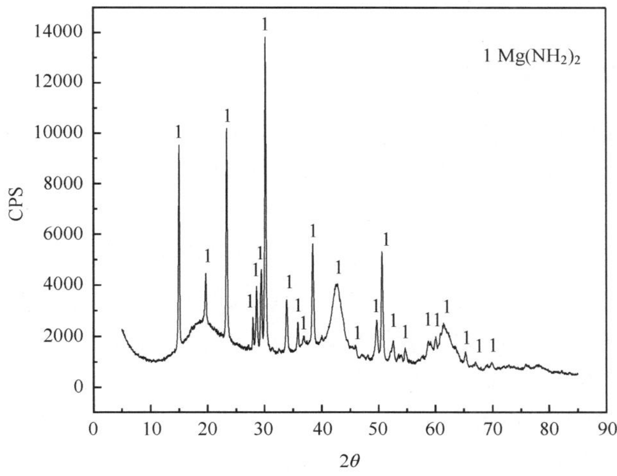

图 3.17　球磨-加热法合成的 $Mg(NH_2)_2$ 的 XRD 图谱

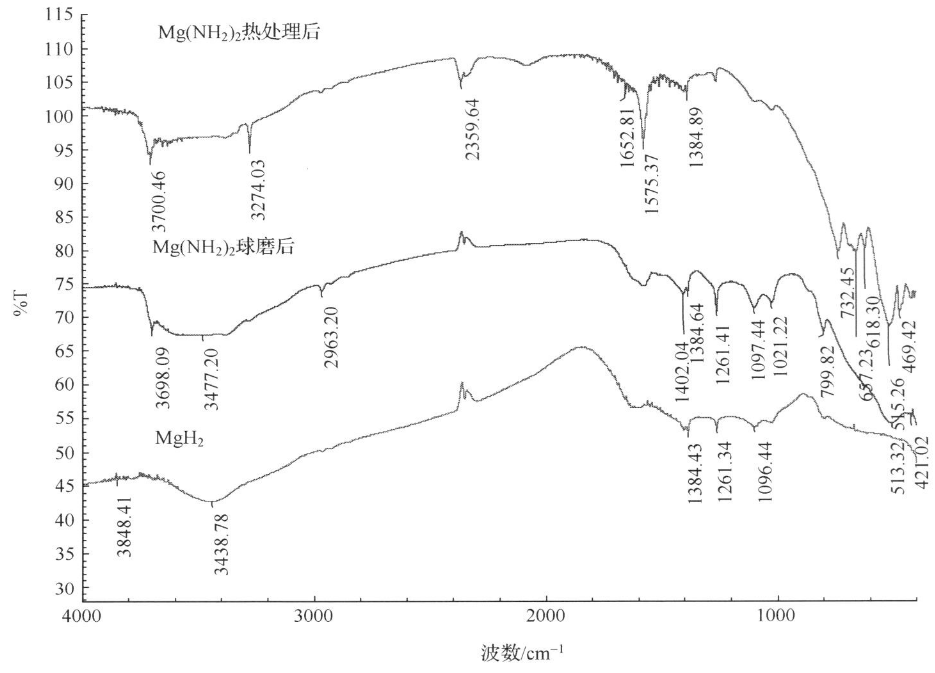

图 3.18 MgH_2-$Mg(NH_2)_2$ 红外光谱

3.3 球磨法制备的金属氨基化物热分析性能研究

3.3.1 氨基锂的热分析性能研究

由于锂和镁的氨基化物本身无法分解析出氢气，必须与相应的锂或镁的氢化物按比例混合，在一定的条件下，该混合物能可逆地释放和吸收氢气，化学反应可表示为

$$MH_x + M(NH_2)_x \Longleftrightarrow M_2(NH)_x + xH_2 \quad (M = Li/Mg, x = 1/2)$$

研究表明该反应实际上由两个基元反应构成，混合物体系受热时，氨基化物先分解出氨气，氨气再与氢化物反应析出氢气，氨基化物分解出氨气为整个析出氢气反应的慢步骤，而氨气与氢化物反应非常快。所以为了降低吸放氢温度和增大吸放氢速率，只须加速氨基化物分解出氨气速率和降低其分解反应的温度。为了保证实验的安全性以及后面对催化剂的筛选，一般都将实验分为两个部分：首先对有无催化剂的氨基化物的热分解性能做系统的研究；其次再加入氢化物研究实际系统的吸放氢性能。在热重分析仪中，高纯度氩气气氛下，对采用球磨法合成的

M-N-H 系列粉末储氢材料 $LiNH_2$ 的热稳定性能进行了系统的研究，并对其分解产物进行了化学方法、XRD 和红外光谱表征。

图 3.19～图 3.21 是在降温速率为 15℃/min，最高温度为 550℃，升温速率分别为 3℃/min、5℃/min、10℃/min 的 $LiNH_2$ 热分析图谱。从图 3.19 可以发现 $LiNH_2$ 在升温速率为 3℃/min 时的初始分解温度为 340℃，实际失重量为 33%。从图 3.20 可以发现 $LiNH_2$ 在升温速率为 5℃/min 时的初始分解温度为 350℃，实际失重量为 33%。从图 3.21 可以发现 $LiNH_2$ 在升温速率为 10℃/min 时的初始分解温度为 370℃，实际失重量为 33%。而 $LiNH_2$ 热分解的理论失重量为 36.96%。实际失重量小于理论失重量是因为热分析仪不能抽真空导致气路中残余的少量空气使 $LiNH_2$ 在分解过程中部分被氧化，这可以从热分解产物的 XRD 图谱中得到验证(图 3.25)。从图 3.25 中可以看出 $LiNH_2$ 热分解产物主要为 Li_2NH，但还有少量的 LiOH 和 Li_2O 的衍射峰，热分解产物中氧化物和氢氧化物可以通过在热分析仪上添装真空装置来降低和消除。从图 3.22 可以看到导管壁由热分析前的干净变成热分析过程中有淡蓝色固体附着，这是由于 NH_3 与 $CuSO_4$ 溶液反应生成不溶性淡蓝色固体 $Cu(OH)_2$。综上所述，$LiNH_2$ 在低于 550℃时热分解的产物确实是 Li_2NH 和 NH_3。

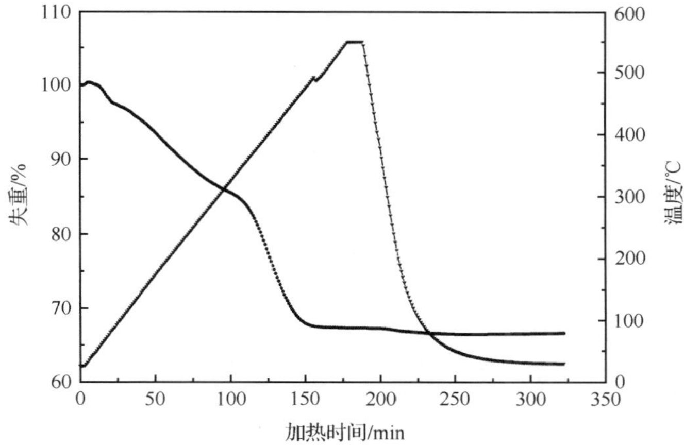

图 3.19　在升温速率为 3℃/min，降温速率为 15℃/min，最高温度为 550℃下的 $LiNH_2$ 热分析图谱

从图 3.19～图 3.21 中可以得到 $LiNH_2$ 分解 20%时的温度分别为 622.15K、642.15K、650.15K；$LiNH_2$ 不同升温速率对应的分解温度分别为 632.15K、672.15K、685.15K(表 3.2)。采用 Ozawa 方程和 Kissinger 方程两种方法计算 $LiNH_2$ 热分解反应的活化能。图 3.23 是 $\ln\beta$ 与 $1/T_{20\%}$ 的线性关系图。图 3.24 为 $\ln(\beta/T_m^2)$ 与 $1/T_m$ 的线性关系图。

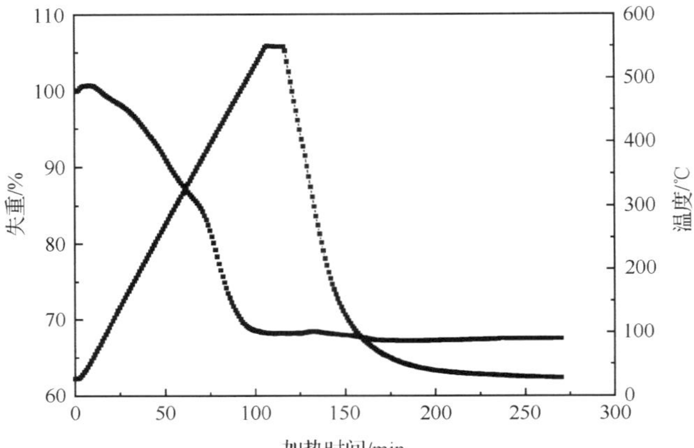

图 3.20 在升温速率为 5℃/min,降温速率为 15℃/min,最高温度为 550℃下的 $LiNH_2$ 热分析图谱

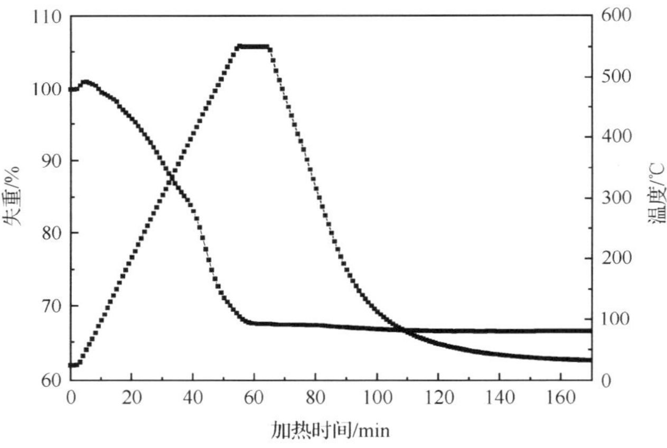

图 3.21 在升温速率为 10℃/min,降温速率为 15℃/min,最高温度为 550℃下的 $LiNH_2$ 热分析图谱

Ozawa 方程:

$$E_O = \frac{R}{1.025} \times \frac{\mathrm{d}\ln\beta}{\mathrm{d}(1/T_{20\%})}$$

式中,E_O 为表观活化能,J/mol;R 为摩尔气体常量;β 为升温速率,K/min;$T_{20\%}$ 为分解 20%对应的温度,K。

Kissinger 方程:

$$\ln\left(\frac{\beta}{T_m^2}\right) = \ln\left(\frac{AR}{E_K}\right) - \frac{E_K}{RT_m}$$

式中,β 为升温速率,K/min;T_m 为峰顶温度,K;A 为 Anhenius 指前因子,1/S;R 为摩尔气体常量;E_K 为表观活化能,J/mol。

图 3.22　$LiNH_2$ 热分析气体产物通入硫酸铜溶液的对比图

表 3.2　不同升温速率下 $LiNH_2$ 热分析的 T_m 和 $T_{20\%}$

升温速率/(℃/min)	$T_{20\%}$/K	T_m/K
3	622.15	632.15
5	642. 15	672.15
10	650.15	685.15

注：降温速率为 15℃/min，最高温度为 550℃。

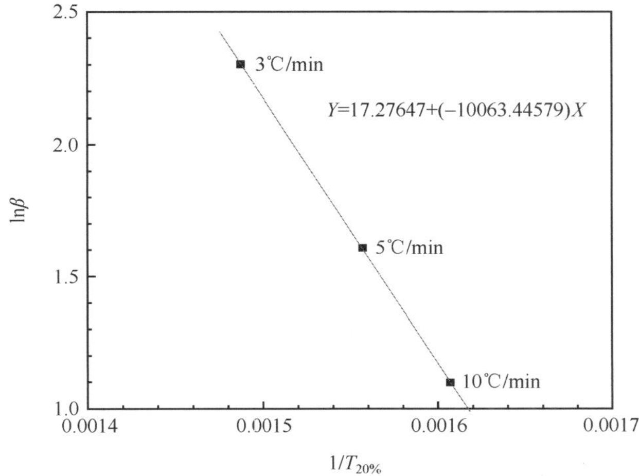

图 3.23　$\ln\beta$ 与 $1/T_{20\%}$ 的线性关系图

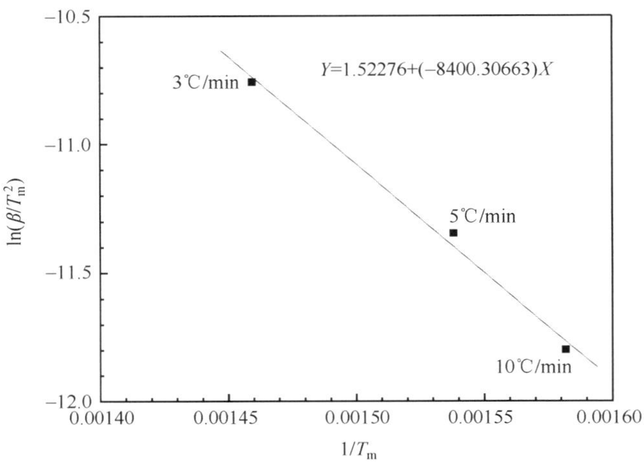

图 3.24　$\ln(\beta/T_m^2)$与 $1/T_m$ 的线性关系图

通过 Ozawa 方程得出的反应活化能为 $E_O=(-8.314)\times(-10.06344579)/1.052=79.5$kJ/mol；通过 Kissinger 方程得出的反应活化能为 $E_K=(-8.40030663)\times(-8.314)=69.8$kJ/mol。可见两种方法得到的结果相差较小，因此 $LiNH_2$ 热分解反应的活化能应约为 75kJ/mol。图 3.25 给出 $LiNH_2$ 热分解后产物的 XRD 图谱。热重后的固体产物还采用红外光谱的方法进行了表征(图 3.26)。热重前 $LiNH_2$ 的两个 N—H 键的红外吸收分别在波数为 3259cm^{-1}和 3312cm^{-1}处，经热分解后变为一个红外吸收在波数为 3151cm^{-1}处的 N—H 键，与 XRD 的结果(图 3.25)相吻合。

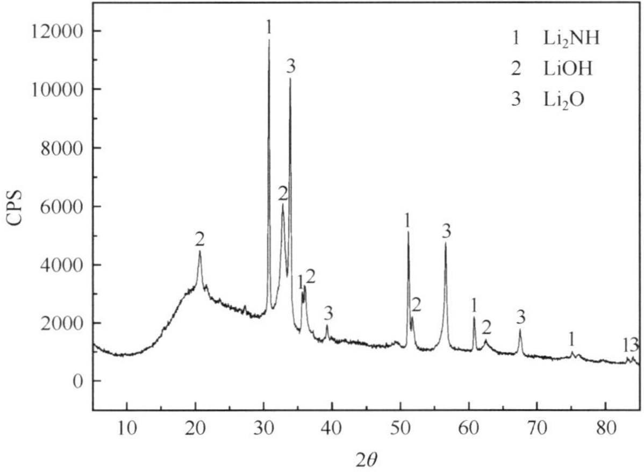

图 3.25　$LiNH_2$ 热分解后产物的 XRD 图谱

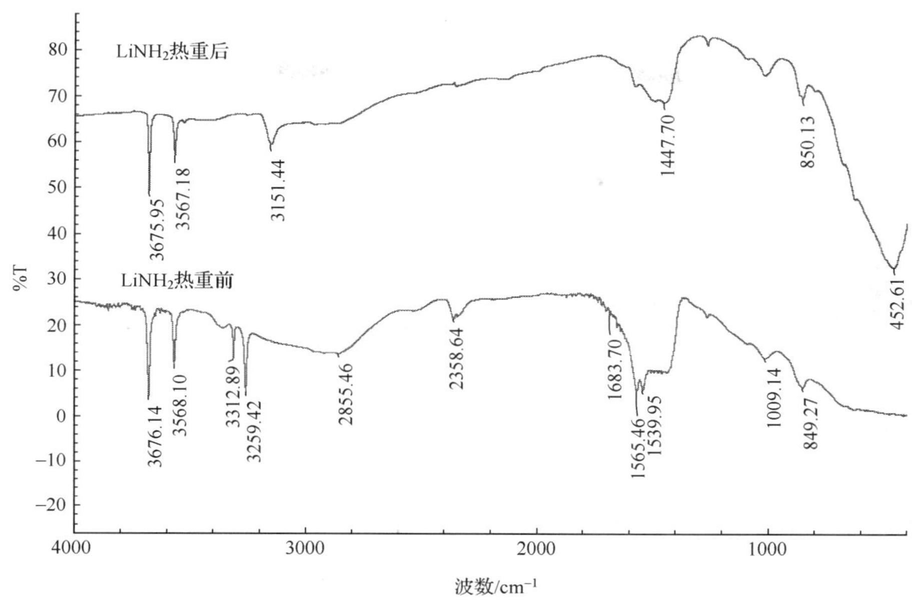

图 3.26　$LiNH_2$ 热重前后红外光谱

3.3.2　氨基镁的热分析性能研究

在热重分析仪中，高纯度氩气气氛下，对采用球磨-加热法合成的 M-N-H 系列粉末储氢材料 $Mg(NH_2)_2$ 的热稳定性能进行了系统的研究，并对其分解产物进行了化学方法、XRD 和红外光谱表征。

图 3.27 为 $Mg(NH_2)_2$ 的热分解结果。由图可以看出，$Mg(NH_2)_2$ 的明显初始分解温度为 350～360℃，最终的失重约为原始样品的 22%，而理论上 $Mg(NH_2)_2$ 分解为 MgNH 和 NH_3 时，失重为 30.22%，与 $LiNH_2$ 相似。分析原因可能是在热重实验时样品有氧化发生，而热重后的 XRD 图谱(图 3.28)证明了这一推断。热分解产物的 XRD 结果显示主要有亚 $Mg(NH_2)_2$ 的生成，但还有较为少量镁的氧化物和氢氧化物的衍射峰。对 $Mg(NH_2)_2$ 的表观活化能没有进行计算是因为 Mg 的电负性(1.2)比 Li 的电负性(1.0)要强，化学性质更不稳定，如图 3.28 所示，热分解产物中有较多的 MgO 和 $Mg(OH)_2$ 生成，这样得到的数据准确性不高，如果计算 $Mg(NH_2)_2$ 的表观活化能，那么其结果的正确性也得不到保证，因此以后实验改进需要抽真空。

热重后的固体产物采用红外光谱的方法进行了表征(图 3.29)。热重前氨基镁除在波数为 3274cm^{-1}和 3700cm^{-1}处有两个 N—H 键的红外吸收峰，经热分解后变为一个红外吸收在波数为 3424cm^{-1}处的 N—H 键，与 XRD 的结果相吻合。

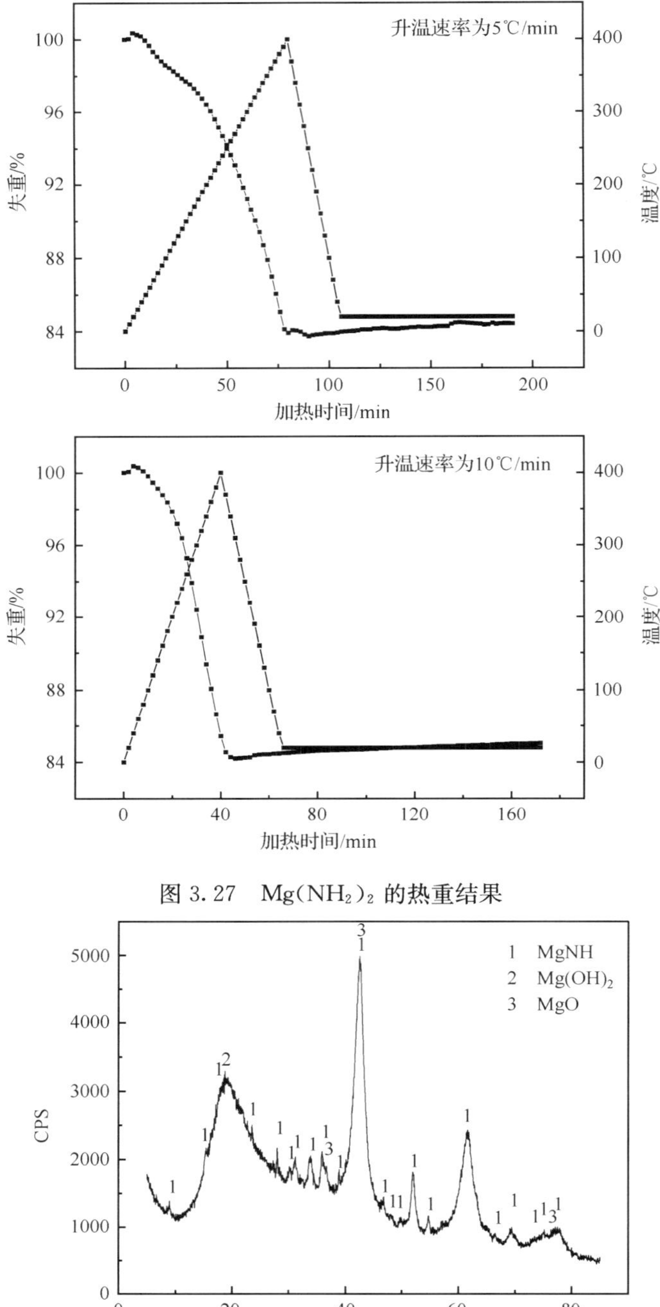

图 3.27　$Mg(NH_2)_2$ 的热重结果

图 3.28　$Mg(NH_2)_2$ 的热重后的 XRD 图谱

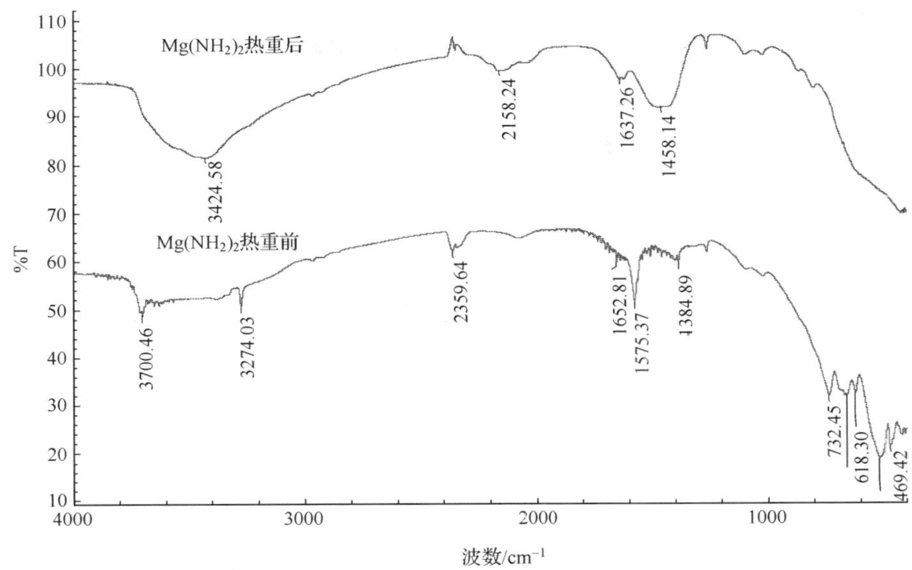

图 3.29　$Mg(NH_2)_2$ 热重前后红外光谱

热重后分解出的气体氨气依然采用化学方法来定性检验。让热重时分解出的气体通过澄清的硫酸铜溶液，结果如图 3.30 所示。出气孔处出现氢氧化铜蓝色沉淀，可以判定氨基镁的热分解气体产物也为氨气。

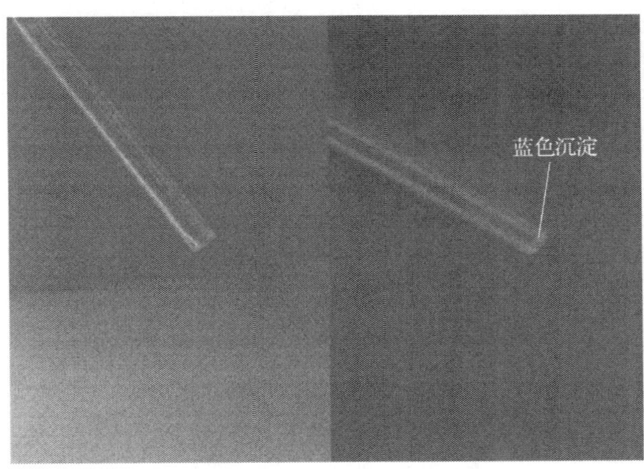

图 3.30　$Mg(NH_2)_2$ 热分解出的气体流经澄清硫酸铜溶液时，使出气孔处产生蓝色沉淀

左图为热分解前，右图为热分解后

3.4 本章小结

本章介绍了金属氢化物和氨基化物的制备方法，主要内容为本书作者的一些实验结果，这些实验结果可总结如下：球磨法合成 $LiNH_2$ 时，提高球磨罐内氨气压力和延长球磨时间均能提高合成产物 $LiNH_2$ 的相对纯度，最佳合成工艺为球磨罐内氨气压力 0.3MPa、球磨时间 2h；最佳工艺合成 $LiNH_2$ 的红外光谱图显示 $LiNH_2$ 的两个 N—H 键红外吸收峰的位置在波数为 $3259cm^{-1}$ 和 $3312cm^{-1}$；XRD 图谱未显示出反应物 LiH 的衍射峰，且其相对纯度已达到 98%；其初始分解温度为 340～370℃，分解反应的活化能为 75kJ/mol 左右。球磨法＋热处理合成 $Mg(NH_2)_2$ 时，加热时氨气压力、温度、保温时间对 $Mg(NH_2)_2$ 的合成没有明显的影响作用，而球磨时间对 $Mg(NH_2)_2$ 的合成具有显著影响，最佳合成工艺为球磨时氨气压力 5atm、球磨时间 8h，后处理为在 3atm 氨气压力下 300℃热处理 3h 使其晶化；最佳工艺合成 $Mg(NH_2)_2$ 的红外光谱图显示 $Mg(NH_2)_2$ 的两个 N—H 键的红外吸收分别在波数为 $3274cm^{-1}$ 和 $3700cm^{-1}$ 处，与 XRD 的结果相吻合。其初始分解温度在 350～360℃。

参考文献

[1] 刘红，李荣德．热处理对 AB_5 型快淬态储氢合金组织结构及电化学性能的影响．材料科学与工艺，2006，14(1)：56-61.

[2] 孙大林，陈国荣，江建军，等．新型贮氢材料研究的最新动态．材料导报，2004，18 (5)：72-75.

[3] 肖明珠，张辉，张国英，等．高密度储氢材料的研究发展．沈阳师范大学学报(自然科学版)，2010，26(2)：205-211.

[4] 严义刚，陈云贵，等．贮氢技术在燃料电池汽车上的应用及展望．节能，2004，24(4)：3-5.

[5] 胡子龙．储氢材料．北京：化学工业出版社，2002.

[6] 张春香，石广新，关绍康，等．储氢材料的研究进展．汽车工艺与材料，2005，20(5)：10-13.

[7] 许炜，陶占良，陈军．化学研究进展．化学进展，2006，18(2)：200-210.

[8] 刘淑生，孙立贤，许芬．金属-氮-氢体系储氢材料．化学进展，2008，20(2，3)：280-287.

[9] 周晶晶，陈云贵，吴朝玲，等．钒基固溶体储氢材料弹性性质第一原理研究．物理学报，2009，77(10)：102-104.

[10] 童燕青，欧阳柳章．镁基储氢合金的最新研究进展．金属功能材料，2009，16(5)：10-13.

[11] Zaluski L, Zalsuka A, Strom-Olsen J O. Hydrogenation properties of complex alkali metal hydrides fabricated by mechano-chemical synthesis. Journal of Alloys and Compounds, 1999, 290：71-78.

[12] Zuttel A, Wenger P, Rentsch S, et al. $LiBH_4$ a new hydrogen storage material. Journal of Power Sources, 2003, 118(1,2)：1-7.

[13] Xiong Z, Wu G, Chen P, et al. Ternary imides for hydrogen storage. Advanced Materials, 2004, 16：1522-1524.

[14] Ichikawa T, Hanada N, Isobe S, et al. Mechanism of novel reaction from $LiNH_2$ and LiH to Li_2NH and

H_2 as a promising hydrogen storage system. Journal of Physical Chemistry B, 2004, 108: 7887-7892.

[15] 墨伟，孙洪亮，张海昌，等. Mg+x%Mm(NiCoMnAl)$_5$ 复合储氢材料吸放氢性能研究. 南开大学学报(自然科学版)，2006，52(3)：34-38.

[16] 刘述丽，刘明明，张轲，等. Li-N-H 储氢材料的高能球磨制备工艺研究. 沈阳师范大学学报(自然科学版)，2011，29(1)：86-90.

[17] Cotton F A, Wilkinson G, Murillo C A, et al. Advanced Inorganic Chemistry. 6th ed.. New York: Wiley-Interscience, 1999.

[18] 张青莲，等. 无机化学丛书. 第一卷. 北京：科学出版社，1984.

[19] Greenwood N N, Earnshaw A. Chemistry of the Elements. 2nd ed.. Oxford: Butterworth-Heinemann, 1997.

[20] Lappert M F, Slade M J, Singh A, et al. Structure and reactivity of sterically hindered lithium amides and their diethyl etherates: Crystal and molecular structures of $[Li\{N(SiMe_3)_2\}(OEt_2)]_2$ and tetrakis(2,2,6,6-tetramethylpiperidinatolithium). Journal of the American Chemical Society, 1983, 105(2): 302-304.

[21] Armstrong D R, Henderson K W, Kennedy A R, et al. Structural studies of the chiral lithium amides $[\{PhC(H)Me\}_2NLi]$ and $[PhCH_2\{PhC(H)Me\}NLi \cdot THF]$ derived from α-Methybenzylamine. Journal of the Chemical Society, Dalton Transactions, 1999, (22): 4063-4068.

[22] Henderson K W, Walther D S, Williard P G. Identification of a unimetal complex of bases by Li NMR spectroscopy and single-crystal analysis. Journal of the American Chemical Society, 1995, 117(33): 8680-8681.

[23] Abegg R, Auerbach F. Handbuch der Anorganischen Chemie. Leipzig: Verlag von S. Hirzel, 1908.

[24] Moissan H. Préparation et propriétés des hydrures de rubidium et de césium //Comptes Rendus Hebdomadaires. Paris: Gauthier-Villars, Imprimeur-Libraire. 1903.

[25] D'Ans J, Lax E. Taschenbuch für Chemiker und Physiker. Berlin: Springer-Verlag, 1997.

第 4 章　金属氮氢系储氢材料释氢影响及催化机理第一原理研究

第一原理是一个计算物理或计算化学的专业名词。广义的第一原理计算指的是一切基于量子力学原理的计算。第一原理计算是指从五个基本物理常数(电子质量、电子电量、普朗克常数、光速和玻耳兹曼常数)出发来预测微观体系的状态和性质的方法。随着计算机科学的迅猛发展,以第一原理计算为主的科学计算逐渐成为继理论科学、实验科学之后人类认识与征服自然的第三种科学方法[1,2]。在材料科学研究领域,第一原理计算占据着越来越重要的地位,利用现代高速运行的计算机,通过第一原理计算可以模拟材料的各种物理化学性质,深入理解材料从微观到宏观多个尺度的各类现象与特征,并对材料的物性和结构进行预言,从而为新材料的设计提供指导。在研究新能源材料中的储氢材料时,第一原理计算可以从微观尺度给出储氢材料的性质,包括电子结构、成键特征、结合能、生成焓和脱附焓以及由此估算的脱氢温度等物理化学性质[3,4]。因而,第一原理计算已经逐渐成为一种研究和探索新型储氢材料的可靠工具[5]。

第一原理包括从头算方法、离散变分方法、超 Hartree Fock 方法等,从准确性和计算速度来看,从头算方法中的密度泛函理论(density function theory,DFT)应用较为广泛。目前,第一原理计算在储氢领域应用主要体现在:①确定氢化物的几何结构以及预测新型储氢材料;②研究储放氢机理,为进一步改善材料储氢性能和开发新的储氢体系提供理论指导;③研究储氢材料中掺杂和缺陷的作用及对储氢性能的影响;④研究纳米结构的储氢性能以及纳米结构对储氢性能的影响。

第一原理计算应用于储氢材料体系,对于解释吸放氢性能改善的机理、化学反应过程、分子或者晶体结构以及预测新型储氢材料等方面,具有原子分子层次的深入分析和准确度高等优势,在储氢材料的研究领域中正发挥着越来越重要的作用。

4.1　密度泛函理论

在多粒子体系(包括分子、团簇和凝聚态物质)的电子结构研究过程中,密度泛函理论主要有两个方面的贡献[6]。①理论方面的创新。理论物理学家和化学家习惯于用希尔伯特空间的单电子轨道方法解薛定谔方程,当精度要求比较高时,Slater 行列式的维数会非常大(在某些计算中高达 10^9!),这时候会发生理解上的困难。密度泛函理论以三维实空间中的电子密度 $n(r)$ 作为变量,用交换关联电子

密度 $n_{XC}(r,r')$ 描述 r 处的电子和 r' 处的电子相互作用对体系总能的减少，这些都是不依赖于数学近似或数学变换的，容易从物理理论上理解，并且当体系较大、粒子数较多时也是很直观的。②计算需求的减小。传统的多粒子波函数方法在处理没有对称性的多粒子体系时，当原子数 N 增大时计算需求会急剧增大，而密度泛函理论对于原子增大而需求的计算时间 T，有这样的关系 $T \sim N^{\alpha}$，$\alpha \approx 2 \sim 3$。

4.1.1　量子多体理论

在理论上最具有诱惑力且将来最有可能对实际设计材料有完全意义上的指导意义的计算就是解体系的薛定谔方程，也就是计算材料学中的第一原理计算[6]。第一原理方法的理论基础就是在绝热近似(Born-Oppenheimer 近似)和单电子近似的基础上，在计算中仅仅使用普朗克常量 h、电子质量 m 和电量 e 这三个基本物理常数以及原子的核外电子排布，而不借助任何可调节的经验参数，通过自洽计算来求解薛定谔方程[7]。第一原理计算在解决原子分子乃至固体材料中复杂的电子-离子、电子-电子相互作用方面表现出强大的作用，是目前计算物理的一个主要研究工具。随着计算机技术的高速发展，以第一原理计算为代表的计算材料科学，已经在材料设计、物性研究方面发挥着越来越重要的作用。

第一原理方法的出发点是著名的薛定谔方程：

$$\hat{H}\Psi(\boldsymbol{r},\boldsymbol{R}) = E\Psi(\boldsymbol{r},\boldsymbol{R}) \tag{4.1}$$

式中，$\Psi(\boldsymbol{r},\boldsymbol{R})$ 为系统波函数，$\boldsymbol{r}$、$\boldsymbol{R}$ 分别表示系统中所有电子和原子核的位置坐标；E 为能量；$\hat{H}$ 为哈密顿算符[8]，表示为

$$\hat{H} = -\sum_{p}\frac{\hbar^2}{2M_p}\nabla_p^2 - \sum_{i}\frac{\hbar^2}{2m_i}\nabla_i^2 - \frac{1}{4\pi\varepsilon_0}\sum_{p,i}\frac{Z_p e^2}{|\boldsymbol{r}_i - \boldsymbol{R}_{pi}|} + \frac{1}{8\pi\varepsilon_0}\sum_{i\neq j}\frac{e^2}{|\boldsymbol{r}_i - \boldsymbol{r}_j|} + \frac{1}{8\pi\varepsilon_0}\sum_{p\neq q}\frac{Z_p Z_q e^2}{|\boldsymbol{R}_p - \boldsymbol{R}_q|} \tag{4.2}$$

其中，$\hbar = h/(2\pi)$，h 为普朗克常量；M_p 为原子核质量；m_i 为电子质量；Z 为原子核带电量；q、p 表示原子核；i 表示电子；ε_0 为真空中的介电常数；e 为电子的电荷；$\boldsymbol{R}_{pi}$ 表示 p 原子核到 i 电子的位移矢量；∇_p^2 表示为

$$\nabla_p^2 = \frac{\partial^2}{\partial x_p^2} + \frac{\partial^2}{\partial y_p^2} + \frac{\partial^2}{\partial z_p^2}$$

∇_i^2 表示为

$$\nabla_i^2 = \frac{\partial^2}{\partial x_i^2} + \frac{\partial^2}{\partial y_i^2} + \frac{\partial^2}{\partial z_i^2}$$

哈密顿算符的第一项是原子核的动能项，第二项是电子的动能项，第三项是电子与原子核的库仑力，第四项是电子间的库仑力，第五项是原子核间的库仑力。对方程引入非相对论假设，即假设原子核和电子的质量是定值，同时由于电子质量比

原子核质量小得多，电子的运动速率比原子核大很多，引入绝热近似，假定原子核位置固定在某个瞬间位置，电子在这个瞬间结构中运动，从而将电子与原子核的运动分离开来处理。

在绝热近似下，若忽略式(4.2)中电子和离子的耦合，将所有离子对第 i 个电子的作用看成一平均势场，则哈密顿算符变为

$$\hat{H} = -\sum_i \frac{\hbar^2}{2m_i}\nabla_i^2 + \sum_i V(\boldsymbol{r}_i) + \frac{1}{8\pi\varepsilon_0}\sum_{i\neq j}\frac{e^2}{|\boldsymbol{r}_i - \boldsymbol{r}_j|} \tag{4.3}$$

式中，V 为电子所受的外场，即电势。

对一个周期结构或均匀结构来讲，可以认为所有电子 $V(\boldsymbol{r}_i)$ 都具有相同的形式，可以看成是对电子的一个平均外场。

一般地，一个电子系统的波函数可以认为是所有电子的坐标的函数，即 $\Psi(\boldsymbol{r}_1, \boldsymbol{r}_2, \cdots, \boldsymbol{r}_N)$。为得到这个波函数的所有信息必须求解标准的薛定谔方程：

$$\left[-\sum_i \frac{\hbar^2}{2m_i}\nabla_i^2 + \sum_i V(\boldsymbol{r}_i) + \frac{1}{8\pi\varepsilon_0}\sum_{i\neq j}\frac{e^2}{|\boldsymbol{r}_i - \boldsymbol{r}_j|}\right]\Psi(\boldsymbol{r}_1, \boldsymbol{r}_2, \cdots, \boldsymbol{r}_N) = E\Psi(\boldsymbol{r}_1, \boldsymbol{r}_2, \cdots, \boldsymbol{r}_N) \tag{4.4}$$

Hartree 近似首先不考虑反对称的要求，具有 N 个电子的系统的总波函数可以写成单电子波函数的乘积：

$$\Psi(\boldsymbol{r}_1, \boldsymbol{r}_2, \cdots, \boldsymbol{r}_N) = \prod_{i=1}^{N}\Psi_i(\boldsymbol{r}_i) \tag{4.5}$$

对每一个单电子波函数，Hartree 作了一个变分计算来使得能量

$$E = \frac{\langle\Psi|\hat{H}|\Psi\rangle}{\langle\Psi|\Psi\rangle} \tag{4.6}$$

最低。如果 Ψ 是系统基态的波函数，那么 E 就是系统的基态能量。因为事实上电子彼此之间存在相互作用，作进一步近似，多电子系统中的相互作用可以简化为有效势场下的单电子的运动，于是把式(4.4)写成式(4.1)的形式：

$$\left[-\frac{\hbar^2}{2m}\nabla^2 + V_{\text{eff}}(\boldsymbol{r})\right]\Psi_i(\boldsymbol{r}) = E\Psi_i(\boldsymbol{r}) \tag{4.7}$$

式中，V_{eff} 为有效场，定义为

$$V_{\text{eff}}(\boldsymbol{r}) = V(\boldsymbol{r}) + \frac{e^2}{4\pi\varepsilon_0}{\sum_j}'\frac{\Psi_j^*(\boldsymbol{r}')\Psi_j(\boldsymbol{r}')\mathrm{d}\boldsymbol{r}'}{|\boldsymbol{r} - \boldsymbol{r}'|} \tag{4.8}$$

其中，$\Psi_j^*(\boldsymbol{r}')$ 为波函数 $\Psi_j(\boldsymbol{r}')$ 取共轭；$\mathrm{d}\boldsymbol{r}'$ 表示 $\boldsymbol{r}'$ 处的小体积元；求和符号右上角的撇号是为了排除 $j = i$ 的情况。Hartree 方程式(4.7)可以通过迭代自洽求解，先假设电子处于一组特殊的本征态，先计算有效势场，再重新计算本征态；反复地进行这个过程，直到状态与有效势场自洽。体系的基态能量

$$E = \sum_i \varepsilon_i - \frac{e^2}{8\pi\varepsilon_0}\sum_{i\neq j}\frac{\Psi_j^*(\boldsymbol{r}')\Psi_j(\boldsymbol{r}')\Psi_i^*(\boldsymbol{r})\Psi_i(\boldsymbol{r})\mathrm{d}\boldsymbol{r}\mathrm{d}\boldsymbol{r}'}{|\boldsymbol{r}-\boldsymbol{r}'|} \tag{4.9}$$

表明 ε_i 并非真正的单电子能量。

Hartree-Fock 近似认为，因为电子是费米子，需要考虑泡利原理，多粒子波函数可以进行线性组合以满足反对称条件，这样可以把系统的总波函数表示为 Slater 行列式：

$$\Psi(\boldsymbol{r}) = \frac{1}{\sqrt{N!}}\begin{vmatrix} \Psi_1(\boldsymbol{r}_1) & \cdots & \Psi_1(\boldsymbol{r}_N) \\ \vdots & & \vdots \\ \Psi_N(\boldsymbol{r}_1) & \cdots & \Psi_N(\boldsymbol{r}_N) \end{vmatrix} \tag{4.10}$$

将式(4.10)代入式(4.6)作变分计算，可以得到一组 Hartree-Fock 方程：

$$\begin{aligned} &\left[-\frac{\hbar^2}{2m}\nabla^2 + V(\boldsymbol{r}) + \frac{e^2}{4\pi\varepsilon_0}{\sum_j}'\frac{\Psi_j^*(\boldsymbol{r}')\Psi_j(\boldsymbol{r}')\mathrm{d}\boldsymbol{r}'}{|\boldsymbol{r}-\boldsymbol{r}'|}\right]\Psi_i(\boldsymbol{r}) \\ &-\left[\frac{e^2}{4\pi\varepsilon_0}{\sum_j}'\frac{\Psi_j^*(\boldsymbol{r}')\Psi_i(\boldsymbol{r}')\mathrm{d}\boldsymbol{r}'}{|\boldsymbol{r}-\boldsymbol{r}'|}\right]\Psi_j(\boldsymbol{r}) = \varepsilon_i\Psi_i(\boldsymbol{r}) \end{aligned} \tag{4.11}$$

与 Hartree 方程相比，Hartree-Fock 方程多出了一项，该项被称为交换相互作用项。在单电子近似方法中，Hartree-Fock 近似是一种很方便的近似方法，它是把所要讨论的电子视为在离子势场和其他电子的平均势场中运动。但是，Hartree-Fock 近似的程度过大，忽略了电子之间的交换和相关效应，使得计算的精度受到一定限制。为了解决这一问题，1964 年，Hohenberg 和 Kohn 提出了密度泛函理论，这一理论巧妙地将电子之间的交换相关势表示为密度泛函，从而使得薛定谔方程在考虑了电子之间的复杂相互作用后，依然可以利用自洽的方法求解。密度泛函理论是多粒子体系基态研究的重要方法，它不但给出了将多电子问题简化为单电子问题的理论基础，也是分子和固体的电子结构及总能量计算的有力工具。

4.1.2　Hohenberg-Kohn 定理

20 世纪 50～60 年代，金属电子理论主要是研究体系的电子状态或能带结构。计算体系总能量的可靠方法始于 70 年代。70 年代以后，电子理论的一个迅速发展的分支是密度泛函理论，绝大多数冶金问题的量子力学计算均采用密度泛函理论。

1964 年，由 Hohenberg 和 Kohn 证明过的两条基本定理奠定了密度泛函理论的基础[7]。

定理 1　在外部势场 $V(\boldsymbol{r})$ 中相互作用着的束缚电子系统的基态电子密度 $n(\boldsymbol{r})$ 唯一地决定了这一势场。这里“唯一”指的是可以附加一个无关紧要的常数。

证明　设 $n(\boldsymbol{r})$ 是势场 $V_1(\boldsymbol{r})$ 中的由 N 个电子组成的系统的非简并基态密度，

基态波函数为 Ψ_1，基态能量为 E_1，于是有

$$E_1 = \langle \Psi_1 | \hat{H}_1 | \Psi_1 \rangle = \int V_1(\boldsymbol{r}) n(\boldsymbol{r}) \mathrm{d}\boldsymbol{r} + \langle \Psi_1 | T + U | \Psi_1 \rangle \tag{4.12}$$

式中，$\hat{H}_1$ 是与 $V_1(\boldsymbol{r})$ 对应的总的 Hamilton 量；T 和 U 分别是动能和互作用势能算符。假设存在另一个 $V_2(\boldsymbol{r})$，它不等于 $V_1(\boldsymbol{r})$ ＋常数，其基态波函数为 Ψ_2，也不等于 Ψ_1，但有相同的 $n(\boldsymbol{r})$。则

$$E_2 = \int V_2(\boldsymbol{r}) n(\boldsymbol{r}) \mathrm{d}\boldsymbol{r} + \langle \Psi_2 | T + U | \Psi_2 \rangle \tag{4.13}$$

既然 E 是非简并的，则根据 Rayleigh-Ritz 变分原理可给出两个不等式：

$$\begin{aligned} E_1 &< \langle \Psi_2 | \hat{H}_1 | \Psi_2 \rangle = \int V_1(\boldsymbol{r}) n(\boldsymbol{r}) \mathrm{d}\boldsymbol{r} + \langle \Psi_2 | T + U | \Psi_2 \rangle \\ &= E_2 + \int [V_1(\boldsymbol{r}) - V_2(\boldsymbol{r})] n(\boldsymbol{r}) \mathrm{d}\boldsymbol{r} \end{aligned} \tag{4.14}$$

和

$$E_2 < \langle \Psi_1 | \hat{H}_2 | \Psi_1 \rangle = E_1 + \int [V_2(\boldsymbol{r}) - V_1(\boldsymbol{r})] n(\boldsymbol{r}) \mathrm{d}\boldsymbol{r} \tag{4.15}$$

将这两个不等式两边相加则得到一个自相矛盾的结果：

$$E_1 + E_2 < E_1 + E_2 \tag{4.16}$$

由此得到结论：原来所作的假设，即存在第二个势场 $V_2(\boldsymbol{r})$ 满足 $V_2(\boldsymbol{r}) = V_1(\boldsymbol{r})$ ＋常数，但有相同的 $n(\boldsymbol{r})$，是错误的。因此可以肯定，$n(\boldsymbol{r})$ 唯一地决定了 $V(\boldsymbol{r})$。这里证明的是非简并基态的情况，Kohn 于 1985 年将之扩展到了简并基态。

定理 2　基态能量可以通过对试探密度 $n(\boldsymbol{r})$ 的变分来求极小值而得。

这被称为 Hohenberg-Kohn 变分原理，它能够从 Rayleigh-Ritz 变分原理

$$E = \min_{\bar{\Psi}} \langle \bar{\Psi} | \hat{H} | \bar{\Psi} \rangle \tag{4.17}$$

推出。首先选定一个试探 $\bar{n}(\boldsymbol{r})$，用试探波函数 $\Psi^{\alpha}_{\bar{n}(\boldsymbol{r})}$ 表示。在选定的 $\bar{n}(\boldsymbol{r})$ 下，受约束的能量的极值被定义为

$$E_{\mathrm{v}}[\bar{n}(\boldsymbol{r})] = \min_{\alpha} \langle \bar{\Psi}^{\alpha}_{\bar{n}} | \hat{H} | \bar{\Psi}^{\alpha}_{\bar{n}} \rangle = \int V(\boldsymbol{r}) \bar{n}(\boldsymbol{r}) \mathrm{d}\boldsymbol{r} + F[\bar{n}(\boldsymbol{r})] \tag{4.18}$$

式中，

$$F[\bar{n}(\boldsymbol{r})] = \min_{\alpha} \langle \bar{\Psi}^{\alpha}_{\bar{n}(\boldsymbol{r})} | T + U | \bar{\Psi}^{\alpha}_{\bar{n}(\boldsymbol{r})} \rangle \tag{4.19}$$

$F[\bar{n}(\boldsymbol{r})]$ 是密度 $\bar{n}(\boldsymbol{r})$ 的普适函数，无需明确知道 $V(\boldsymbol{r})$。其次，将方程对所有 $\bar{n}(\boldsymbol{r})$ 求极小值

$$E = \min_{\bar{n}(\boldsymbol{r})} E_{\mathrm{v}}[\bar{n}(\boldsymbol{r})] = \min_{\bar{n}(\boldsymbol{r})} \left\{ \int V(\boldsymbol{r}) \bar{n}(\boldsymbol{r}) \mathrm{d}\boldsymbol{r} + F[\bar{n}(\boldsymbol{r})] \right\} \tag{4.20}$$

对非简并的基态，最小值对应基态密度 $n(\boldsymbol{r})$；对简并的基态，则对应其基态密度之

一。于是繁复的对 $3N$ 维试探波函数 $\boldsymbol{\Psi}$ 求 $\langle\boldsymbol{\Psi}|\hat{H}|\boldsymbol{\Psi}\rangle$ 的极小值问题就转化为简单得多的对三维试探密度 $n(\boldsymbol{r})$ 求 $E_v[\bar{n}(\boldsymbol{r})]$ 的极小值问题。Kohn 指出上述定理很容易推广到自旋极化体系、热动力学系统、相对论情形等，这里不作一一推导。

Hohenberg-Kohn 的密度泛函理论只有对基态才是严格成立的，与 Hartree-Fock 不同，体系激发态的性质并没有恰当地包含在其中。这使得将密度泛函理论应用到考虑电子作用的核动力学的计算中受到一定的限制，但是由于典型的电子温度远远高于核的温度，这种限制在物理意义上是可以忽略不计的，因此密度泛函理论同样成功地被用于电子作用的核动力学问题。

4.1.3　密度泛函的基本思想[9,10]

泛函是函数的函数。通过对量子力学的学习，认识到 N 个电子体系的基态，原则上可以用一个总波函数 $\boldsymbol{\Psi}(\boldsymbol{r}_1,\boldsymbol{r}_2,\cdots,\boldsymbol{r}_N)$ 描述，总波函数是所有电子的函数。此外，电子自旋也是一个新坐标。按泡利不相容原理同自旋的一对电子的波函数交换位置时具有坐标反对称性，即

$$\boldsymbol{\Psi}(\cdots\boldsymbol{r}_i\cdots\boldsymbol{r}_j\cdots)=-\boldsymbol{\Psi}(\cdots\boldsymbol{r}_j\cdots\boldsymbol{r}_i\cdots) \tag{4.21}$$

这种反对称性使具有同类自旋的电子彼此远离。满足泡利不相容原理的具有自旋反平行的两个电子互相排斥。由于库仑静电力，电子间也产生排斥。采用电荷密度描述电子的运动状态，电荷密度是一个可测量，它唯一地依赖于波函数，

$$n(\boldsymbol{r})=N\int \mathrm{d}\boldsymbol{r}_1\cdots\int \mathrm{d}\boldsymbol{r}_N\boldsymbol{\Psi}^*(\boldsymbol{r}_1,\boldsymbol{r}_2,\cdots,\boldsymbol{r}_N)\boldsymbol{\Psi}(\boldsymbol{r}_1,\boldsymbol{r}_2,\cdots,\boldsymbol{r}_N) \tag{4.22}$$

在整个体系中，这种电荷的静电相互作用能

$$E_{\mathrm{H}}=\frac{e^2}{8\pi\varepsilon_0}\int \mathrm{d}\boldsymbol{r}\mathrm{d}\boldsymbol{r}'\frac{n(\boldsymbol{r})n(\boldsymbol{r}')}{|\boldsymbol{r}-\boldsymbol{r}'|} \tag{4.23}$$

对于给定的电荷密度，实际的静电能要低于 E_{H}，原因有：

(1) 由于泡利不相容原理导致波函数的反对称性使电子彼此分开产生排斥力，由这种方式降低的静电能称为交换能；

(2) 由于电子间的库仑斥力使能量进一步降低，降低的能量称为关联能。

两者之和称交换关联能，用 E_{XC}表示，电子间总的相互作用能为

$$E_{\mathrm{e}}=E_{\mathrm{H}}+E_{\mathrm{XC}} \tag{4.24}$$

与基态电荷密度对应的总能是电子间相互作用能及电子动能之和，即

$$F=T+E_{\mathrm{e}}=T+\frac{e^2}{8\pi\varepsilon_0}\int \mathrm{d}\boldsymbol{r}\mathrm{d}\boldsymbol{r}'\frac{n(\boldsymbol{r})n(\boldsymbol{r}')}{|\boldsymbol{r}-\boldsymbol{r}'|}+E_{\mathrm{XC}} \tag{4.25}$$

电荷密度泛函理论的基本假设是总能 F 由给定的密度 $n(\boldsymbol{r})$ 唯一地表示，$n(\boldsymbol{r})$ 是 $\boldsymbol{r}$ 的函数。所以 F 对 $\boldsymbol{r}$ 的函数关系可以看成是$n(\boldsymbol{r})$ 的泛函，即 F 是n 的泛函。由 E_{H}的表达式可以看出 E_{H}也是 n 的泛函。通常用方括号表示为 $F[n]$、

$E_{\mathrm{H}}[n]$。

体系引入非均匀电子气能量之后，块状物质的固定原子镶嵌在非均匀电子气中，系统的能量包括原子与电子的相互作用能 E_{ep}、核之间的相互作用能 E_{pp}。

只考虑电子的行为时，原子核的行为可以看成一个外电场 $V(\boldsymbol{r})$。核与电子之间的相互作用为

$$E_{\mathrm{ep}}=\int \mathrm{d}\boldsymbol{r} n(\boldsymbol{r}) V(\boldsymbol{r}) \tag{4.26}$$

核与核之间的相互作用为

$$E_{\mathrm{pp}}=\frac{e^2}{8\pi\varepsilon_0}\sum\frac{Z_i Z_j}{|\boldsymbol{R}_i-\boldsymbol{R}_j|} \tag{4.27}$$

式中，Z_i 是第 i 个核上的电荷。

如原子核是电子的唯一外电场，则

$$V(\boldsymbol{r})=-\frac{e}{4\pi\varepsilon_0}\sum\frac{Z_i}{|\boldsymbol{r}-\boldsymbol{R}_i|} \tag{4.28}$$

因此，对于固定数，基态电子体系的总能可表示为

$$E(n)=F(n)+E_{\mathrm{ep}}(n)+E_{\mathrm{pp}} \tag{4.29}$$

4.1.4 Kohn-Sham 方程[6]

Hohenberg-Kohn 定理导致一组有效的单粒子薛定谔方程。$F[n]$可以分成三部分：

$$F[n]=T[n]+\frac{e^2}{8\pi\varepsilon_0}\int \mathrm{d}\boldsymbol{r}\mathrm{d}\boldsymbol{r}'\frac{n(\boldsymbol{r})n(\boldsymbol{r}')}{|\boldsymbol{r}-\boldsymbol{r}'|}+E_{\mathrm{XC}}[n] \tag{4.30}$$

其中第一部分代表动能，第二部分代表一般的库仑能，第三部分是交换能和关联能。通过对总能量求变分，并增加电子数守恒的条件，即 $\int \delta n(\boldsymbol{r})\mathrm{d}\boldsymbol{r}=0$，从而有

$$\int \delta n(\boldsymbol{r})\left[\frac{\delta T[n]}{\delta n(\boldsymbol{r})}+V(\boldsymbol{r})+\frac{e^2}{4\pi\varepsilon_0}\int\frac{n(\boldsymbol{r}')}{|\boldsymbol{r}-\boldsymbol{r}'|}\mathrm{d}\boldsymbol{r}'+\frac{\delta E_{\mathrm{XC}}[n]}{\delta n(\boldsymbol{r})}-\mu\right]\mathrm{d}\boldsymbol{r}=0 \tag{4.31}$$

式中，μ 来源于拉格朗日乘子，相对于化学势来说是恒定的，

$$\mu=\frac{\delta T[n]}{\delta n(\boldsymbol{r})}+V(\boldsymbol{r})+\frac{e^2}{4\pi\varepsilon_0}\int\frac{n(\boldsymbol{r}')}{|\boldsymbol{r}-\boldsymbol{r}'|}\mathrm{d}\boldsymbol{r}'+\frac{\delta E_{\mathrm{XC}}[n]}{\delta n(\boldsymbol{r})}$$

定义一个有效势场

$$V_{\mathrm{eff}}(\boldsymbol{r})=V(\boldsymbol{r})+\frac{e^2}{4\pi\varepsilon_0}\int\frac{n(\boldsymbol{r}')}{|\boldsymbol{r}-\boldsymbol{r}'|}\mathrm{d}\boldsymbol{r}'+v_{\mathrm{XC}}(\boldsymbol{r}) \tag{4.32}$$

式中，交换关联势为

$$v_{\mathrm{XC}}(\boldsymbol{r})=\delta E_{\mathrm{XC}}[n]/\delta n(\boldsymbol{r}) \tag{4.33}$$

考虑用一组无相互作用的电子来获得动能项，同时假设这个 N 电子的系统有 N 个

单电子函数，则

$$n(\boldsymbol{r}) = \sum_{i=1}^{N} |\Psi_i(\boldsymbol{r})|^2 \tag{4.34}$$

动能可以写成

$$T_s[n(\boldsymbol{r})] = \frac{\hbar^2}{2m}\sum_{i=1}^{N}\int \nabla\Psi_i^*(\boldsymbol{r}) \cdot \nabla\Psi_i(\boldsymbol{r})\mathrm{d}\boldsymbol{r} = \frac{\hbar^2}{2m}\sum_{i=1}^{N}\int \Psi_i^*(\boldsymbol{r}) \cdot (-\nabla^2)\Psi_i(\boldsymbol{r})\mathrm{d}\boldsymbol{r} \tag{4.35}$$

这里可以认为 $T_s[n(\boldsymbol{r})]$ 是 $T[n]$ 的一个恰当近似，形式上 $T_s[n(\boldsymbol{r})]$ 和 $T[n]$的不同可以被吸收到 $E_{XC}[n]$中去，结果得到一个本征方程：

$$\left[-\frac{\hbar^2}{2m}\nabla^2 + V_{\text{eff}}(\boldsymbol{r})\right]\Psi_i(\boldsymbol{r}) = \varepsilon_i\Psi_i(\boldsymbol{r}) \tag{4.36}$$

式中，有效势场的定义同式(4.32)。式(4.36)是类似 Hartree 方程的单电子方程，这个自洽方程就是 Kohn-Sham(KS) 方程。

图 4.1 给出解 Kohn-Sham 方程的一般流程示意图，通常先找一个试探电子密度 $n_0(\boldsymbol{r})$ 来开始这个循环迭代过程，一般来讲，任何一个正交归一的总电子波函数都能得到一个使循环开始的初始电荷密度，但是如果经验丰富能够猜到一个很好的初始电子密度 $n_0(\boldsymbol{r})$，将会显著加快计算速度。例如在分子或团簇计算中可以用每种原子密度的总和来构建初始的电子密度：

$$n_0(\boldsymbol{r}) = \sum_{\alpha} n_\alpha(\boldsymbol{r} - \boldsymbol{R}_\alpha) \tag{4.37}$$

式中，$\boldsymbol{R}_\alpha$ 和 n_α 分别表示第 α 种原子的坐标和原子密度。

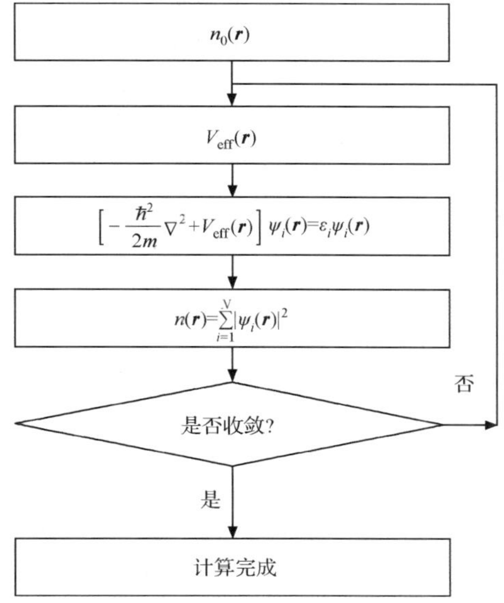

图 4.1　Kohn-Sham 方程自洽计算的流程示意图

在得到初始电子密度 $n_0(\boldsymbol{r})$ 之后就可以计算有效势场[式(4.32)]。式(4.32)右边第一项是外部势场，一般是所有原子势场的总和：

$$V(\boldsymbol{r}) = \sum_{\alpha} V_{\alpha}(\boldsymbol{r} - \boldsymbol{R}_{\alpha})$$

式中，$V_{\alpha}(\boldsymbol{r}) = -Z_{\alpha}/\boldsymbol{r}$，是离子芯和价电子之间的库仑相互作用，这里 Z_{α} 是离子芯的电荷数。式(4.32)右边第二项是电子之间的 Hartree 势，可以通过直接积分求得，也可以通过求解等价泊松方程得到。第三项是电子之间的交换关联势，通过式(4.33)交换关联能对电子密度变分来定义，但是无法写出确切的解析形式，只能通过近似方法计算。得到有效势场后就可以求解 Kohn-Sham 方程[式(4.36)]。进行一次计算后可以通过得到的本征波函数计算新的电子密度 $n_i(\boldsymbol{r})$，然后通过收敛判断决定是否循环迭代下去。一般采用两种收敛标准，分别计算第 i 次和第 $i+1$ 次的总能或电子密度，当 $|E^{(i)} - E^{(i+1)}| < \eta_E$ 或者 $\int \mathrm{d}\boldsymbol{r} |n^{(i)} - n^{(i+1)}| < \eta_n$ 时，循环将会停止。这里 $E^{(i)}$ 和 $n^{(i)}$ 分别是第 i 次迭代中得到的总能和电子密度，而 η_E 和 η_n 是收敛标准。自洽计算完成时，基态总能为

$$E_{\mathrm{G}} = \sum_{i=1} \varepsilon_i - \frac{e^2}{8\pi\varepsilon_0} \int \mathrm{d}\boldsymbol{r}\mathrm{d}\boldsymbol{r}' \frac{n(\boldsymbol{r})n(\boldsymbol{r}')}{|\boldsymbol{r} - \boldsymbol{r}'|} + E_{\mathrm{XC}}[n] - \int n(\boldsymbol{r}) v_{\mathrm{XC}}(\boldsymbol{r}) \mathrm{d}\boldsymbol{r} \quad (4.38)$$

4.1.5 交换关联泛函[6]

密度泛函理论和 Hartree-Fock 理论的最大差别就是密度泛函理论中用交换关联能代替了 Hartree-Fock 理论中的交换相互作用项。根据密度泛函理论，此交换关联能 $E_{\mathrm{XC}}[n(\boldsymbol{r})]$ 是电子密度的泛函，交换关联势是交换关联能对局域电子密度的导数。对于均匀电子气，交换关联势是电子密度的函数。对于非均匀的电子气，交换关联势还取决于该点附近电荷密度的导数。通常，交换关联势可以写成对电子密度 $n(\boldsymbol{r})$ 的一个泛函，但是此泛函的精确形式通常是未知的。因此，对 $E_{\mathrm{XC}}[n(\boldsymbol{r})]$ 的处理必须采用一些近似，局域密度近似(local density approximation，LDA)和广义梯度近似(generalized gradient approximation，GGA)是两类近似方法。

4.1.5.1 局域密度近似(LDA)

1996 年，Kohn 证明了以下原理：多电子系统在 $\boldsymbol{r}$ 附近的定域静态物理特征依赖于 $\boldsymbol{r}$ 邻域附近的粒子，例如，在半径为 $\lambda_{\mathrm{F}}(\boldsymbol{r})$ 的球形区域（这里 Fermi 半径 $\lambda_F(\boldsymbol{r}) = [3\pi^2 n(\boldsymbol{r})]^{1/3}$）内，而对这个区域以外的势场变化不敏感。这样，近似必须是局域或准局域的，这可以说明为何由 Kohn 和 Sham 引入的局域密度近似非常成功。考虑一个电子密度缓变的系统，假定空间某点的交换关联能只与该点的电子密度有关，且等于同密度的均匀电子气的交换关联能，即

$$E_{XC}[n]=\int n(\boldsymbol{r})\varepsilon_{XC}(\boldsymbol{r})\mathrm{d}\boldsymbol{r} \tag{4.39}$$

式中，$E_{XC}[n(\boldsymbol{r})]$ 是密度为 $n(\boldsymbol{r})$ 的均匀电子气中每个粒子的交换关联能，它可以分解成两部分：

$$E_{XC}[n(\boldsymbol{r})]=E_X[n(\boldsymbol{r})]+E_C[n(\boldsymbol{r})] \tag{4.40}$$

式中，$E_X[n(\boldsymbol{r})]$ 为电子交换的贡献，可采用狄拉克对 Thomas-Fermi 模型修正后的结果；$E_C[n(\boldsymbol{r})]$ 是电子关联的贡献，目前最简捷有效的方法是直接利用 Monte-Carlo 模拟结果所得的关联式。如果用电子密度为 $n(\boldsymbol{r})$ 的均匀电子气的情形来取近似，则交换能部分可以写为

$$E_X[n]=-\frac{3}{4}\sqrt{\frac{3n}{\pi}}=-\frac{0.458\mathrm{Ry}}{r_s} \tag{4.41}$$

式中，Ry 为能量单位，1Ry＝13.6eV；r_s是电子的经典半径，满足 $4\pi r_s^3/3=1/n$。LDA 方法对于均匀电子气的情形严格成立，所以我们可以期望 LDA 方法对电子密度变化不剧烈的体系有比较好的结果。对于磁性材料，电子能量会有多个局部最小值。所以对于磁性材料，LDA 精度并不理想。在分子或团簇计算中，正电荷分布并不均匀，而是定域在原子核的附近，因此 $n(\boldsymbol{r})$ 在分子或团簇中随位置的变化很大。所以，LDA 方法运用不同的 Kohn-Sham 轨道和不同的电子密度将自旋不同的电子密度分开来处理，这种近似称为局域自旋密度近似(local spin density approximation，LSDA)。对原子、分子和团簇的许多基态性质，包括键长、键角、电子自旋密度及绝热近似下的振动频率，LSDA 计算经常给出满意的结果。不足之处是总交换能低估了 10%左右，关联能又高估了 100%左右，分子的离解能和固体中的内聚能也常常被高估。

4.1.5.2　广义梯度近似(GGA)

随着时间的发展，人们在 LDA 的基础上引入电子密度的梯度，以考虑电子分布不均匀性。其中最常用的就是广义梯度近似。在 GGA 近似下，交换关联能是电子密度及其梯度的泛函：

$$E_{XC}[n]=\int n(\boldsymbol{r})\varepsilon_{XC}(n(\boldsymbol{r}),\nabla n(\boldsymbol{r}))\mathrm{d}\boldsymbol{r} \tag{4.42}$$

通常也将 E_{XC}分成交换能 E_X和关联能 E_C两部分。常用的交换泛函有 Becke 于 1988 年给出的交换泛函[11](简称 B88 或 B)以及 Perdew 和 Wang 在 B88 基础上做一些改进，得到的 PW91 泛函[12]，还有 Barone 等得到的改进的 PW91 泛函[13](简称 MPW91 或 MPW)。另一类是以 Perdew、Burke 和 Ernzerhof 于 1996 年得到的泛函 (简记为 PBE)[14]为代表的无实验参数的泛函。

总的来说，GGA 比 LDA 在能量计算方面有了很大的提高，对键长、键角的计算也更加准确。但是 GGA 也并不总是优于 LDA，例如对半导体的计算、贵金属的

晶格常数等。在 GGA 的基础上发展的 meta-GGA，包含了密度的更高阶梯度，以及 Kohn-Sham 轨道梯度或者其他一些系统特征变量。比如，PKZB 泛函[15]就在 PBE 泛函的基础上包括了占据轨道的动能密度的信息。一般而言，泛函中包含的信息越多，密度泛函理论就能够更准确地描述客观体系。

4.1.6　基于密度泛函理论第一原理解决方案[16]

在形式上得到了密度泛函的基本方程（Kohn-Sham）以及交换关联泛函以后，重要的是如何去求解它。数值计算方案是目前最有效的方案，基于密度泛函理论框架的数值计算方法通常叫第一原理或者从头计算。而数值计算方案的实现需要解决很多计算技术问题。首先，从计算机程序算法的层次来看，计算机数据都是有维度的数组序列，相应的物理或者化学问题连续量和矩阵相关量就必须进行离散。其次，如何构造体系的相互作用势。这两个方面成为不同计算方法间相互区分的特征。下面从基组、势函数构造以及网格分割三个方面介绍常用的电子结构计算方法及其程序实现方案。

4.1.6.1　波函数展开的基组

电子波函数在量子力学中占据重要的地位，只要处理好波函数的计算，众多的物理量就可以通过相应的算子作用而得到，而对于波函数的展开，即为所谓的基组方法，它是指用一系列基函数进行组合来展开波函数，也就是将波函数表示成一组系数。一般地，普通波函数需要的基函数的个数是无限的，而在实际的数值计算过程中，特别是在计算机有限的计算资源空间上，人们只能采用有限个基函数处理，这必然需要选择一组合适的有限个基组，以便于计算执行且尽量减小引起的误差。计算中常见的基组有平面波函数集和原子轨道线性组合两类以及它们的衍生类。

在固体能带理论框架下，最常用的基组就是平面波基组[17]，该基组函数是自由电子气的本征函数，并且是最简单的正交、完备的函数集。理论上，选择无穷个平面波基组展开波函数，可以得到波函数的无损描述，即其优点是计算实现上可以通过调节截断能量来调整计算精度和准确度。但是，系统波函数在原子核附近有很强的定域性，动量较大，特别是体系含有 d 电子、f 电子的时候，用平面波基组展开时，波函数很快地振荡，体系能量收敛很慢，这样直接用平面波函数集作为基组在计算机实现上没有实用价值，而且，即使计算成功达到收敛，即得到能量最低的基态，其结果也往往不理想。在计算上解决这个困难，比较早的一个方法是正交化平面波（orthogonalized plane wave，OPW）方法[18,19]，即在平面波基组中不但含有动量较小的平面波，还有原子核附近的大动量孤立原子波函数，同时扣除平面波在内层电子态的投影，并使其与芯态波函数正交。OPW 的局限性在于所取的芯态波函数并不是体系哈密顿量的本征态，由此会引起相应的能量误差，解决这个问题的方法是对基函数附加内层函数，即将内层函数本身也作为基组加入到基函数中，这样不再需要平面波和内层函数正交。这种方法已被广泛地应用于部分元素半导体和化合物半导体的能带计算中，并且取得很大的成功。

最简单的波函数基组集是原子轨道波函数的线性组合基组(linear combination of atomic orbitals，LCAO)[20,21]。这个方案的思想认为，体系的电子态与其组成的自由原子态的差别不太大，不过在这种方法下，基函数集一般而言是非正交的，必然会遇到多中心积分的计算问题。在一般的分析中，LCAO 基组包括在量子化学计算中广泛运用的高斯型基组，以及 Slater 型基组。这两种基组的特点不大相同，在高斯型基组中，远离原子核的区域由高斯线型给出，这样高斯型基组数值计算上比较好操作，而在 Slater 型基组描述下，该区域呈指数衰减，理论上看，Slater 型基组对于原子中电子波函数的行为的描述比较准确。为解决计算上的不便，又发展出原子轨道正交化线性组合方法，并结合高斯型，采用高斯轨道，使得 LCAO 更加合理并有效。LCAO 方法对于体系中原子轨道的描述和原子间的化学键分析十分便利，这使得该方法在量子化学计算与模拟中被广泛采用。

4.1.6.2　势函数近似

对于计算处理过程而言，另一个重要的问题就是处理离子实与价电子之间的相互作用势。这里首先介绍应用广泛的作用势描述——赝势。原始的赝势方法是建立于平面波方法上的，对多原子体系，从坐标空间看，波函数在不同区域特点不同，在近核区或芯区，波函数由紧束缚的芯电子波函数组成，与近邻相互作用小，而远核区价电子相互交叠相互作用，因而，该方法一般和平面波方法配合使用。赝势方法随时间推移出现了经验赝势(EPM)、模型赝势、模守恒赝势(NCPP)和超软赝势(USPP)[22]等。经验赝势最大的优点是简单、代价小，且能处理任意体系，但需要构造一个相当好的初始值。模型赝势实际上是半经验的原子赝势，主要是计算上可行性较强。模守恒赝势是基于第一原理计算的赝势。该赝势所对应的波函数不仅与真实的波函数具有相同的能量本征值，而且在远核区与真实波函数的形状和幅度相同，亦即模守恒(图 4.2)，故而，这种赝势能产生准确的电荷密度，适于自洽计算。

超软赝势是 Vanderbilt[22] 提出来的，其思路是不用释放非收敛性条件，用这样的方法来产生更软的赝势，其特色是让波函数变得更平滑，也就是所需的平面波基底函数更少。超软赝势产生算法保证了在预先选择的能量范围内会有良好的散射性质，这导致了赝势更好的转换性与精确性。超软赝势通常也借着把多套每个角动量通道当作价电子来处理浅的内层电子态。这也会使精确度跟转换性得到提升，虽然计算代价会比较高。目前，超软赝势只可以在倒易空间中使用。

除了上面提到的赝势方法外，在能带理论中还有一个常用的方案构造这类函

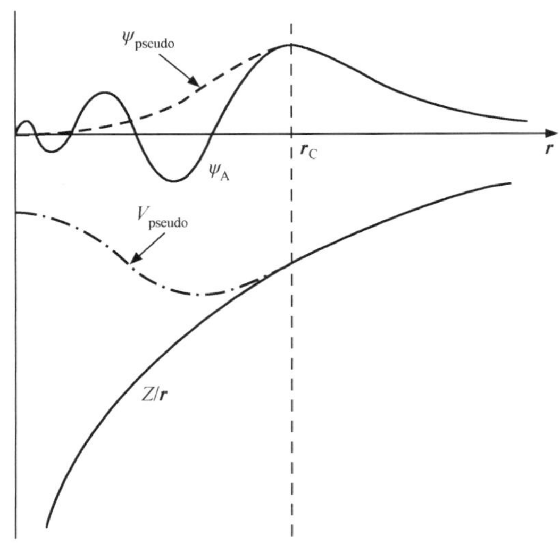

图 4.2　赝势和赝波函数示意图

真实电子波函数 Ψ_A（实线）和赝波函数 Ψ_{pseudo}（虚线）的对比以及相应的势 $Z/\boldsymbol{r}$、V_{pseudo}，它们在半径 $\boldsymbol{r}_C$ 之外是一致的

数，这类方案通常称为 Muffin-tin 近似[23]，其主要思想是把原胞分成两个区域，在以原子为中心的球形区域取球对称势，球外取常数势，并选取适当的能量零点，化常数为零，这样的势就像将丸子陷入一个平面盒子里面，也像烘烤蛋糕的模子形状，故而也叫“丸盒势”或者“蛋糕模子势”。在能带研究中采用 Muffin-tin 势取得了很成功的结果，尤其是对金属体系的描述更好。在 Muffin-tin 势选取的基础上，结合波函数的基组选择，在球内为球谐函数的线性叠加，而球外为平面波或者其他形式，在球面上满足波函数连续的边界条件，这样各个原子附近的球对称势场所决定的波函数是借助于球间的波函数相互连接。如果球间的波函数选择平面波，则可以建立一套缀加平面波(augmented plane wave，APW)，并作为 APW 的基函数使用。对于 APW 而言，本征值矩阵的求解需要计算超越方程组，这比通常的计算本征值问题繁难些，计算量也大很多，不过物理上，球内 APW 是 Muffin-tin 势的精确解，球外势场变化平缓，常常能很好收敛，APW 可以构建很好的尝试波函数，这也是其应用广泛的原因。为了减少计算量，可以将 APW 方法线性化[24]，建立起与能量无关的 APW 基函数，使矩阵元不含能量 E，这样的 APW 的线性化方法是 LAPW，它将 Muffin-tin 球内的基函数写成薛定谔方程径向解及其对能量导数的线性组合，并将能量参数化，取某个数值，这时 APW 的久期方程也得以线性化，使计算大大简化；这样处理后，方程可能的奇性也自然消失；基函数在球面上连续而且有连续的导数，并为考虑添加非球对称效应提供了基础，如全势 LAPW 方法

(FP-APW)。可以看出,通过线性化后的 LAPW 方法解决了 APW 理论和计算上的难点。近些年已经发展了投影缀加波(projected augmented-wave,PAW)[25]方法,这类方法试图对平面波赝势方法和 LAPW 方法做整合,吸取各自的优点。PAW 方法的特点是形式优雅,线性变换构造简单。不过 PAW 方法的出现比超软赝势晚,加之在计算软件包的开发上,很多科学工作者对 USPP 方法较熟悉,这样 PAW 的应用并不广泛,直到后来 Kresse 等建立起超软赝势与 PAW 的直接联系[26],发现可以通过对 PAW 全能泛函简单线性化得到超软赝势的总能泛函,并在超软赝势平面波程序中找到支持 PAW 的简单易行的实现方法,这才使 PAW 受到科学家们的广泛关注,目前被日益推广起来,比如现在的 VASP 和 abinit 软件包开始支持这类方法。

另外一种基于 Muffin-tin 势场近似的方法是格林函数方法,又称为 KKR 方法。它不是将晶体波函数按某种选定的基函数展开作为出发点,而是将 Kohn-Sham 方程先演变为一个积分方程,用散射理论来求解晶体的电子态能量,通过构造格林函数间接构造平面波,显然构造的格林函数满足布洛赫定理。不过 KKR 方法同 APW 方法一样,哈密顿量的矩阵元是能量的函数,故而不能通过矩阵对角化一次求得各个本征值,而需要求解超越方程,并需要用逐步逼近法求解,增大计算量。同 LAPW 思路相似,选择一套 Muffin-tin 轨道,通过变分原理推导出一个线性化的能带理论,称为线性 Muffin-tin 轨道(LMTO)方法。该方法的思想是通过构造一套复杂的与能量无关的 Muffin-tin 轨道,并选用一些缀加的球面波,使轨道同时满足与芯态正交且与能量无关,这样达到矩阵元中不含能量 E 的目的。这种方法的关键是 Muffin-tin 轨道设计。LMTO 中引入非 Muffin-tin 效应的方法包括最近发展的所谓扩展 Muffin-tin 轨道方法[27],通过使用大的相互重叠的球并精确处理这种重叠效应,来表示 LSDA 单电子势。这类方法有很多近似计算方法,如 LMTO-ASA、KKR-ASA 等,不过现在在软件包开发上,科学家们的关注度较小。

4.1.6.3　网格分割

上面为计算中的两个关键问题提供了解决方案,但在实际计算中,从计算研究的体系来看,如何离散实空间上的关键量,并用矩阵处理计算的问题比较重要,这关系到计算速度与精度的问题,这样采用实空间网格对 Kohn-Sham 方程进行离散显得简单直观[28],即一个连续的物理量由它在一个有限的离散网格的一系列格点上的值来描述。在实空间上分割网格有一些优点,如可以方便地处理一些如平面波这样的离域基组难于处理的体系;允许通过增加网格密度系统地控制计算收敛精度,如选择截断能量来调节平面波基组同时对取样网格进行分割。通过网格分割,实现实空间域分解而进行并行计算,提高计算效率,加上在计算上采用快速傅立叶变换(FFT),使得计算不再是太难的高技术问题。分割可以通过有限差分方法简单实现,有限差分也是电子结构计算中应用最多的实空间方法[29,30],其思想是在实空间网格上将微分运算离散成差分形式,即近邻格点值的线性组合。除了有限差分外还有有限元方法[31],该方法在工程中被广泛应用,但在电子结构计算中还处于初始阶段[32]。不过网格方法效率较低,人们在计算实现上发展了许多方法来克服计算效率上的严重不足,如在有限差分中使用 Mehrstellen 格式[33];采用曲线网格和局部网格对网格进行优化;通过一些有效的多尺度或预处理方法来快速求解结构化的或高度带状的矩阵问题,例如多网格方法可以有效克服临界减速问题[34]。

4.1.7　CASTEP 软件简介[16]

本书中用到了经典密度泛函软件包中的 CASTEP。CASTEP 是剑桥大学卡文迪西实验室凝聚态物理课题组开发的密度泛函总能计算软件包,全称是 Cambridge sequential total energy package,目前被 Accelrys 公司集成到其开发的材料模拟计算平台 material studio(MS)上。MS 是一个计算机材料模拟和建模的平台,它包括两个密度泛函计算模块,DMol3 和 CASTEP。前者采用数值局域原子基而后者使用平面波基组。由于使用数值局域基组和对 Hartree 势的多级展开方法,DMol3 可以以比较高的效率提供比较可靠的计算结果。而 CASTEP 的平面波赝势方法是一种经典的算法,有很高的精度。CASTEP 可以从其网站(www.castep.org)上得到更多的性息。

基于密度泛函平面波赝势方法的 CASTEP 软件可以对许多体系,包括半导体、陶瓷、金属、矿石、沸石等,进行第一原理量子力学计算。典型的功能包括研究表面化学、带结构、态密度和光学性质。它也能够研究体系电荷密度的空间分布和体系波函数。CASTEP 还可以用来计算晶体的弹性模量和相关的机械性能,如泊松系数等。CASTEP 中的过度态搜索工具提供了研究气相或者材料表面化学反应的技术。

总的来说,它可以实现:计算体系的总能;进行结构优化;执行动力学任务;在设置的温度和关联参数下,研究体系中原子的运动行为;计算周期体系的弹性常数;化学反应的过度态搜索等。

除此之外,还可以计算一些晶体的性质,如能带结构、态密度、聚居数分析、声子色散关系、声子态密度、光学性质、应力等。量子力学计算精确度高但计算密集。直到最近,表征固体和表面所需的扩展体系的量子力学模拟对大多数研究者来说才切实可行。然而,不断发展的计算机功能和算法的进步使这种计算越来越容易实现。

CASTEP 软件包是基于密度泛函方法的从头算量子力学程序,也是目前较准确的电子结构计算程序。基于密度泛函理论的 Kohn-Sham 方程组是其第一原理计算的理论基础。交换关联能量泛函可以采取局域密度近似(LDA)和广义梯度近似(GGA)。局域密度近似常常容易低估键长,采用广义梯度近似,可以提高计算的准确性。电子-离子间的交互作用用赝势来描述。CASTEP 中有两种赝势,一种是规范-守恒赝势(norm-conserving pseudopotential),另一种是超软赝势(ultrasoft pseudopotential)。CASTEP 采用平面波的展开形式来描述电子波函数。按照原子动能的类型来选择相关的平面波。

再简单介绍一下 CASTEP 计算的一般步骤:首先建立计算模型,包含晶体、表面、界面结构;其次,参数选择,包括计算近似方法(LDA 和 GGA)、平面波展开方式、计算空间以及精度参数等的选择,这一步一般要求进行收敛性测试,以验证选择参数的合理性;然后进行体系结构优化,找到模型在能量最低时的构型;最后进行各种性能分析的后续计算,包括电子分布、能带分析、态密度分析、弹性计算、键能分析以及所研究的问题探讨等等。

4.2　Li-N-H、Li-B-N-H 系储氢材料释氢、催化反应机理理论研究

4.2.1　基于电子理论高密度储氢材料筛选[35]

20 世纪 70 年代以后,氢能的开发和利用进入了一个新的阶段,尤其是 90 年代后,一些国家加强氢能的开发和研究。氢的储存主要有三种方式:气态、固态和液态。理想的固体储氢材料应满足储氢密度高、释氢温度低且储放氢速率快等条件。国际能源组织提出的汽车燃料电池用储氢材料应满足的性能指标是释氢温度低于 100℃,可逆储氢容量 2010 年达到 6.0%、2015 年达到 9.0%[36]。传统的 MgH_2 和金属络合物储氢材料储氢密度较高(表 4.1),为使这些材料满足车载固体储氢材料要求,各国研究人员做了大量的研究,发现除储氢量外,它们都不能满足要求。从表 4.1 可以看出,MgH_2 虽具有储氢量高、质量小和成本低的特点,但其释氢温度高,储放氢动力学性能也较差[37]。通过纳米化合元素替代可以改善 MgH_2 的性能。$NaAlH_4$ 在加入催化剂时能在低于 100℃下可逆吸/放大量氢气,氢气的纯度高,可循环使用,催化剂价格便宜,但它的实际储放氢量不足 5%[38]。Chen 等[39] 2002 年在 *Nature* 上首次提出氮化锂可以大量可逆地吸放氢,从而引发了众多学者对 Li-N-H 系作储氢材料的研究。Li-N-H 储氢材料具有较高的储氢量和较温和的释氢条件,但放氢温度还是较高。$LiBH_4$ 的储氢量高达 18.3%,可以满足下一代燃料电池达到氢量化的目标,但它相当稳定,300～600℃释氢只有 8%。可见几种高密度储氢材料的储放氢性能都不能满足车载燃料电池的需要,都需要

继续做大量工作。目前人们为了改善各种储氢材料的性能都做了大量的工作,各个方向都取得了一定的进展,但从实验的角度靠经验摸索太耗费人力物力。一种实验现象有相应的理论解释才完美,同时理论的研究也可指导实验研究。因此我们利用第一原理的方法对 MgH_2、$NaAlH_4$、$LiNH_2$、$LiBH_4$四种高密度储氢材料进行研究,以期从电子尺度解读它们的释氢机理、释氢影响机理,以此对不同储氢材料进行筛选并指导研究人员改善储氢材料的性能。

表 4.1 四种储氢材料理论储氢量(质量分数)及释氢温度

材料	储氢量/%	释氢温度/℃
MgH_2	7.6	300～350(放氢 5.6%)
$NaAlH_4$	7.4	210～450(放氢 5.6%)
$LiNH_2$/LiH	11.5	200～320(放氢 6.3%)
$LiBH_4$	18.5	300～600(放氢 8%)

1. 晶体结构及理论方法

MgH_2的晶体结构如图 4.3(a)所示,晶格常数为 $a=b=0.4501$nm,$c=0.3010$nm,空间群为 $P4_2/mnm$;$LiBH_4$ 晶体空间群为 Pnma,晶格常数为 $a=7.1786$nm,$b=4.4369$nm,$c=6.8303$nm,如图 4.3(b)所示;$LiNH_2$的晶体结构如图 4.3(c)所示,晶格常数为 $a=b=5.037$nm,$c=10.278$nm,空间群为 I-4;$NaAlH_4$属 I-41/a 空间群,晶格常数为 $a=b=5.044$nm,$c=11.434$nm,如图 4.3(d)所示。

采用基于密度泛函理论的赝势平面波方法[40],交换关联能采用广义梯度近似,采用对正则条件进行弛豫的超软赝势[22]作为平面波基集。用自洽迭代方法进行计算时,采用结合 BFGS 共轭梯度方法的 Pulay 密度混合方案[41]处理电子弛豫。先对模型的晶体结构进行几何优化,以求得它们的局域最稳定结构。优化结束时,体系总能量的收敛值取 1.0×10^{-5} eV/atom,作用每个原子上的力低于 0.3eV/nm,公差偏移小于 1.0×10^{-4}nm,应力偏差小于 0.05GPa。

2. 结果及分析

1) 结合能

晶体的结合能是指晶体分解成孤立原子时需要的能量,可用来表征晶体结构的稳定性。表 4.2 给出了四种储氢材料及其合金的结合能,MgH_2、$LiBH_4$、$LiNH_2$、$NaAlH_4$结合能都较大,说明它们都很稳定,因此需较高的释氢温度。通过掺杂发现络合物储氢合金(MgH_2除外)的结合能都有所降低,可见合金化可以改善储氢材料的释氢性能。

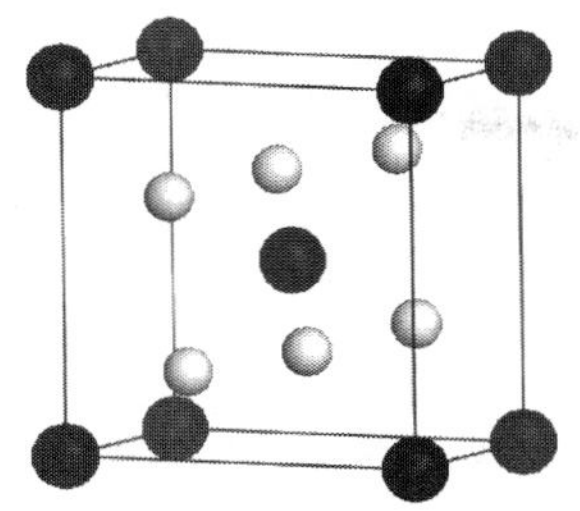

(a) MgH_2, 黑球为Mg, 白球为H

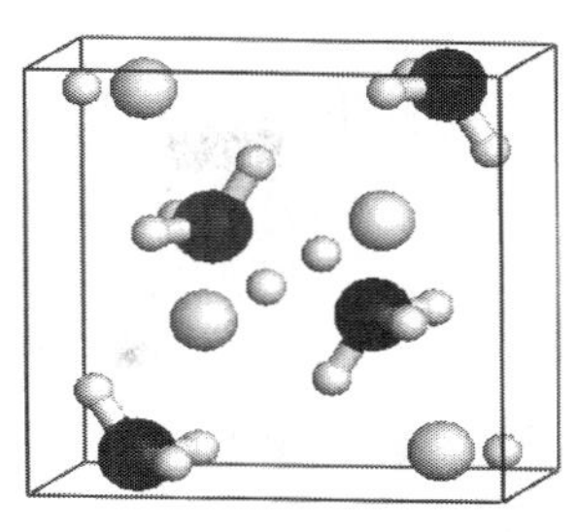

(b) $LiBH_4$, 大白球为Li, 小白球为H, 大黑球为B

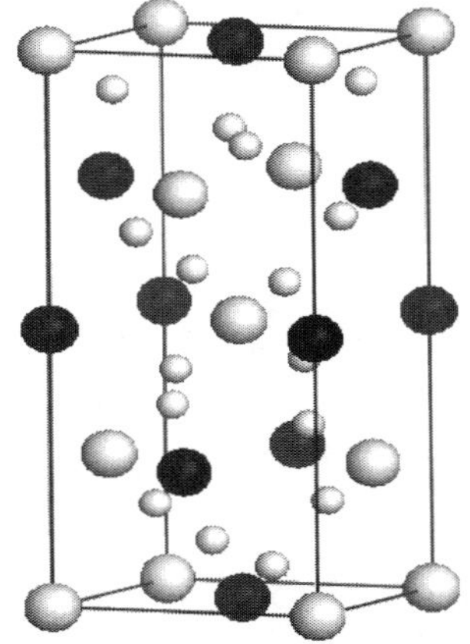

(c) $LiNH_2$, 小白球为H, 黑球为N, 大白球为Li

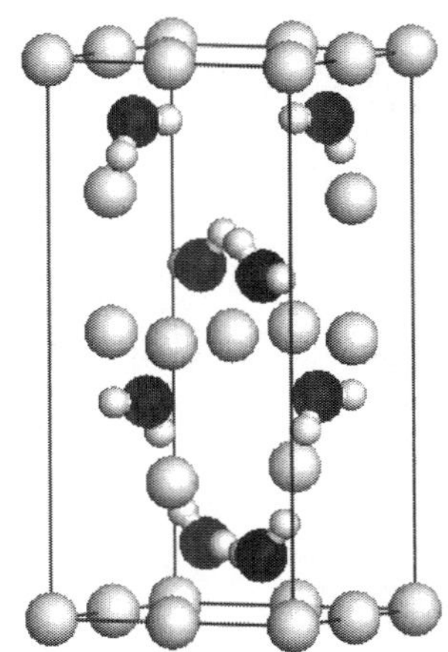

(d) $NaAlH_4$, 小白球为H, 大白球为Al, 黑球为Na

图 4.3 四种高密度储氢材料原子结构模型

表 4.2 四种储氢材料及其合金的结合能

储氢材料及其合金	结合能/(eV/atom)	储氢材料及其合金	结合能/(eV/atom)
MgH_2	3.035	$(MgTi)H_2$	3.807
$LiBH_4$	4.030	$(LiMg)BH_4$	3.912
$LiNH_2$	4.779	$(LiMg)NH_2$	4.720
$NaAlH_4$	3.342	$(NaMg)AlH_4$	3.251

从表 4.2 可知 $LiNH_2$的结合能最大，为 4.779eV/atom，说明该材料最稳定，据此推理它的释氢温度应最高，但实际 $LiBH_4$的释氢温度最高，可见从结合能不能解释材料放氢机制。储氢材料放氢反应时，晶体不完全分解，主要是与氢结合的键断开。结合能不能反映各原子间结合的强弱。$LiBH_4$的释氢温度高于 $LiNH_2$可能是由于 $LiBH_4$中 B—H 键强度比 $LiNH_2$中 N—H 键大，这一点将在后面用态密度、电荷布居来讨论。

2）态密度

态密度对于分析材料中的原子成键和材料特性有重要的意义。通过计算给出了 MgH_2、$LiBH_4$、$LiNH_2$、$NaAlH_4$（图 4.4）及其合金（图 4.5）的总态密度（DOS）及相应原子的分波态密度（PDOS）。从图 4.4 可以看出，几种储氢材料的能带都由价带、导带和带隙组成，且带隙较宽，费米能级 E_F 位于价带顶，具有明显的绝缘体特征。带隙从宽到窄的顺序为 $LiBH_4$、$NaAlH_4$、$LiNH_2$、MgH_2，能隙越宽，说明此晶体中结合最弱的键上的电子被束缚得越强烈，这样这个键断开也就越难，因此可以用它表征晶体或团簇成键的强弱。由此可以得出 $LiBH_4$ 中结合最弱的键较其他储氢材料的强，所以其释氢温度最高。

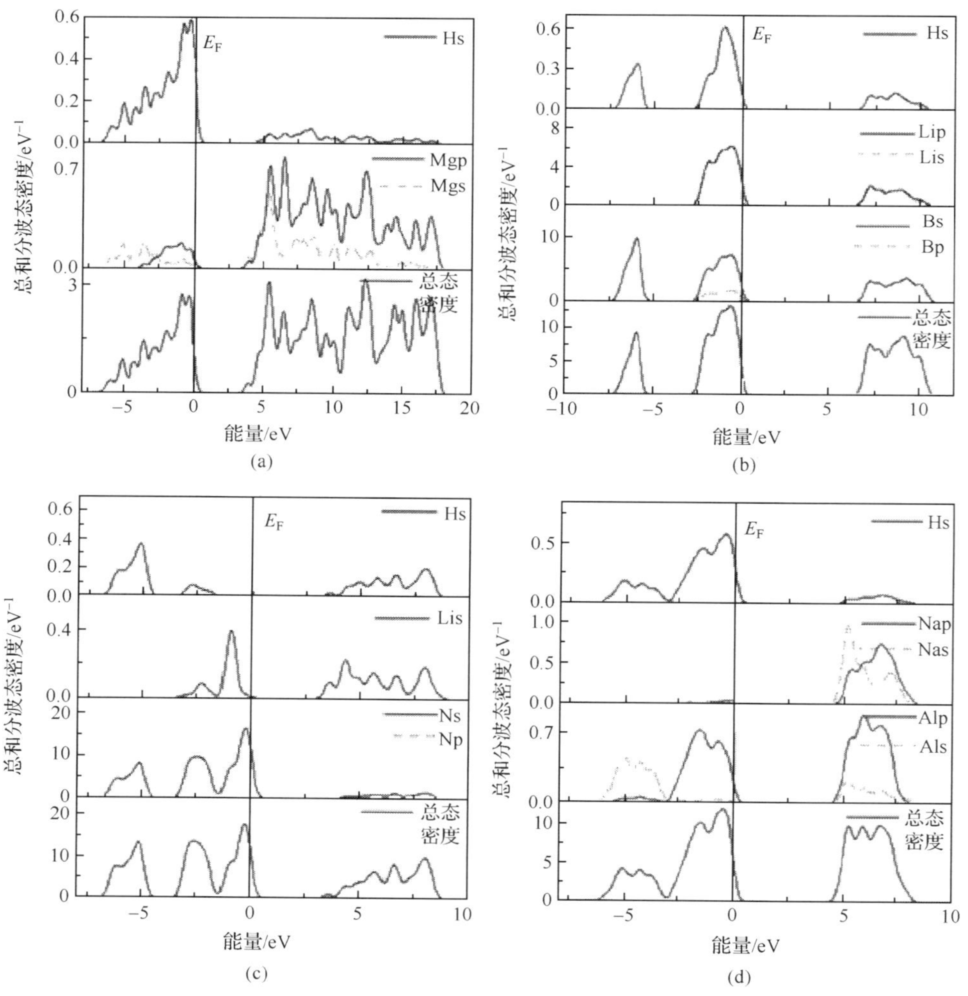

图 4.4 MgH_2、$LiBH_4$、$LiNH_2$、$NaAlH_4$ 的总态密度和原子的分波态密度

下面我们再看一下不同储氢材料中结合较弱的键(接近费米能级的成键峰)是由哪些原子形成的。储氢材料的释氢能力是由与氢结合的键决定的。图 4.4(a)给出了 MgH_2总态密度及各原子的分波态密度。可以看出 MgH_2费米能级以下的成键峰是 Hs、Mgp 及少量 Mgs 杂化而成的。$LiBH_4$[图 4.4(b)]价带有两个成键峰,低能区的由 B—H 成键贡献,接近费米能级的成键峰是由 B—H 和B—Li 成键贡献。从 $LiNH_2$的总态密度和各原子的分波态密度可以看出[图 4.4(c)],$LiNH_2$有三个成键峰,接近费米能级的成键峰主要是由 Li—N 成键贡献,而第二、第三个峰由 N—H 成键贡献,N—H 键断开需电子从费米能级下第二峰跃迁到导带,其能量间隔很大,因此 $LiNH_2$带隙虽很窄,其释氢温度也很高。在 $LiNH_2$中 Li—N 键强度弱,Li—N 键断开,会留下 N—H 团簇,这可以解释 $LiNH_2$释氢过程中总会伴随 NH_3 的产生。图 4.4(d)是 $NaAlH_4$ 的总态密度和各原子的分波态密度。$NaAlH_4$的态密度分布与 $LiBH_4$类似,接近费米能级的成键峰主要是 Al—H 成键而成,只是其带隙比 $LiBH_4$的窄。

图 4.5 给出了$(MgTi)H_2$、$(LiMg)BH_4$、$(LiMg)NH_2$、$(NaMg)AlH_4$合金的态密度图。四个图都有两个明显的特征,即费米能级都进入导带,带隙明显变窄。按前边的观点:能隙越宽,晶体中结合最弱的键上的电子被束缚得越强烈,那么合金元素掺杂,储氢合金中结合最弱的键变得更弱,这样就降低了释氢温度。仔细观察图 4.5 中各图,发现 MgH_2掺 Ti,使原带隙中出现一尖峰,这使得 MgH_2的带隙大大降低,使得 H—Mg 或 H—Ti 键上电子(原价带顶电子)跃迁到导带变得非常容易,即 H—Mg 或 H—Ti 键容易断开,降低了释氢温度;再看掺 Mg 的 $LiBH_4$态密度图,受掺杂 Mg 的影响,态密度原带隙接近导带底处出现一小尖峰,这同样使 H—B 或 Li(Mg)—B 键键强减弱,降低释氢温度;同样镁掺杂使 $(LiMg)NH_2$和$(NaMg)AlH_4$的带隙有所减小(对 $NaAlH_4$带隙影响大),从而使它们的释氢性质有所改善。

3) 电荷布居

电荷布居可以对原子间成键的强弱进行定量说明,根据电荷布居的数值来判定原子之间成键的强弱。表 4.3 给出了四种储氢材料及其合金的 X—H 原子间的电荷布居数。从表 4.3 可以看出 MgH_2及其合金电荷布居数为负值,说明 Mg—H、Ti—H 键不是共价键,我们已经知道 MgH_2是离子化合物,所以计算合理。其他几种储氢材料及其合金都是共价化合物。$LiBH_4$中 B—H 的电荷布居为 1.02,电荷密度重叠最大;$LiNH_2$中 N—H 的电荷布居为 0.76,最小;说明 B—H 表现为强共价键,N—H 的共价键最弱,说明 $LiBH_4$中氢最难放出,而 $LiNH_2$中氢相对容易放出,这与实验结果是一致的。合金元素掺杂后,储氢材料中 X—H 键的电荷布居都有所降低,但$(LiMg)BH_4$和$(NaMg)AlH_4$的仍很高,因此从降低释氢温度角度,发展 $LiNH_2$储氢材料最有利。

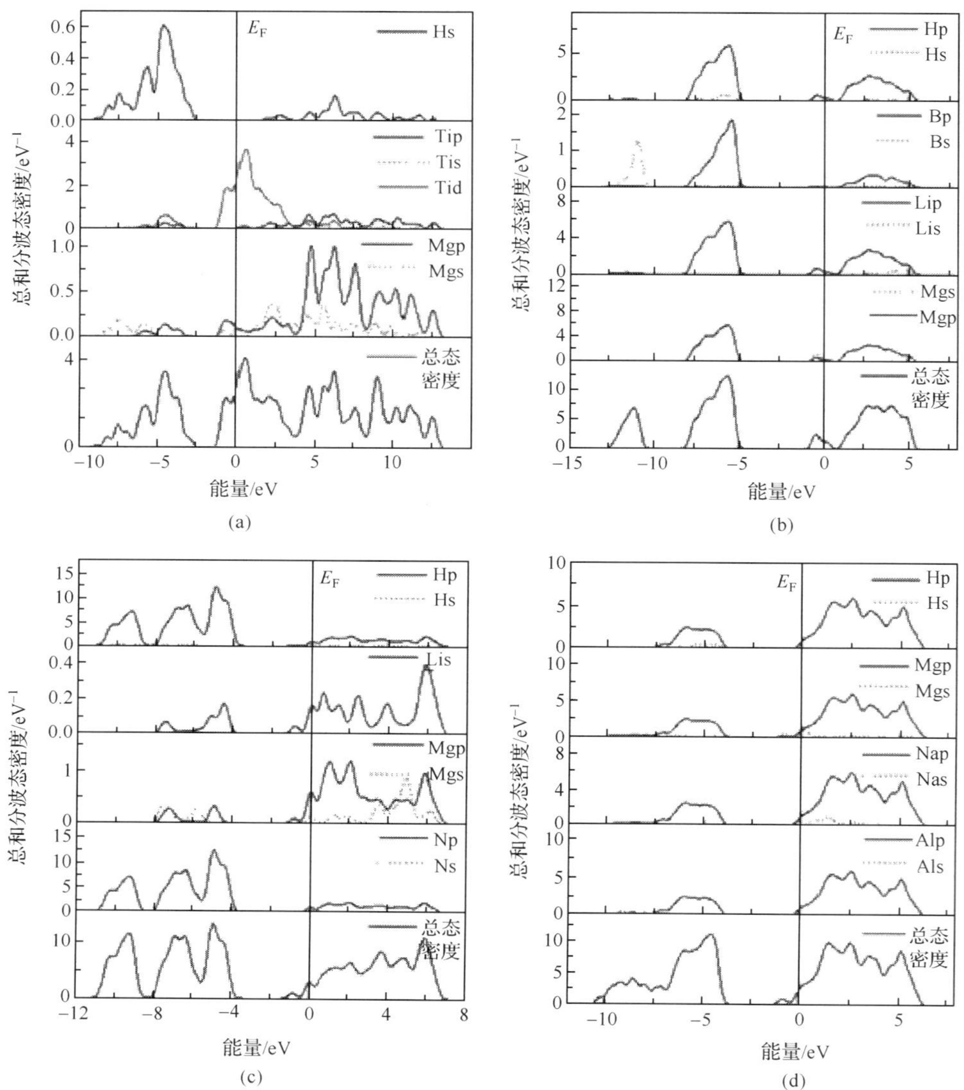

图 4.5 MgH_2、$LiBH_4$、$LiNH_2$、$NaAlH_4$合金的总态密度和原子的分波态密度

表 4.3 四种储氢材料及其合金中原子间的电荷布居

储氢材料及其合金	X—H	X—H 间的电荷布居	储氢材料及其合金	X—H	X—H 间的电荷布居
MgH_2	Mg—H	−0.28	$(MgTi)H_2$	Mg—H	−0.41
$LiBH_4$	B—H	1.02	$(LiMg)BH_4$	B—H	0.84
$LiNH_2$	N—H	0.76	$(LiMg)NH_2$	N—H	0.73
$NaAlH_4$	Al—H	0.85	$(NaMg)AlH_4$	Al—H	0.81

3. 结论

采用基于密度泛函理论的赝势平面波第一原理方法，研究了 MgH_2、$LiBH_4$、$LiNH_2$、$NaAlH_4$几种高密储氢材料及其合金的释氢及影响机理，得出以下四个结论。

(1) MgH_2、$LiBH_4$、$LiNH_2$、$NaAlH_4$几种高密储氢材料都比较稳定，释氢温度都很高；通过合金化可以降低储氢材料的稳定性，改善其释氢性能。研究还发现影响高密度储氢材料释氢温度的关键因素不是系统稳定性。

(2) 通过对态密度分析发现带隙的宽窄基本可以表征储氢材料成键的强弱，能隙越宽，晶体中结合最弱的键上的电子被束缚得越强烈，断开就越难。$LiBH_4$带隙最宽，因此它的释氢温度也最高。$LiNH_2$价带顶成键峰主要由 Li—N 成键贡献，N—H 构成键较低的峰，使得 $LiNH_2$储氢材料的带隙虽很窄但释氢温度较高，且放氢过程中有氨气放出。

(3) 合金化使得几种高密度储氢材料的带隙变窄，费米能级进入导带，从而使它们的释氢性能大大改善。

(4) 电荷布居分析发现，MgH_2是离子化合物，$LiBH_4$、$LiNH_2$、$NaAlH_4$是共价化合物。$LiBH_4$中 B—H 键最强，$LiNH_2$中 N—H 键最弱，因此 $LiNH_2$中氢相对容易放出。合金化后，各储氢材料中 X—H 键强度都有所降低，且(LiMg)NH_2中 N—H 键强度最低，因此从降低释氢温度角度，发展 $LiNH_2$储氢材料最为有利。

4.2.2 $LiNH_2$释氢影响机理研究[42,43]

$LiNH_2$作为储氢材料，理论上总的储氢量为 10.4%，在 200～320℃放氢量是 6.3%。可见 Li-N-H 储氢材料具有较高的储氢量和较温和的释氢条件。但其释氢温度还是相对较高。因此 Li-N-H 作为储氢材料还要进一步提高材料的储氢量和降低材料释氢反应温度。为了改善 $LiNH_2$储氢性能，降低其释氢反应温度，人们尝试用其他金属替代部分 Li，形成 Li(M)NH_2(M＝Mg、Ca、Na、Al 等)，如 Nakamori 和 Orimo[44] 将 $LiNH_2$中部分 Li 用 Mg 替代，释氢温度降低了大约 50℃，当 30% 的 Li 被 Mg 取代后，开始释氢温度降低了大约 100℃。LiH 和 $Mg(NH_2)_2$ 的混合物(比例为 2∶1)储氢性能较好，它在 100℃下即开始反应，150～250℃范围内释氢质量分数超过 5%[45]。可见 $Mg(NH_2)_2$的释氢性能也不很理想。于是人们利用碱金属和碱土金属的氢化物替代氢化锂开展研究。Xiong 等[46]报道 $Mg(NH_2)_2$＋NaH 在 100℃开始放氢，160℃为释氢高峰。Liu 等[47]研究发现 $Mg(NH_2)_2$＋$2CaH_2$开始放氢为 50℃。但与 $LiNH_2$＋ 2LiH 系相比，用碱金属和碱土金属的氢化物替代氢化锂可以降低释氢反应温度，它们的放氢量又不是很理想。要想得到具有较低释氢温度和较高储氢量的 M-N-H 系储氢材料，必须对该系的储放氢机理及元素替代行为进行综合研究。目前对 $LiNH_2$系储氢材料的理论研究正在展开，相关元素的替代计算工作也不少，但对多种元素共同替代行为的研究目前还未见报道。

本书应用基于密度泛函的第一原理方法，研究合金元素 Mg、Al、Ca、Na、P、B、C 的替代或共同替代对 $LiNH_2$ 系储氢材料储氢性能的影响。材料的成分往往决定其性能，成分替代对改变材料释放氢温度有很大作用。明确替代元素的作用机理可以优化掺杂剂种类及掺杂过程，提高储氢材料的性能，为研制释氢温度低、储放氢量大的储氢材料提供理论基础。这些研究结果对 Li-N-H 系储氢材料的设计和优化具有重要意义。

1. 计算模型与理论方法

$LiNH_2$是一种具有体心立方的结构的储氢合金，空间群为 I-4，点阵常数为$a=b=5.037$nm，$c=10.278$nm，夹角 $\alpha=\beta=\gamma=90°$。其中 Li1 占 2a 位（0.0000，0.0000，0.0000），Li2 占 2c 位（0.0000，0.5000，0.2500），Li3 占 4f 位（0.0000，0.5000，0.0042），N 占 8g 位（0.2284，0.2452，0.1148），H1 占 8g 位（0.2260，0.1490，0.1720），H2 占 8g 位（0.3080，0.3590，0.1140）[48]。图 4.6(a)给出了$LiNH_2$的晶胞结构。为了解决 $LiNH_2$ 中 Mg、Al 原子的占位和原子替代个数问题，建立了超晶胞 1×1×1 结构模型。Mg、Al 原子取代不同格位的 Li 原子时，对体系的能量进行比较，总能最低的时候，也就是最有可能形成的体系，便可以确定 Mg、Al 原子占据的位置。Mg 替代 2c 格位的一个 Li 原子，Al 替代 2c 格位的一个 Li 原子。如图 4.6(b)所示，用 Al 原子取代一个 Li 原子，即可得到 Al 的 1/8 掺杂，同样方法，用 Mg 原子取代一个 Li 原子，即可得到 Mg 的 1/8 掺杂。Mg 和非

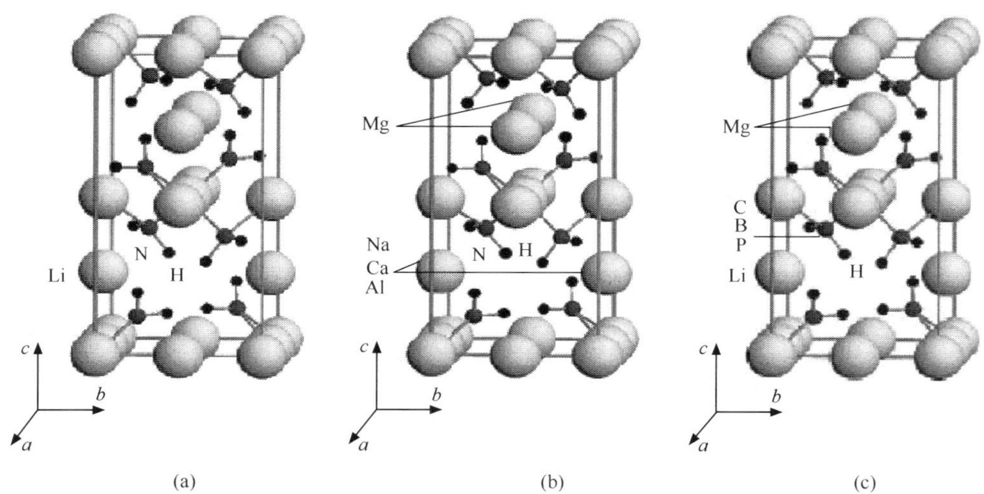

图 4.6　$LiNH_2$的原子结构模型

金属替代时，Mg 的位置不变，C、B、P 分别替代 8g 位的一个 N 原子，如图 4.6(c) 所示。

计算仍采用 CASTEP 软件包完成[40]。计算时，动能截断点取 340.0eV，K 点网格数取 5×5×2，体系总能量的收敛值取 1.0×10^{-5} eV/atom，作用在每个原子上的力低于 0.03eV/Å①，公差偏移小于 1.0×10^{-3} Å，应力偏差小于 0.05GPa。计算中各原子外层电子的电子组态分别为 H 1s、Al $3s^2 3p$、Mg $3s^2$、N $2s^2 2p^3$、Li 2s。

2. 结果及分析

1) 结合能

结合能对于分析材料的稳定性有着重要意义，晶体的结合能可以用来表征晶体的键合强度，比较晶体结合力。晶体结合能定义为

$$E_b = (E_n - E_{tot})/n$$

式中，E_{tot}为晶体的总能量；E_n为组成这块晶体的原子处于自由状态时的总能量；n为晶体中的原子数目。

表 4.4 给出了各个系统的结合能，其中 $LiNH_2$结合能为 4.8446eV/atom，在各个系统中最大、最稳定。元素替代后的各个系统的结合能都有不同程度的降低，说明系统都变得不稳定了，即替代使 $LiNH_2$得到了活化，有利于氢的释放。

表 4.4　系统的结合能和总能

系统	E_{tot}/eV	E_b/(eV/atom)
$LiNH_2$	−3967.6115	4.8446
$Li(Mg)NH_2$	−5540.7983	4.7583
$Li(Mg,Ca)NH_2$	−5566.5230	4.7584
$Li(Mg,Na)NH_2$	−5868.0960	4.7568
$Li(Mg,Al)NH_2$	−4618.4490	4.7669
$Li(Mg)N(B)H_2$	−4557.4626	4.6802
$Li(Mg)N(C)H_2$	−4636.5491	4.7884
$Li(Mg)N(P)H_2$	−4660.9712	4.6498

2) 态密度

态密度反映了单位能量间隔内电子可能的状态数，对于分析材料中原子间成键和材料特性有重要的意义。为了分析替代元素对 $LiNH_2$电子结构的影响，计算了 $LiNH_2$、$Li(Mg,Al)NH_2$和 $Li(Mg)N(C)H_2$的总态密度及相应原子的分波态密度。

图 4.7 是 $LiNH_2$的总体态密度和各元素的分波态密度(绘图时以费米能级能

① 1Å=0.1nm。

量为能量零点)，可以看出 $LiNH_2$ 的能带结构存在价带和导带，在 0～3eV 之间，存在带隙，费米能级处于价带顶，具有典型的非金属特征。在费米能级以下的成键区内，态密度大部分来自 H-1s、N-2p、Li-2p 和 Li-2s 轨道。在 $LiNH_2$ 的总体态密度中有三个成键峰，在费米能级下，－6.5～－5eV，H-1s 和 N-2p 态密度有明显的共振，H-1s 和 N-2p 杂化共同贡献较低的成键峰。在－3～－1.5eV 的成键峰主要是 H-1s、Li-2p、N-2p、N-2s 共同杂化贡献较高的成键峰。－1.5～0eV 最高的成键峰，主要是 Li-2s、Li-2p 和 N-2p 杂化共同贡献的。N—H 键主要是 H-1s 和N-2p 电荷相互杂化作用的结果。N—Li 键主要来自 N-2p 和 Li-2p 态、Li-2s 态的电荷杂化作用的结果。在费米能级以上的非键区态密度，主要来自 H-1s、Li-2s、Li-2p 轨道的贡献。

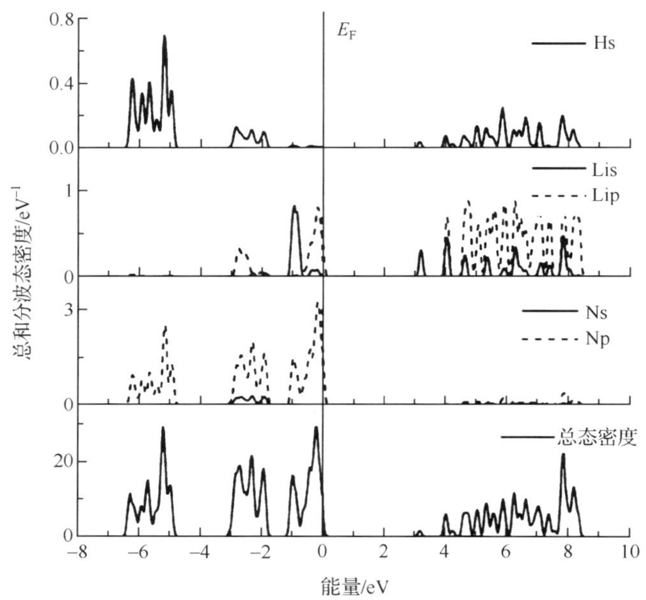

图 4.7 $LiNH_2$ 的总态密度及 Li、N、H 的分波态密度

从图 4.8 Li(Mg,Al)NH_2 的总态密度和各分波态密度图可以看出，Mg、Al 同时替代 $LiNH_2$ 中部分 Li 时，Li(Mg,Al)NH_2 费米能级进入导带，表现出一定的金属性。在－8～－5eV，Li-2p、N-2p、Mg-3s、Al-3p 轨道相互杂化作用成键。在－11～－9eV，H-1s、N-2p、Al-3s 共同杂化作用，形成下一个成键峰。在－9～－8eV，H-1s、N-2p、Al-3p 共同杂化作用，形成了第三个成键峰。

从图 4.9Li(Mg)N(C)H_2 的总态密度和各分波态密度图可以看出，Mg、C 同时替代 $LiNH_2$ 中部分 Li 和 N 时，Li(Mg)N(C)H_2 的费米能级处于原 $LiNH_2$ 能隙的中央，且在此处形成了一个新的成键峰，类似与半导体材料的受主能级，这一能

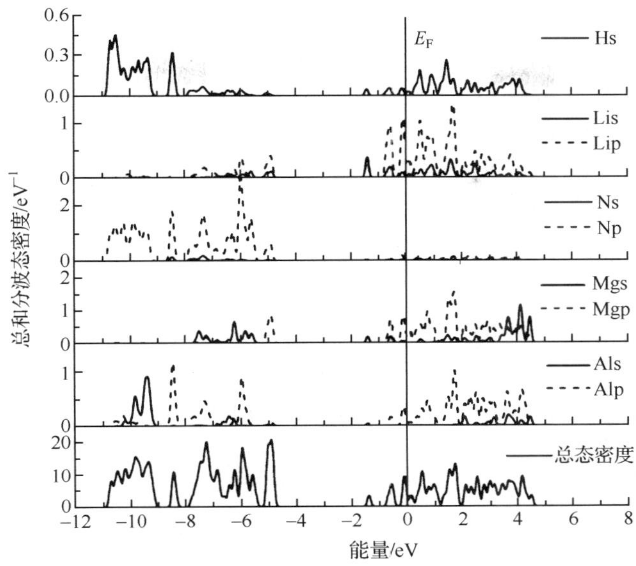

图 4.8　Li(Mg,Al)NH_2的总态密度及 Li、Mg、Al、N、H 的分波态密度

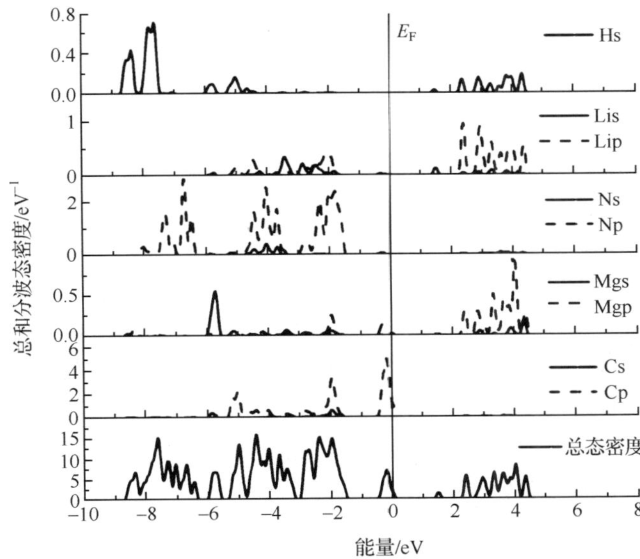

图 4.9　Li(Mg)N(C)H_2的总态密度及 Li、Mg、C、N、H 的分波态密度

级增大了 Li(Mg)N(C)H_2的金属性。与 $LiNH_2$的电子态密度图相比，原 $LiNH_2$能隙的中央的成键峰主要是由 Mg、C 杂化形成的。这样 Mg 和 C 同时替代导致 Li(Mg)N(C)H_2 晶体态密度曲线的能隙变窄。由于 E_F 能级处的价电子数 $N(E_F)$

与电子最高占有能级 HOMO 与最低空轨道能级 LUMO 的差值(即 HOMO-LUMO 能隙 ΔE_{H-L})的大小可被用来表征晶体与团簇结构稳定性的高低，$N(E_F)$ 越小或 HOMO-LUMO 能隙 ΔE_{H-L} 越大，则晶体或团簇结构稳定性越高，因此 $LiNH_2$ 由于元素替代 E_F 处电子浓度 $N(E_F)$ 的增加和能隙的变窄，导致 Li(Mg, Al)NH_2 和 Li(Mg)N(C)H_2 晶体结构稳定性相对于 $LiNH_2$ 体系大幅降低，说明 Mg、C 原子的替代可以提高 $LiNH_2$ 的释氢能力。

3) 密集数(电荷布居)

态密度能够分析原子间成键的情况，并且能够积分出电子的数目，从而确定电子在每个原子轨道上的分布情况。但是对于原子间成键的强弱很难定量说明，所以进行电荷布居分析，根据电荷布居的数值来判定成键的强弱。

表 4.5 给出了各个系统中 Li—N 原子间的电荷布居数和 N—H 原子间单位键长上的电荷布居数。Li—N 间的电荷布居为 0.095，N—H 间单位键长上的电荷布居为 0.800nm^{-1}，N 和 H 之间电荷密度重叠较大，表现为强共价键。

表 4.5 每一体系中原子间的密集数

体系	Li—N 间密集数	N—H 原子间单位键长上的密集数/nm^{-1}
$LiNH_2$	0.095	0.800
Li(Mg)NH_2	0.190	0.746
Li(Mg,Ca)NH_2	0.176	0.759
Li(Mg,Na)NH_2	0.198	0.792
Li(Mg,Al)NH_2	0.213	0.539
Li(Mg)N(B)H_2	0.203	0.808
Li(Mg)N(C)H_2	0.193	0.737
Li(Mg)N(P)H_2	0.234	0.795

$LiNH_2$ 中部分 Li 被 Mg 取代形成 Li(Mg)NH_2，或被 Mg、Ca，Mg、Na、Mg、Al 同时取代形成 Li(Mg,Ca)NH_2、Li(Mg,Na)NH_2、Li(Mg,Al)NH_2，从表 4.5 可见各体系的 N—H 单位键长的电荷布居数与 $LiNH_2$ 中 N—H 的单位键长的电荷布居数相比都有所减小，且 Li(Mg,Al)NH_2 的 N—H 单位键长的电荷布居数最小，为 0.539nm^{-1}。$LiNH_2$ 部分 Li 被 Mg，N 被 B、P、C 同时替代时得到 Li(Mg)N(B,P,C)H_2，从表 4.5 可以看出，在非金属替代中，C 元素替代时，N—H 单位键长的电荷布居数最小，为 0.737nm^{-1}，也就是 N—H 键的作用最弱。总之，在所有的元素替代中，Mg、Al 元素同时替代时，N—H 单位键长的电荷布居数最小，说明 N—H 键的作用最弱，最有利于释氢。元素的电负性愈大，非金属性愈强，导致吸引电子的倾向愈大。Mg、Al 原子的电负性较大，吸引电子导致 N 贡献给 H 的电荷减少，于是 N—H 间的电荷重叠数减少，降低 N—H 键间的相互作用，达到降低

释氢温度的目的。

3. 结论

基于上面对 $LiNH_2$ 和 $LiNH_2$ 中 Li 或 N 被其他元素替代的各个系统的电子结构计算与分析，得出以下几点结论。

(1) 金属 Ca、Na、Al 分别替代 $Li(Mg)NH_2$ 中部分 Li 时，可以使得 N—H 间单位键长上的平均电荷重叠数降低，减弱 N—H 键的作用，且得出 Mg、Al 同时掺杂时的效果最好。可见元素替代可以降低放氢温度。

(2) 非金属 C、P、B 分别替代 $Li(Mg)NH_2$ 中部分 N 时，可以使得 N—H 间单位键长上的平均电荷重叠数降低，减弱 N—H 键的作用，降低放氢温度。其中 C 替代时效果最好，即在非金属替代中，$Li(Mg)N(C)H_2$ 系统的放氢温度最低。

(3) 电负性较大的 Mg、Al 金属元素替代 $LiNH_2$ 中 Li 时，Mg、Al 金属元素的电负性大，导致吸引电子的倾向愈大，N 贡献给 H 的电荷减少，N—H 间的电荷重叠数减少，降低 N—H 键间的相互作用，可以降低放氢温度。

总之，预测在 $LiNH_2$ 中，通过同时掺杂适量的 Mg、Al、C 元素，可以制备出具有较低的释氢温度的储氢材料。

4.2.3 Ti 催化剂对 $LiNH_2$ 释氢反应催化机理研究[43]

如前所述，Li-N-H 储氢材料具有较高的储氢量和较温和的释氢条件。但其释氢温度还是相对较高。因此 Li-N-H 作为储氢材料还要进一步提高材料的储氢量和降低材料释氢反应温度。Ichikawa 等[49,50]将 $LiNH_2$ 与金属元素如 Fe、Co、Ni 或 Ti 和 V 的氯化物催化剂机械球磨，研究发现 Fe、Co、Ni 没有明显的催化效果，$TiCl_3$ 显示优异的催化效果，可以有效地解决释放氢温度高的问题。Isobe 等[51]研究了不同的 Ti 的添加物对 Li-N-H 系储氢材料的催化效果，发现纳米 Ti、$TiCl_3$ 和 TiO_2 对 $LiNH_2$ 释氢反应催化效果较好。在 XRD 图上，混合物中没有 Ti^{nano}、$TiCl_3$ 和 ${TiO_2}^{nano}$ 的迹象。这些结果表明高度弥散分布 Ti^{nano}、$TiCl_3$ 和 ${TiO_2}^{nano}$ 是有效的催化剂。XRD 图上没有 Ti 及化合物的存在使我们假设 Ti 部分取代 Li 而固溶于晶格中，因 Ti 有较大的电负性易吸进电子形成 Ti—N 键。近几年，第一原理已用于从原子层次设计轻质储氢材料[52,53]。因此在此部分研究中，我们构造了部分 Li 原子被 Ti 取代的 $LiNH_2$ 原子结构模型，进行第一原理计算，以研究 Ti 催化剂的催化机理。

1. 计算模型与理论方法

$LiNH_2$、$Li(Ti)NH_2$ 晶体结构模型与图 4.6 类似，不再赘述。Li_2NH 空间群为 $F\bar{4}3M$，晶格常数 $a=0.50769$nm。每个晶胞中有 4 个分子。4c (0.25，0.25，0.25) 和 4d (0.75，0.75，0.75)格点被 Li 占据，4a (0，0，0) 位置是 N。H 占 16e (0.093，0.093，0.093)位置，16e 位只被 H 部分占据[图 4.10(c)][54]。四分之一 4c

(0.25,0.25,0.25) Li 被 Ti 取代。

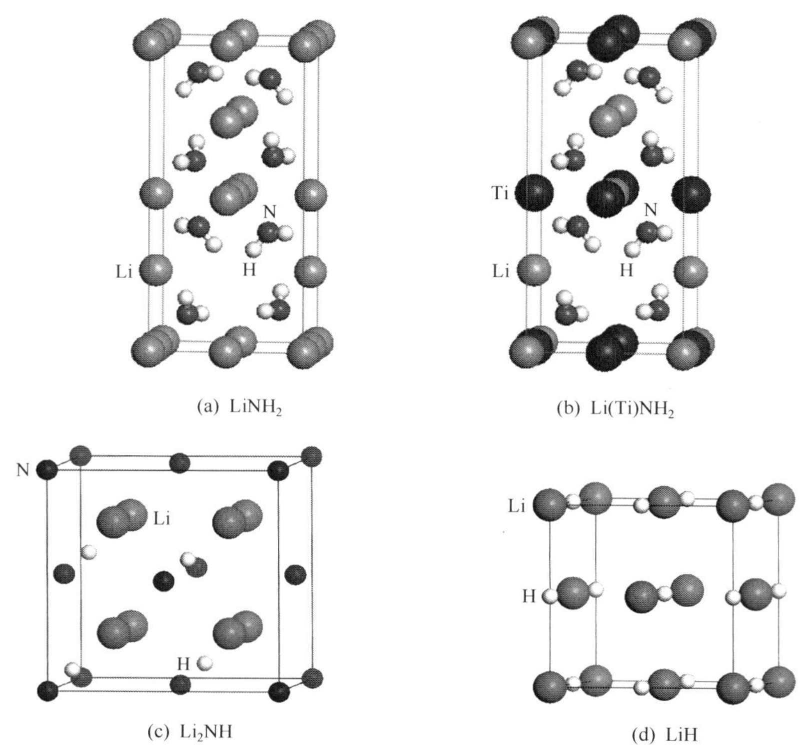

(a) $LiNH_2$ (b) $Li(Ti)NH_2$ (c) Li_2NH (d) LiH

图 4.10 $LiNH_2$、$Li(Ti)NH_2$、Li_2NH 和 LiH 的晶体结构

LiH 具有 NaCl 晶体结构,晶格常数 a=0.4037 nm。

计算也是采用 CASTEP 软件包完成。动能截断点取 310eV,K 点网格数取 4×4×2,自洽计算时,体系总能量的收敛值取 1.0×10^{-5} eV/atom,作用每个原子上的力低于 0.03eV/Å,公差偏移小于 1.0×10^{-3} Å,应力偏差小于 0.05GPa。计算中各原子外层电子的电子组态分别为 Li $2s^1$、N $2s^2 2p^3$、H $1s^1$、Ti $3d^2 4s^2$。

2. 结果及分析

1) 释氢反应激活能

$LiNH_2$氢化物形成和分解方程为

$$Li_3N + 2H_2 \longleftrightarrow Li_2NH + LiH + H_2 \longleftrightarrow LiNH_2 + 2LiH \tag{4.43}$$

通常,氢化是放热反应,而分解正好相反。

反应激活能是储氢体系氢化和释氢过程中吸收或释放的热量。释氢反应时,吸收的能量越少意味着释氢越容易。因此,为了理解 Ti 催化剂对 $LiNH_2$ 释氢反应的催化机理,式(4.43)释氢反应的激活能由下式给出:

$$\Delta Q_1 = \sum E_{tot}(\text{生成物}) - \sum E_{tot}(\text{反应物})$$
$$= E_{tot}(Li_2NH) + E_{tot}(LiH) + E_{tot}(H_2) - E_{tot}(LiNH_2) - 2E_{tot}(LiH) \quad (4.44)$$

Li(Ti)NH_2释氢反应方程为 Li(Ti)NH_2＋2LiH ⟶Li(Ti)$_2$NH＋LiH－H_2。Li(Ti)NH_2释氢反应激活能由下式计算：

$$\Delta Q_2 = E_{tot}[(LiTi)_2NH] + E_{tot}(LiH) + E_{tot}(H_2) - E_{tot}[Li(Ti)NH_2] - 2E_{tot}(LiH) \quad (4.45)$$

式中，E_{tot}（$LiNH_2$）、E_{tot}（LiH）、E_{tot}（Li_2 NH）、E_{tot}［Li（Ti）NH_2］和E_{tot}[$(LiTi)_2NH$]分别是 $LiNH_2$、LiH、Li_2NH、Li(Ti)NH_2和$(LiTi)_2$NH 的总能；H_2分子的总能 E_{tot}（H_2）由用 H_2 构造的 0.1nm 立方体优化得到，H_2 键长约为 0.0749nm。

从表 4.6 可以发现 Li(Ti)NH_2释氢反应激活能比 $LiNH_2$ 的低 10.7575 kJ/mol，比 $LiNH_2$的低，表明 Ti 催化剂的存在使 Li(Ti)NH_2＋2LiH ⟶$(LiTi)_2$NH＋LiH＋H_2反应比 $LiNH_2$＋2LiH ⟶Li_2NH ＋LiH＋H_2容易进行。

表 4.6　每单位分子的总能和反应激活能

体系	总能/eV	反应激活能/(kJ/mol)
$LiNH_2$	－495.9514	100.2909(1.0395eV)
Li(Ti)NH_2	－1202.2238	89.5334(0.9280eV)
LiH	－205.2530	—
Li_2NH	－668.4861	—
H_2	－31.6788	—
$(LiTi)_2$NH	－1374.8788	—

2）电子结构

图 4.11 和图 4.12 给出了 $LiNH_2$和 Li(Ti)NH_2的总态密度和分波态密度，以显示 Ti 对 $LiNH_2$电子结构的影响。

图 4.11 总态密度表明从费米能级(E_F)到－7.0eV 有 3 个成键峰。从－7.0～－4.8eV，这些峰由 Np 和 Hs 电子贡献。从－3.0～－1.8eV，成键峰包含三种原子的相互作用，Li—N 键主要由 s-p 和 p-p 作用贡献。从－1.2eV 到费米能级，有 2 个峰，主要由 Np、Lis 和 Lip 电子贡献。在费米能级到 4.0eV 间，有一大的能隙。能隙以下区域可看成价带，上面是导带。这些特点表明 $LiNH_2$是非金属。

图 4.12 是 Li（Ti）NH_2 总态密度和分波态密度。结果是通过将晶胞中 4f (0,0.5,0.0042) Li 用 Ti 代替。从图 4.12 可以看出 Li(Ti)NH_2总态密度和分波态密度与 $LiNH_2$的类似，有 3 组成键峰。不过由于 Ti 的合金化，Li(Ti)NH_2的

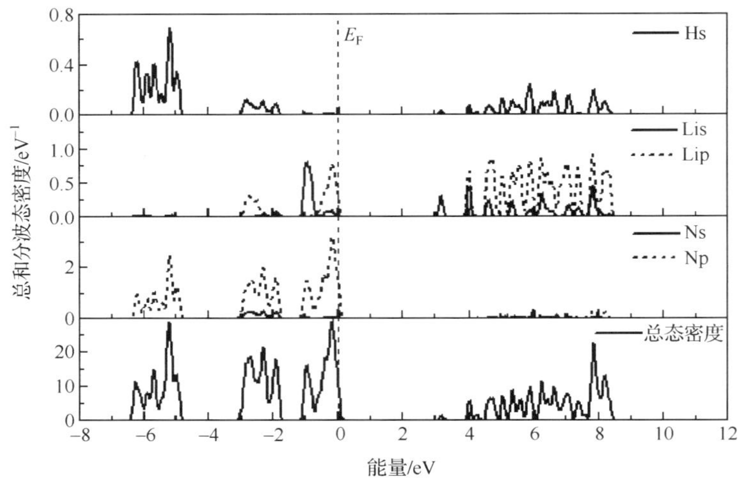

图 4.11　$LiNH_2$ 的总和分波态密度

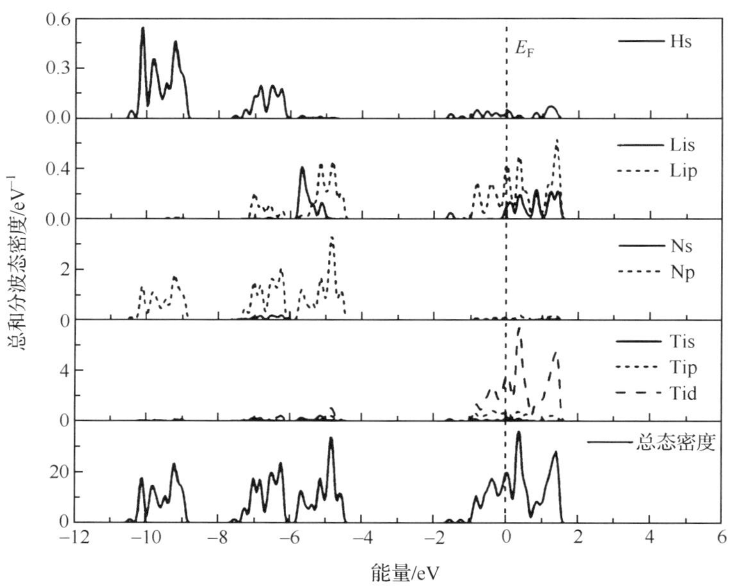

图 4.12　Li(Ti)NH_2 的总和分波态密度

成键峰移向低能区[从高能区(−6.5～0eV)移向低能区(−10.5～−4.5eV)],费米能级进入导带,于是 Li(Ti)NH_2变得类金属性。总态密度显示 3 个主要的成键峰集中于−10.5～−4.5eV 能区内。分波态密度分析表明−10.5～−8.7eV 间成键峰主要来源于 Hs 和 Np 电子,−7.5～−6eV 间成键来源于 Hs、Np 和 Lip 电子。−5.5～−4.5eV 间成键源于 Lis、Lip 和 Np 电子。

费米能级处价电子数 $N(E_F)$ 和费米能级附近 HOMO-LUMO 隙（ΔE_{H-L}）可用于讨论和判断晶体或团簇结构的稳定性[55,56]。$N(E_F)$ 越小或 ΔE_{H-L} 越大，晶体或团簇结构越稳定。因此，$Li(Ti)NH_2$ 低的稳定性归于 $N(E_F)$ 的增加和 ΔE_{H-L} 的减小。与 $LiNH_2$ 相比 $Li(Ti)NH_2$ 低的稳定性表明 Ti 的添加加速 $LiNH_2$ 释氢反应动力学，降低分解温度。

3）密集数（电荷布居）

为进一步分析成键性质，表 4.7 给出了 $LiNH_2$ 和 $Li(Ti)NH_2$ 的密集数。可以看出 $LiNH_2$ 的 N—H 间的平均密集数约为 0.8000nm^{-1}，表明 N—H 间成键是强共价键。$Li(Ti)NH_2$ 中 N—H 的平均密集数约为 0.7423nm^{-1}，它与 $LiNH_2$ 中的略有不同。N—H 间键强比 $LiNH_2$ 中的略有减弱。Ti 替位取代后，Li 和 N 间平均密集数从 0.0950 增加到 0.1050。

表 4.7　$LiNH_2$ 和 $Li(Ti)NH_2$ 的电荷布居分析

体系	Li—N	N—H
$LiNH_2$	0.0950	0.8000
$Li(Ti)NH_2$	0.1050	0.7423

所有这些特性表明 Ti 替位取代降低了 N—H 间的键强。因此，从电子结构角度，$LiNH_2$ 释氢温度的降低可归于 N—H 间的键强的减弱。由此我们可以推论，任何可以减弱 N—H 键强的催化剂或掺杂剂都是降低 $LiNH_2$ 释氢温度的合适的候选。

3. 结论

应用平面波赝势第一原理方法研究了 Ti 催化剂对 $LiNH_2$ 释氢反应催化机理。将 1∶1（摩尔比）的 $LiNH_2$ 和 LiH 再添加少量的（1%，摩尔分数）Ti^{nano}、$TiCl_3$ 和 TiO_2^{nano} 机械球磨，结果表明 Ti 通过部分元素替代方式进入 $LiNH_2$。通过计算 $LiNH_2$ 和 $Li(Ti)NH_2$ 释氢反应激活能和电子结构，结果表明 Ti 取代可以减小 $LiNH_2$ 的释氢反应激活能，改善 $LiNH_2$ 的释氢性能。相对于 $LiNH_2$，$Li(Ti)NH_2$ 低的结构稳定性主要源于 Ti 替位使费米能级处价电子数 $N(E_F)$ 增加和费米能级附近 HOMO-LUMO 能隙（ΔE_{H-L}）减小。Ti 替位对 $LiNH_2$ 释氢动力学性能催化影响主要归于 N—H 化学键强度减弱，这导致 $LiNH_2$ 释氢温度降低。

4.2.4　$Li_4BN_3H_{10}$ 储氢材料释氢影响机理和催化机理的第一原理研究

氢金属氢化物（MgH_2，储氢量为 7.6%）和络合物储氢材料（$NaAlH_4$、$LiBH_4$、$LiNH_2$ 等，$LiBH_4$ 理论储氢量高达 18.5%）是两类有前途的高密度储氢材料，但它们存在放氢温度高、吸放氢动力学性能差、$LiNH_2$ 反应会生成副产品（NH_3）且反应不可逆等缺点，因此还不能进行实际应用。将 $LiBH_4$ 和 $LiNH_2$ 混合可复合形成新的化合物 $Li_3BN_2H_8$、$Li_4BN_3H_{10}$，理论上两化合物可释放出 11.9%、8.9% 的氢气[57,58]。该反应方程式为

$$LiBH_4 + 2LiNH_2 \longrightarrow Li_3BN_2H_8 \longrightarrow Li_3BN_2 + 4H_2 \tag{4.46}$$

$$LiBH_4 + 3LiNH_2 \longrightarrow Li_4BN_3H_{10} \longrightarrow Li_3BN_2 + 1/2Li_2NH + 1/2NH_3 + 4H_2 \tag{4.47}$$

另外在 $LiBH_4 + 2LiNH_2$ 中添加 $NiCl_2$ 可使放氢温度降低到 120℃，且氨气的释放量比 $LiNH_2$ 降低一个数量级。可见，LiBNH 四元储氢材料无论在储氢量还是在释氢温度方面都有望达到国际能源组织提出的目标，是一种有潜力的储氢材料。尽管两种氢化物复合对提高实际储氢量和降低释氢温度都有益处，但其放氢温度仍较高（稳定放氢温度仍高于 100℃），$LiNH_2$ 和 $LiBH_4$ 的反应是不可逆的，在放氢过程中仍放出一定量的氨气，最大的问题是复合储氢材料的吸放氢速率太慢。针对这些问题，要进一步降低其释氢温度和提高吸放氢速率，就要降低 $Li_4BN_3H_{10}$、$Li_3BN_2H_8$ 的稳定性。Siegel 等[59]通过第一原理研究了 $Li_4BN_3H_{10}$ 的结构并计算了反应能，初步揭示了 $Li_4BN_3H_{10}$ 放氢动力学慢的机理。但没有提出改进的措施。本书研究 $Li_4BN_3H_{10}$ 的元素替代行为，从理论上预测改善 LiBNH 四元储氢材料的方法。

1. 计算模型与理论方法

$Li_4BN_3H_{10}$ 的晶体结构如图 4.13 所示，表 4.8 列出了其相应的参数。晶格常数为 $a=b=c=1.0656nm$，空间群为 $I2_13$；夹角 $\alpha=\beta=\gamma=90°$[60]。为了研究金属元素替代对 $Li_4BN_3H_{10}$ 稳定性的影响，用 Mg、Al、Ti、Ni 替代 $Li_4BN_3H_{10}$ 中同一个 Li 原子，图 4.13(b) 给出了 Ti 取代时的原子结构图。

同样采用基于密度泛函理论赝势平面波方法，先对模型的晶体结构进行完全的几何优化，以求得它们的局域最稳定结构。优化结束时，体系总能量的收敛值取 5.0×10^{-5} eV/atom，作用在每个原子上的力低于 0.1eV/nm，公差偏移小于 5.0×10^{-4} nm，应力偏差小于 0.2GPa。

表 4.8　$Li_4BN_3H_{10}$ 晶体结构参数[60]

原子	位置	占据几率	坐标 X	坐标 Y	坐标 Z
N1	12b	1.0	0.2544	0.0	0.25
N2	12b	1.0	0.7895	0.0	0.25
B	8a	1.0	0.0285	0.0285	0.0285
Li1	24c	0.58	0.1068	0.3775	0.1587
Li2	24c	0.75	0.3755	0.1493	0.3311
H1	24c	1.0	0.2783	0.0943	0.2333
H2	24c	1.0	0.7693	0.0962	0.2584
H3	8a	1.0	0.0883	0.088	0.088
H4	24c	1.0	−0.0326	−0.0327	0.0882

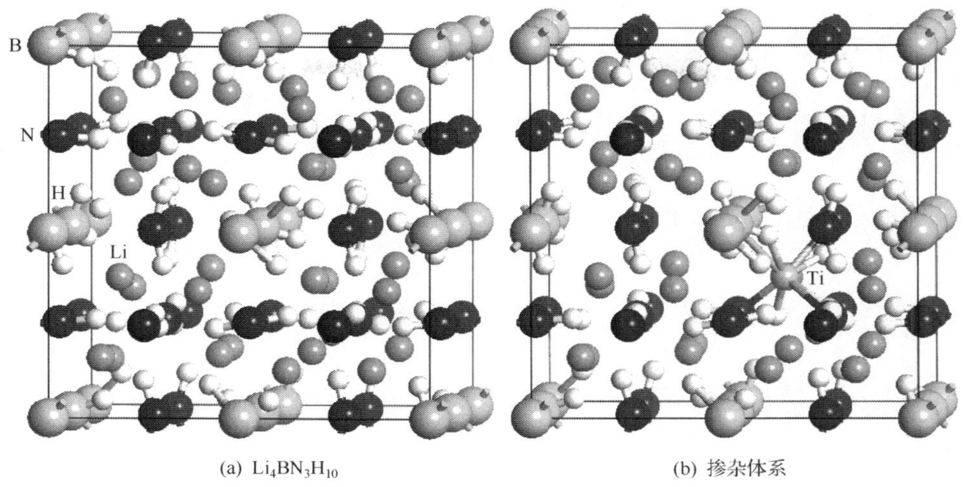

(a) $Li_4BN_3H_{10}$　　(b) 掺杂体系

图 4.13　$Li_4BN_3H_{10}$及其掺杂体系的原子结构模型

2. 结果及分析

1) 结合能

表 4.9 给出了 $Li_4BN_3H_{10}$及其掺杂体系的结合能。从表中可以看出只有镁掺杂可以使结合能降低，Ni、Al、Ti 都不能降低 $Li_4BN_3H_{10}$的稳定性。然而实验证明 $NiCl_2$对 $Li_4BN_3H_{10}$有较好的催化效果，结合能无法揭示此实验现象。这有两种可能的原因，一是 $NiCl_2$催化作用不是通过 Ni 替位 Li 引起，而是由其他机制产生；二是由于晶体的结合能是指晶体分解成孤立原子时需要的能量，而 $Li_4BN_3H_{10}$释氢反应中不是所有化学键都断开，只有部分键断开，然后形成几种化合物或气体。

表 4.9　系统的结合能

体系	结合能/(eV/atom)
$Li_4BN_3H_{10}$	4.2127
$Li(Mg)_4BN_3H_{10}$	4.1966
$Li(Al)_4BN_3H_{10}$	4.2687
$Li(Ni)_4BN_3H_{10}$	4.2514
$Li(Ti)_4BN_3H_{10}$	4.2743

2) 态密度

态密度对于分析材料中的原子成键和材料特性有重要的意义。通过计算给出了 $Li_4BN_3H_{10}$(图 4.14)及元素替代后(图 4.15)的总态密度及相应原子的分波态密度。从图 4.14 可以看出，$Li_4BN_3H_{10}$的能带结构存在价带和导带，在 0.2～2.5eV 存在带隙，具有典型的非金属特征。在费米能级以下的成键区，总态密度中有四个成键峰。在－17～－12.5eV，Li、B、N 杂化共同贡献较低的成键峰。在－10～－9eV，B 和 H 有明显的共振。在－9～－2.5eV，成键峰主要是 B、N、H 杂化共同贡献的。在－2.5～0eV，Li、N 共同杂化贡献较高的成键峰。

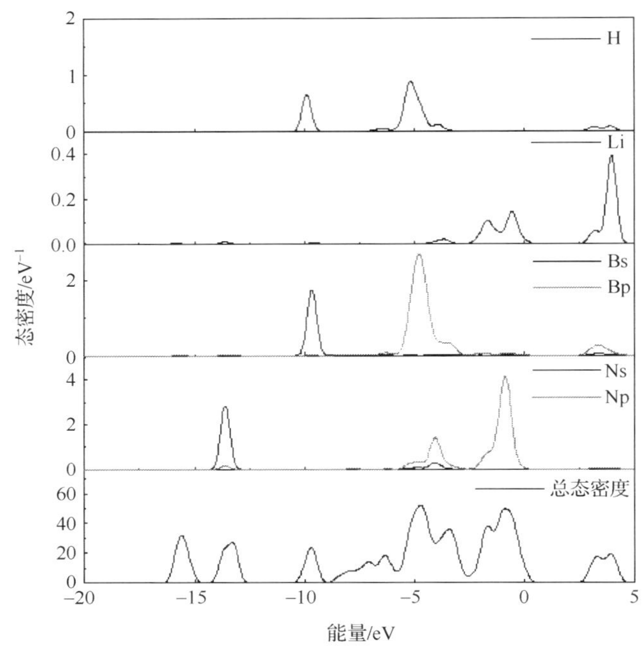

图 4.14 $Li_4BN_3H_{10}$的总态密度和各原子的分波态密度

为了分析替代元素对 $Li_4BN_3H_{10}$电子结构的影响，计算了 $Li(Mg)_4BN_3H_{10}$、$Li(Ti)_4BN_3H_{10}$、$Li(Ni)_4BN_3H_{10}$、$Li(Al)_4BN_3H_{10}$的总态密度及相应原子的分波态密度。

图 4.15 给出了 $Li(Mg)_4BN_3H_{10}$、$Li(Ti)_4BN_3H_{10}$、$Li(Ni)_4BN_3H_{10}$、$Li(Al)_4BN_3H_{10}$的总态密度及相应原子的分波态密度。四个图都有两个明显的特征，即费米能级都进入导带(态密度绘图以费米能级为零点)或位于导带底，带隙明显变窄，掺 Al 或 Ni 时，带隙几乎被杂质能级充满。表现出一定的金属性。能隙越宽，晶体中结合最弱的键上的电子被束缚得越强烈。那么元素掺杂后，储氢材料中结合最弱的键变得更弱，这样就降低了释氢温度。仔细观察图 4.13 中各图，发现掺杂 Mg、Al、Ni 元素后，使原带隙中出现一小尖峰，这使得 $Li_4BN_3H_{10}$的带隙大大降低，使得 H—B、N—H 或 Li(Mg,Al,Ni)—B(N)键键强减弱，降低释氢温度，从而使它们的释氢性质有所改善。比较 $Li(Ni)_4BN_3H_{10}$和 $Li(Ti)_4BN_3H_{10}$态密度图，可以看出，Ti 没能在带隙中引入杂质能级，它对 H—B，N—H 键强度的影响不如 Ni，这可以解释 $NiCl_2$催化剂对 LiBNH 系储氢材料催化效果比 $TiCl_3$好。

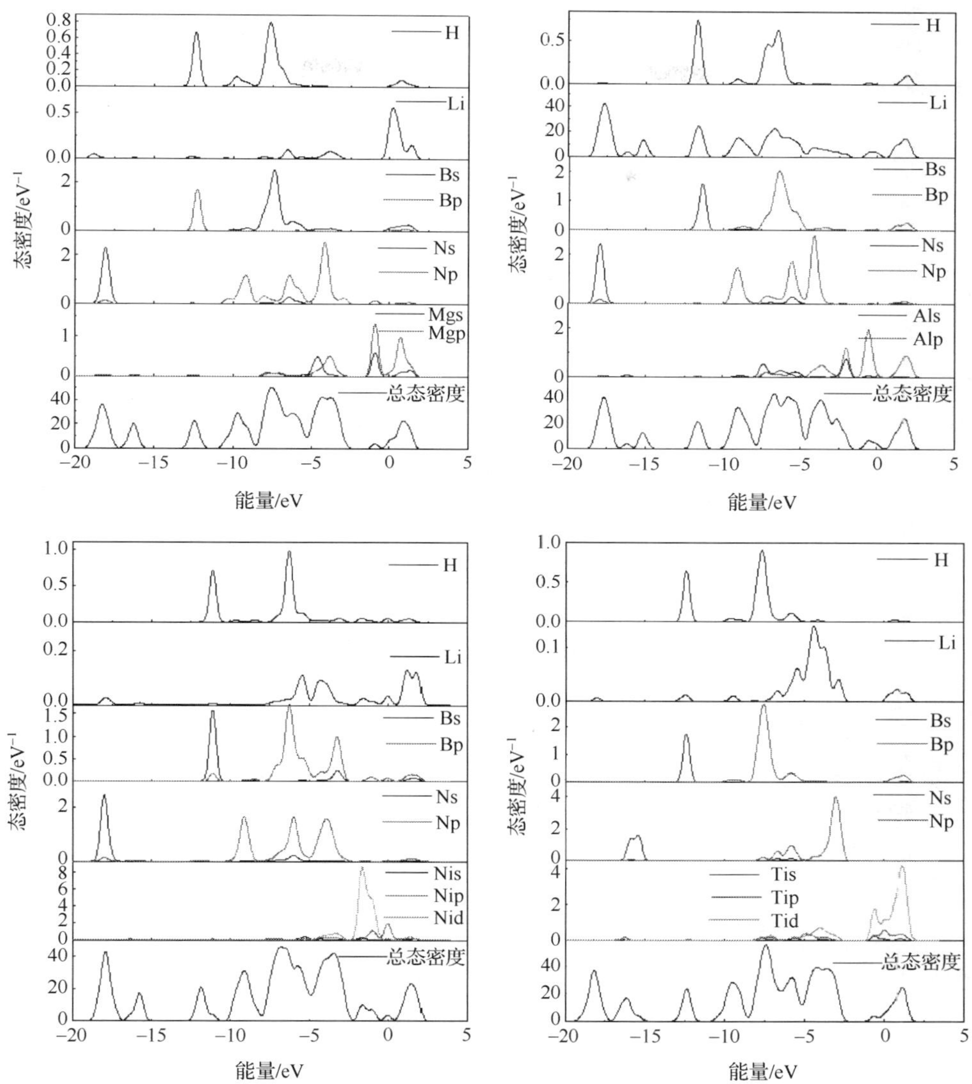

图 4.15 元素替代后的总态密度和原子的分波态密度

3）电荷布居

电荷布居可以对原子间成键的强弱进行定量说明，根据电荷布居的数值来判定原子之间成键的强弱。表 4.10 给出了各体系中最弱的 B—H、N—H 键的电荷布居数。B—H、N—H 键密集数为正，说明它们是强共价键；元素替代后各体系的 N—H、B—H 间单位键长上的密集数都有所减小，且 $Li(Al)_4BN_3H_{10}$ 的 N—H 间单位键长上的密集数最小（为 0.5664）；$Li(Ni)_4BN_3H_{10}$ 中 B—H 的电荷布居数最小(为 0.6793)。另外,从表 4.10 还可以看出,Ni 的替代不仅使 B—H 键上的氢原子容易放出,同时也可使 N—H 键上的氢比较容易放出,这可以解释 $Li_4BN_3H_{10}$储氢材料应用 $NiCl_2$催化效果最好的原因。

表 4.10 体系中原子间单位键长上的密集数(最弱键)

体系	B—H	N—H
$Li_4BN_3H_{10}$	0.8363	0.6712
$Li(Mg)_4BN_3H_{10}$	0.7258	0.5851
$Li(Al)_4BN_3H_{10}$	0.7826	0.5664
$Li(Ni)_4BN_3H_{10}$	0.6793	0.6303
$Li(Ti)_4BN_3H_{10}$	0.7539	0.6173

3. 结论

采用基于密度泛函理论的赝势平面波第一原理方法研究了 Mg、Al、Ti、Ni 替代元素对 $Li_4BN_3H_{10}$释氢的影响机理,得出以下几个结论。

(1) 晶体的结合能与$(LiM)_4BN_3H_{10}$(M=Ni,Ti,Al,Mg)释氢性能没有直接的关联。

(2) 通过对态密度分析发现带隙的宽窄和带隙中是否存在杂质能级是决定$(LiM)_4BN_3H_{10}$储氢材料释氢性能的关键因素。能隙越宽,晶体中结合最弱的键上的电子被束缚得越强烈,断开也就越难。如 $Li_4BN_3H_{10}$带隙最宽,因此它的释氢温度也最高。Mg、Al、Ni 元素掺杂在带隙中引入杂质能级,使费米能级进入导带,化学键强度减弱,从而使 $Li_4BN_3H_{10}$的释氢性质有所改善。Ti 没能在带隙中引入杂质能级,它对 H—B、N—H 键强度的影响不如 Ni,这可能是 $NiCl_2$催化剂对 LiBNH 系储氢材料催化效果比 $TiCl_3$好的原因。

(3) 电荷布居分析发现,元素替代使$(LiM)_4BN_3H_{10}$各体系的 N—H、B—H 间单位键长上的密集数都有所减小,改善了材料的释氢性能。Ni 的替代可使 B—H 和 N—H 键上的氢原子都容易放出,这也可解释 $NiCl_2$ 对 $Li_4BN_3H_{10}$储氢材料催化效果最好的原因。

4.3 本章小结

第一原理计算应用于储氢材料体系,对于筛选性能优良的储氢系统,解释释氢性能影响机理、催化反应机理等方面,具有原子分子层次的深入分析和准确度高等优势,在储氢材料的研究领域中正发挥着越来越重要的作用。目前,第一原理计算还无法模拟真实完整的材料体系,难以直接指导设计高性能的新型储氢材料。因此,需要发展更高效、更接近实际体系的理论计算方法以及高性能的计算机硬件设备，并结合实验数据和半经验准则来提高理论指导新储氢材料设计的水平。相信在将来第一原理计算在储氢材料开发过程中会发挥更重要的作用。

参 考 文 献

[1] Zhao Y, Truhlar D G. Density functionals with broad applicability in chemistry. Accounts of Chemical Research, 2008, 41: 157-167.

[2] 黎乐民，刘俊婉，金壁辉. 密度泛函理论. 中国基础科学，2005，3：27.

[3] 周晶晶，陈云贵，吴朝玲，等. 新型轻质储氢材料的第一原理原子尺度设计. 物理学报，2009，58：4853.

[4] 吴广新，张捷宇，吴永全，等. H 在 Mg(0001)表面吸附、解离和扩散的第一原理研究. 物理化学学报，2008，24(1)：55-60.

[5] 李兰兰，程方益，陶占良，等. 储氢材料第一原理计算的研究进展. 应用化学，2009，27(9)：998-1003.

[6] 张泽霞. MnC (M=Fe, Co, Ni, Cu, N≤6) 团簇体系的第一原理研究. 乌鲁木齐：新疆大学硕士学位论文，2008：13-18.

[7] 朱建新. NiTi 合金的第一原理研究. 长春：吉林大学硕士学位论文，2004：13.

[8] 吴业琼. 20CrMnTi 稀土渗碳研究及稀土对碳扩散影响的第一原理计算. 哈尔滨：哈尔滨工业大学硕士学位论文，2007：13-15.

[9] 肖慎修，王崇愚，陈天朗. 密度泛函理论的离散变分方法在化学和材料物理学中的应用. 北京：科学出版社，1998.

[10] 佩蒂福 D G，柯垂尔 A H. 合金设计的电子理论. 陈魁英译. 沈阳：辽宁科学技术出版社，1997.

[11] Becke A D. Density-functional exchange-energy approximation with correct asymptotic behavior. Physical Review A, 1988, 38(6): 3098-3100.

[12] Perdew J P, Wang Y. Accurate and simple analytic representation of the electron-gas correlation energy. Physical Review B, 1992, 45(23): 13244-13249.

[13] Adamo C, Barone V. Exchange functional with improved long-rangle behavior and adiabetic connection methods without adjustable parameters: The mpw and mpw1pw models. Journal of Chemical Physics, 1998, 108(2): 644-675.

[14] Perdew J P, Burke K, Ernzerhof M. Generalized gradient approximation made simple. Physical Review Letters, 1996, 77(18): 3865-3868.

[15] Perdew J P, Kurth S, Zupan A, et al. Accurate density functional with correct formal properties: A step beyond the generalized gradient approximation. Physical Review Letters, 1999, 82(12): 2544-2547.

[16] 唐金龙. ABO_3 型氧化物薄膜表面结构与界面应力效应的第一原理研究. 成都：电子科技大学博士学位论文，2008：24-31.

[17] 方俊鑫，陆栋. 固体物理学. 上海：上海科学技术出版社，1980.

[18] Herring C. A new method for calculating wave functions in crystals. Physical Review, 1940, 57(12): 1169-1177.

[19] Herring C, Hill A G. The theoretical constitution of metallic beryllium. Physical Review, 1940, 58(2): 132-162.

[20] Slater J C, Koster G E. Simplified LCAO method for the periodic potential problem. Physical Review, 1954, 94(6): 1498-1524.

[21] 徐光宪，黎乐民，王德民. 量子化学(中册). 北京：科学出版社，1985.

[22] Vanderbilt D. Soft self-consistent pseudopotentials in a generalized eigenvalue formalism. Physical Re-

view B,1990,41(11):7892-7895.

[23] Slater J C. Wave functions in a periodic potential. Physical Review,1937,51(10):846-851.

[24] Andersen O K. Linear methods in band theory. Physical Review B,1975,12(8):3060-3083.

[25] Blochl P E. Projector augmented-wave method. Physical Review B,1994,50(24):17953-17979.

[26] Kresse G Joubert D. From ultrasoft pseudopotentials to the projector augmented-wave method. Physical Review B,1999,59(3):1758-1775.

[27] Andersen O K, Saha-Dasgupta T. Muffin-tin orbitals of arbitrary order. Physical Review B, 2000, 62(24):16219-16222.

[28] Beck T L. Real-space mesh techniques in density-functional theory. Reviews of Modern Physics,2000, 72(4):1041-1080.

[29] Chelikowsky J R, Troullier N, Saad Y. Finite-difference-pseudopotential method: Electronic structure calculations without a basis. Physical Review Letters,1994,72(8):1240-1243.

[30] Chelikowsky J R, Troullier N, Wu K, et al. Higher-order finite-difference pseudopotential method: An application to diatomic molecules. Physical Review B,1994,50(16):11355-11364.

[31] 马文淦,张子平. 计算物理学. 合肥:中国科学技术大学出版社,1992.

[32] Pask J E, Klein B M, Fong C Y, et al. Real-space local polynomial basis for solid-state electronic-structure calculations: A finite-element approach. Physical Review B,1999,59(19):12352-12358.

[33] Briggs E L, Sullivan D J, Bernhole J. Real-space multigrid-based approach to large-scale electronic structure calculations. Physical Review B,1996,54(20):14362-14375.

[34] Press W H. Numerical recipies in FORTRAN77: The art of scientific computing. Cambridge: Cambridge University Press,1992.

[35] 张辉,肖明珠,张国英,等. 基于密度泛函理论解读不同高密度储氢材料释氢能力. 物理学报,2011, 60(2):026103-1-026103-6.

[36] 方守狮,董远达. 高容量贮氢材料的最新进展. 自然杂志,2001,23(5):259-262.

[37] Yao X D, Lu G Q. Magnesium-based materials for hydrogen storage: Recent advances and future perspectives. Chinese Science Bulletin,2008,53(16):2421-2431.

[38] 庄鹏辉,刘晓鹏,李志念,等. TiZr 氢化物掺杂 $NaAlH_4$ 的储氢性能. 中国有色金属学报,2008,18(4): 671-675.

[39] Chen P, Xiong Z T, Luo J Z, et al. Interaction of hydrogen with metal nitrides and imides. Nature,2002, 420(6913):302-304.

[40] Segall M D, Lindan P L D, Probert M J, et al. First principles simulation: Ideas, illustrations and the CASTEP code. Journal of Physics: Condensed Matter,2002,14(11):2717-2744.

[41] Hammer B, Hansen L B, Norkov J K. Improved adsorption energetics with density-functional theory using revised Perdew-Burke-Ernzerhof functionals. Physical Review B,1999,59(11):7413-7421.

[42] 张辉,戚克振,张国英,等. 元素替代对 $LiNH_2$ 储氢材料释氢能力影响的第一原理研究. 物理学报, 2009,58(11):8077-8082.

[43] Zhang H, Liu G L, Qi K Z, et al. A first-princi ples study of the catalytic mechanism of the dehydriding reaction of $LiNH_2$ through adding Ti catalysts. Chinese Physics B,2010,19(4):048601-1-048601-6.

[44] Nakamori Y, Orimo S. Li-N based hydrogen storage materials. Materials Science and Engineering B, 2004,108:48-50.

[45] Xiong Z T, Wu G T, Hu J J, et al. Investigation on hydrigen storage over Li-Mg-N-H somplx the effect

of compotational changes. Journal of Alloys and Compounds, 2006, 417(1,2): 190-194.

[46] Xiong Z T, Hu J J, Wu G T, et al. Hydrogen absorption and desorption in Mg-Na-N-H system. Journal of Alloys and Compounds, 2005, 395(1,2): 209-212.

[47] Liu Y F, Xiong Z T, Hu J J, et al. Hydrogen absorption/desorption behaviors over a quaternary Mg-Ca-Li-N-H system, Journal of Power Sources, 2006, 159(1): 135-138.

[48] Song Y, Guo Z X. Electronic structure, stability and bonding of the Li-N-H hydrogen storage system. Physical Review B, 2006, 74(19): 195120-195126.

[49] Ichikawa T, Hanada N, Isob S, et al. Hydrogen storage properties in Ti catalyzed Li-N-H system. Journal of Alloys and Compounds, 2005, 404-406: 435-442.

[50] Ichikawa T, Isobe S, Hanada N, et al. Lithium nitride for reversible hydrogen storage. Journal of Alloys and Compounds, 2004, 365: 271-276.

[51] Isobe S, Ichikawa T, Hanada N, et al. Effect of Ti catalyst with different chemical form on Li-N-H hydrogen storage properties. Journal of Alloys and Compounds, 2005, 404-406: 439.

[52] 陈玉红,康龙,张材荣,等. $[Mg(NH_2)_2]_n$(n=1-5)团簇的密度泛函理论研究. 物理学报, 2008, 57(8): 4866-4874.

[53] 陈玉红,康龙,张材荣,等. $(Li_3N)_n$(n=1-5)团簇结构与性质的密度泛函研究. 物理学报, 2008, 57(7): 4174-4181.

[54] Ohoyama K, Nakamori Y, Orimo S, et al. Revised crystal structure model of Li_2NH by neutron powder diffraction. Journal of the Physical Society of Japan, 2005, 74: 483-487.

[55] Imai Y, Mukaida M, Tsunoda T. Comparison of density of states of transition metal disilicides and their related compounds systematically calculated by a first-principle pseudopotential method using plane-wave basis. Intermetallics, 2000, 8(4): 381-390.

[56] Wang J, Wang G, Zhao J. Density-functional study of Au_n(n=2-20) clusters: Lowest-energy structures and electronic properties. Physical Review B, 2002, 66: 035418-035423.

[57] Pinkerton F E, Meisner G P, Meyer M S, et al. Hydrogen desorption exceeding ten weight percent from the new quaternary hydride $Li_3BN_2H_8$. Journal of Physical Chemistry B, 2005, 109 (1): 6-8.

[58] Noritake T, Aoki M, Towata S, et al. Destabilization of $LiBH_4$ by mixing with $LiNH_2$. Applied Physics A, 2005, 80: 1409.

[59] Siegel D J, Wolverton C. Reaction energetics and crystal structure of $Li_4BN_3H_{10}$ from first principles. Physical Review B, 2007, 75: 014101-1.

[60] Noritake T, Aoki M, Towata S, et al. Crystal structure analysis of novel complex hydrides formed by the combination of $LiBH_4$ and $LiNH_2$. Applied Physics A, 2006, 83: 277.

第 5 章　缺陷对储氢材料储放氢反应影响机理的第一原理研究

配位储氢材料可逆的储放氢反应属于固相反应，反应通过传热传质在相界面上进行，反应物化学组成、结构、化学键性质及缺陷的多少都会影响反应速率。对于大多数固相反应而言，扩散过程是控制反应速率的关键。扩散本质是粒子无规则的布朗运动，晶体中原子的扩散同热缺陷的存在和运动有关。对于配位储氢材料(如 $NaAlH_4$，$LiNH_2$，$LiBH_4$)，H 扩散是通过空位机制实现的[1]，因此氢相关缺陷中心对配位储氢材料释氢动力学起着重要的作用[2,3]。前一章我们从反应物结构、化学键性质角度研究了合金元素、催化剂对配位储氢材料 $LiNH_2$ 释氢的影响机理。这一章我们从缺陷对固相反应传质影响的角度研究配位储氢材料放氢反应影响机理。

5.1　空位、掺杂、杂质-空位复合体在 $LiNH_2$ 储氢材料释氢反应中作用机理研究

Li-N-H 系储氢材料具有较高的储氢量和较温和的释氢条件。但其释氢温度还是相对较高。因此 Li-N-H 作为储氢材料还要进一步提高材料的储氢量和降低材料释氢反应温度。实验发现一些金属元素掺杂对提高 Li-N-H 材料释氢性能有效。我们知道金属氢化物中氢扩散在氢的吸收和释放过程中起着重要的作用。人们发现在金属氢化物中氢是以空位机制进行扩散的。这里我们将研究 H 空位、金属杂质、杂质-空位复合体对 $LiNH_2$ 中氢扩散和释放的影响。得到的新结果对新型 Li-N-H 系储氢材料的设计具有重要意义。

5.1.1　计算模型与理论方法

同样采用基于密度泛函理论赝势平面波方法。先对模型的晶体结构进行完全的几何优化，以求得它们的局域最稳定结构。能量截断取为 270～310eV，K 点网格为 4×4×2。优化结束时，体系总能量的收敛值取 2.0×10^{-6} eV/atom，作用在每个原子上的力低于 0.3eV/nm，位移小于 2.0×10^{-4} nm，应力偏差小于 0.1GPa。

$LiNH_2$ 是一种具有体心立方的结构的储氢合金，空间群为 I-4，点阵常数为 $a=b=5.037$nm，$c=10.278$nm，夹角 $\alpha=\beta=\gamma=90°$。$LiNH_2$、$Li(M)NH_2$、含 H 空位的 $LiNH_2$、含 H 空位的 $Li(M)NH_2$ 的晶体结构模型如图 5.1 所示。

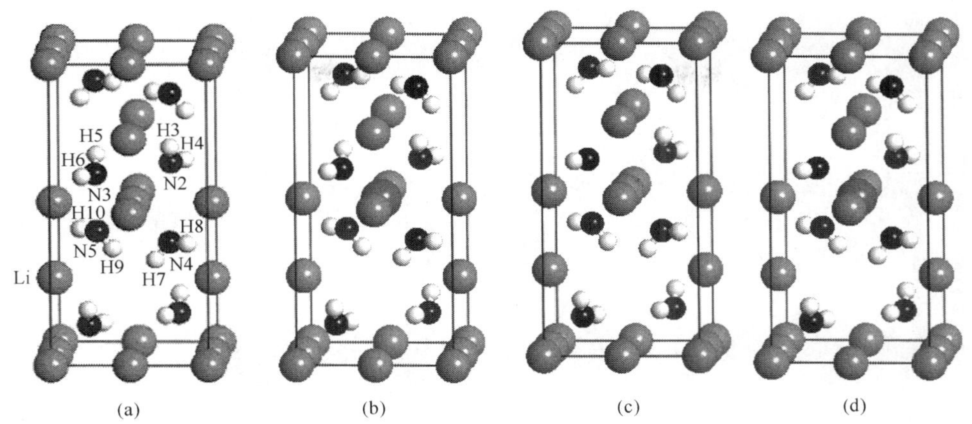

图 5.1　$LiNH_2$(a)、$Li(M)NH_2$(b)、含 H 空位的 $LiNH_2$(c)和含 H 空位的 $Li(M)NH_2$(d)晶体结构模型

大黑灰球为 Ti、Ni、Mg，中灰球为 Li，小黑球为 N，最小白球为 H

5.1.2　结果及分析

1. H 空位、杂质-空位复合体对氢扩散的影响

缺陷 X 在温度 T 热平衡时的浓度 $c(X)$ 为

$$c(X) = N_{\text{sites}} N_{\text{config}} \exp[-E_{\text{f}}(X)/k_{\text{B}}T] \tag{5.1}$$

式中，$E_{\text{f}}(X)$ 是缺陷 X 的形成能；k_{B} 为玻尔兹曼常量；N_{sites} 是单位体积内的格点数；N_{config} 是缺陷在格点中形成的组态数[4]。对空位扩散机制，H 跳到空位位置需具有足够的能量来打破与近邻的成键并从近邻中挤过。所需能量 E_{m} 叫空位运动激活能，空位由于热起伏产生克服势垒运动的几率为

$$P = \nu \exp(-E_{\text{m}}/k_{\text{B}}T) \tag{5.2}$$

式中，ν 是 H 迁移的振动频率。因此 H 的自扩散系数为[5]

$$D = D_0 \exp[-(E_{\text{f}} + E_{\text{m}})/k_{\text{B}}T] \tag{5.3}$$

式中，D_0 是常数；$E_{\text{f}} + E_{\text{m}}$ 是扩散激活能。

在 $LiNH_2$ 和 $Li(M)NH_2$ 中空位形成能用以下公式计算[6]：

$$E_{\text{f}} = E_{\text{tot}}(LiNH_2 + V) - E_{\text{tot}}(LiNH_2) + E_{\text{tot}}(H_2)/2 \tag{5.4}$$

$$E_{\text{f}}(M) = E_{\text{tot}}(Li(M)NH_2 + V) - E_{\text{tot}}(Li(M)NH_2) + E_{\text{tot}}(H_2)/2 \tag{5.5}$$

式中，$E_{\text{tot}}(LiNH_2 + V)$、$E_{\text{tot}}(Li(M)NH_2 + V)$是含 H 空位的 $LiNH_2$、$Li(M)NH_2$ 超原胞总能，V 代表 H 空位；$E_{\text{tot}}(LiNH_2)$、$E_{\text{tot}}(Li(M)NH_2)$ 是 $LiNH_2$、$Li(M)NH_2$ 超原胞总能；$E_{\text{tot}}(H_2)$是氢分子总能。$Li(M)NH_2$ 中存在 H 空位相当于在 $LiNH_2$ 中存在杂质-空位复合体。H 空位形成能列于表 5.1。从表 5.1 可以

发现金属元素(Mg、Ni、Ti)替代可以使空位容易产生。

表 5.1 $LiNH_2$ 和 $Li(M)NH_2$ 中空位的形成能

材料	$LiNH_2$	$LiMgNH_2$	$LiNiNH_2$	$LiTiNH_2$
$E_f(V)$/eV	2.803	−0.895	0.454	−1.480

对 H 扩散,我们认为 H10 与近邻 H5 空位沿[00]方向交换。氢的迁移势垒通过在初始和末态间线性插值来计算。迁移能 E_m 由 H 在鞍点和初始格点时的能量差得到[7]。

$$E_m = E_{saddle} - E_{lattice} \tag{5.6}$$

式中,E_{saddle}为 H 在鞍点处的能量;$E_{lattice}$为 H 在初始格点处的能量。

由式(5.6)计算的 H 的迁移能为 0.086eV,表明 H 空位室温下是可动的,氢空位迁移不是其扩散的瓶颈,H 的形成能是关键。

2. 电子结构

为了理解空位、杂质、空位-杂质复合体对氢扩散的影响,给出 $LiNH_2$ 以及含空位、含杂质(Mg、Ti、Ni)、含空位-杂质复合体(Mg-V、Ti-V、Ni-V)$LiNH_2$ 的总态密度,如图 5.2～图 5.4 所示。从图 5.2 可以看到 $LiNH_2$、含空位 $LiNH_2$ 的总态密度在整个能区有 4 个峰,H 空位的存在趋于增加电子在近费米能级的价带顶的分布。这表明 H 空位是受主,从近邻 N—H 键上吸引电子,这导致 H 空位附近的 N—H 键的强度降低,从而增强了 H 的局域扩散。

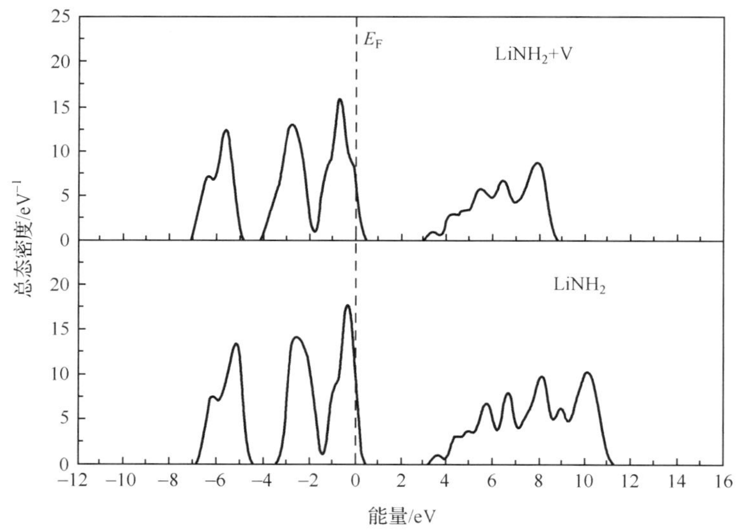

图 5.2 $LiNH_2$ 含 H 空位的 $LiNH_2$ 的总态密度(V 代表空位)

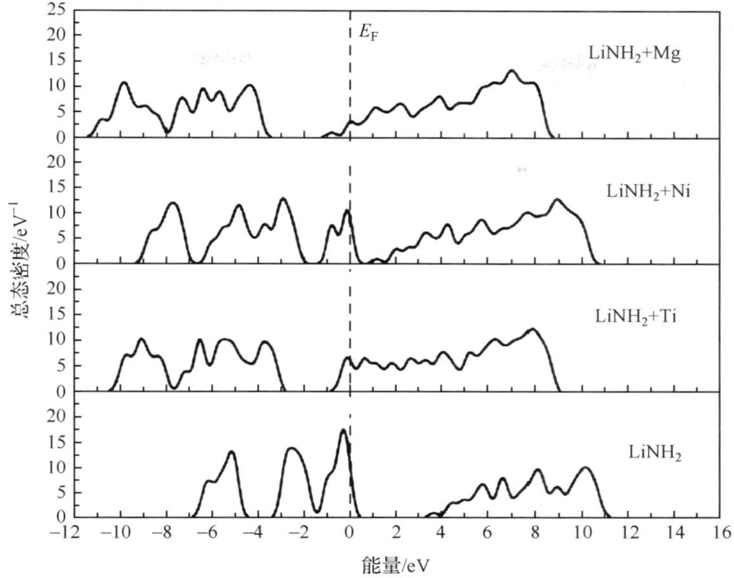

图 5.3　Li(M)NH₂(M=Ti,Mg,Ni)的总态密度

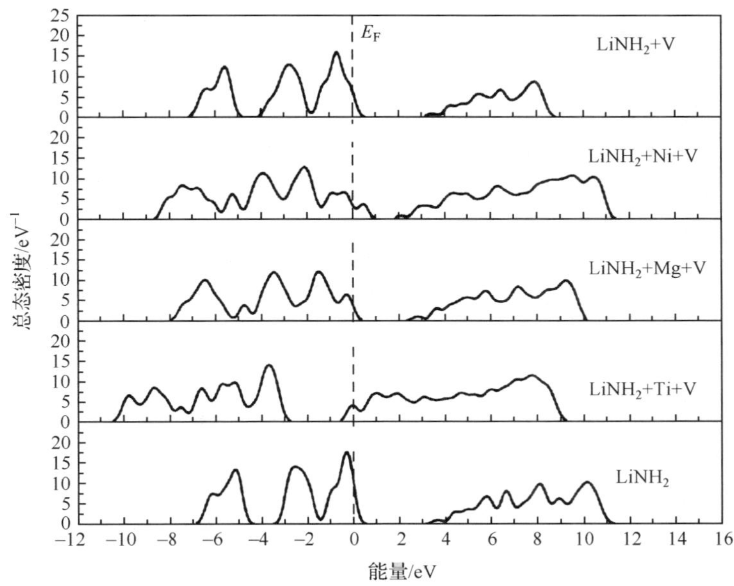

图 5.4　含空位的 Li(M)NH₂(M=Ti,Mg,Ni)的总态密度

图 5.3 给出了 Li(M)NH_2 的总态密度图，可清楚地看到杂质在带隙引入能

级,Mg、Ti 引入的能级在导带下,是浅能级。掺杂 Mg、Ti 的费米能级 E_F 进入导带,表明 Li(Mg,Ti)NH_2 具有类金属行为。Ni 引入的深能级在带隙中央,费米能级 E_F 也在带隙中央,表明掺 Ni 的 Li(M)NH_2 类半导体。Mg、Ti、Ni 都使成键峰高度下降,表明 Li—N、N—H 键强度减弱,不过 Ni 的影响不显著。按着空位扩散机制,为了跳入空位,H 必须具有足够的能量来打破 N—H 键。因此,从电子结构的观点,$LiNH_2$ 释氢动力学性能由于加入 Ti 催化剂或进行 Mg 掺杂而改善是由于新体系中 N—H 键较弱,这使 H 容易扩散。我们可以得出这样的结论:任何替代元素如果它可以减弱 N—H 键和使体系变得类金属,它就可成为改善 $LiNH_2$ 释氢动力学性能的备选元素。

另外,还计算了含空位-杂质复合体的 $LiNH_2$ 的总态密度(图 5.4)。显然 Li(Ti)NH_2+V的杂质峰在导带底接近费米能级处;Li(Mg)NH_2 的仍接近导带底,但费米能级进入了价带;Li(Ni)NH_2 的杂质峰接近带隙中央。Li(Mg)NH_2+V 和 Li(Ni)NH_2+V 中氢空位引入的缺陷能级位于价带顶,Li(Ti)NH_2+V 的缺陷能级不明显,与纯 $LiNH_2$ 的类似。总之,空位-杂质复合体引入双缺陷能级。根据前面的讨论,H 空位和金属杂质都降低 N—H 键的强度,因此空位-杂质复合体的存在会增强 $LiNH_2$ 的动力学和释氢速率。

3. 布居数分析

为进一步理解空位、杂质、空位-杂质复合体对 H 扩散的影响,计算了布居数来分析成键特性。表 5.2 给出了 $LiNH_2$、Li(M)NH_2 和 Li(M)NH_2+V 体系的平均布居数。$LiNH_2$ 中的平均布居数是 0.807 每单位键长,表明 N—H 键是强共价键。通过 Mg 掺杂,[NH_2]中挨近 Mg 的取向向外的 N—H 键强度减弱;Ti 替位是取向向内的减弱,Ni 几乎没影响。$LiNH_2$ 中存在 H5 空位时,N3—N6 的平均布居数是 0.752,比 $LiNH_2$ 中的小,因此,我们可以得出 H 空位引起 H 局域扩散。

表 5.2 $LiNH_2$、Li(M)NH_2、含 H 空位的 $LiNH_2$ 和含 H 空位的 Li(M)NH_2 的布居数分析

键	$LiNH_2$	Li(Mg)NH_2	Li(Ni)NH_2	Li(Ti)NH_2	$LiNH_2$+V	Li(Mg)NH_2+V	Li(Ni)NH_2+V	Li(Ti)NH_2+V
N3—H5	0.807	0.795	0.807	0.738	—	—	—	—
N3—H6	0.807	0.686	0.805	0.822	0.752	0.775	0.771	0.796
N2—H3	0.807	0. 795	0.811	0.739	0.796	0.826	0.808	0.804
N2—H4	0.807	0. 686	0.804	0.791	0.783	0.753	0.814	0.793
N4—H7	0.807	0. 795	0.798	0.739	0.796	0.817	0.807	0.727
N4—H8	0.807	0. 686	0.783	0.801	0.805	0.798	0.786	0.845
N5—H9	0.807	0. 795	0.797	0.738	0.796	0.807	0.805	0.717
N5—H10	0.807	0. 686	0.804	0.800	0.806	0.808	0.835	0.843

最后我们来讨论空位-杂质复合体的作用，从表5.2可以看出，不仅空位附近的N5—H6键，其他N—H键（如Li(Mg)NH_2中的N2—H4，Li(Ti)NH_2中N4—H7和N5—H9）键强也减弱，这将导致H的非局域扩散。Ni—H空位-杂质复合体对H扩散有较小的影响。由此可得出结论：$LiNH_2$中H的非局域扩散可能在释氢反应过程中起着重要的作用。

5.1.3 结论[8]

总之，我们应用基于密度泛函理论第一原理平面波赝势方法研究了H空位、金属杂质、空位-杂质复合体对$LiNH_2$释氢性能的影响机理。研究发现：H空位以空位-杂质复合体形式存在时更容易形成，并且是H扩散的关键。基于电子结构分析发现，Mg掺杂或加Ti催化剂的$LiNH_2$释氢动力学改善是由于N—H键强度减弱和体系变得类金属使H扩散变得容易，此外，根据布居数分析发现H空位导致H的局域扩散，杂质缺陷复合体导致H的非局域扩散，这在$LiNH_2$释氢反应过程中起着重要作用。弗伦克尔缺陷在$LiNH_2$中最容易产生，但对释氢性能影响较小。

5.2 间隙H与掺杂原子交互作用对$LiNH_2$释氢性能影响机理研究

材料中存在缺陷，缺陷的存在对储氢材料的储氢性能有影响，缺陷与杂质复合体在放氢反应中可能起关键的作用。对$NaAlH_4$[2,3]、$LiNH_2$[9]、$Li_4BN_3H_{10}$[10]材料的缺陷影响有过研究，但目前关于M-N-H储氢材料的缺陷研究的报道还很少。因此研究间隙H缺陷对M-N-H储氢材料释氢性能影响机理具有重要意义。

5.2.1 计算模型和理论方法

1. 晶体结构

$LiNH_2$的晶体结构具有体心四方结构，晶格常数为$a=b=5.037$nm，$c=10.278$nm，空间群为I-4；夹角$\alpha=\beta=\gamma=90°$。图5.5(a)为$LiNH_2$的晶体结构模型，含氢缺陷[图5.5(b)]及缺陷杂质复合体的晶体结构模型[图5.5(c)，(d)]也同时给出。其中间隙H占位为(0.5，0.5，0.25)。

2. 理论方法

同样采用基于密度泛函理论的第一原理赝势平面波方法计算。进行自洽计算时，体系的总能量收敛值为2.0×10^{-5}eV/atom。优化结束时，作用于每个原子上的力低于0.3eV/nm，公差偏移小于2.0×10^{-4}nm，应力偏差小于0.1GPa。

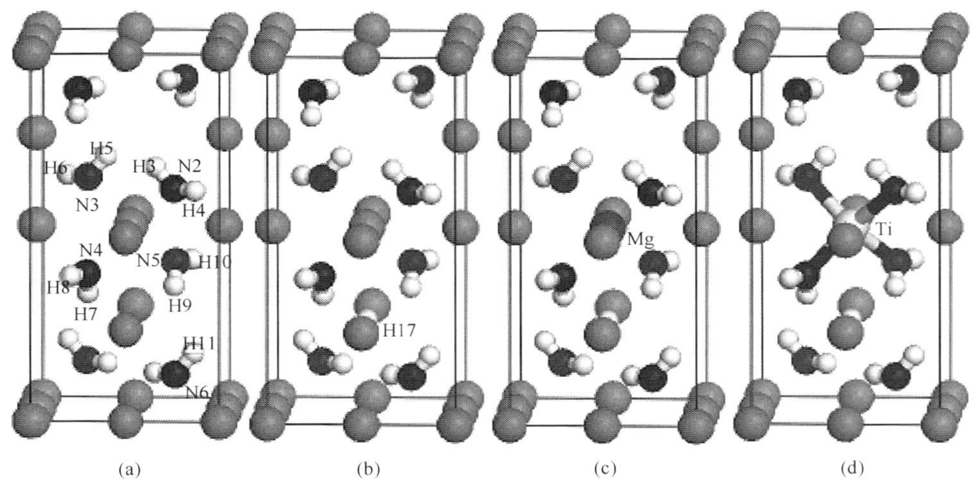

图 5.5　$LiNH_2$、含氢缺陷及缺陷杂质复合体的 $LiNH_2$ 晶体结构模型

5.2.2　结果及分析

1. 结合能和缺陷形成能

晶体的结合能定义为组成晶体的 N 个原子在自由状态时与其组成的晶体在稳定状态时总能之差[11]：

$$E_b = (E_N - E_T)/N \tag{5.7}$$

式中，E_T 为晶体的总能量；E_N 为组成这块晶体的原子处于自由状态时的总能量；N 为晶体中的原子数目。可见结合能可以用来表征晶体的键合强度，对于分析晶体的稳定性有着重要意义。

在一定温度下，热平衡时间隙原子的数目 N_1 可通过热力学统计方法求出，为

$$N_1 = N\exp\left(-\frac{E_f}{k_B T}\right) \tag{5.8}$$

式中，E_f 是间隙原子的形成能。可见形成能越大，间隙原子的数目越多[11]。

表 5.3 给出了 $LiNH_2$ 及其掺杂体系存在间隙 H 原子缺陷时的结合能和形成能。从表 5.3 可以看出：$LiNH_2$ 中存在间隙点缺陷后，其结合能有所降低。Mg 替代后其结合能比 $LiNH_2$ 的低，但比含间隙 H 的 $Li_8N_8H_{17}$ 高。Ti 取代 Li 使结合能变大，甚至超过了纯净的 $LiNH_2$，说明 Ti 掺杂反而会使体系变稳定。实验证明 $TiCl_3$ 对 $LiNH_2$ 有较好的催化效果，而实验应用的 $LiNH_2$ 材料中不可避免会存在一定数量的间隙氢原子。可见结合能无法揭示此实验现象。这可能是由于晶体的结合能是指晶体分解成孤立原子时需要的能量，而我们现在研究的 $LiNH_2$，其释氢反应中不是所有化学键都断开，只有部分键断开，然后形成几种化合物或气体。

$LiNH_2$ 中间隙氢原子的形成能为正，说明在晶体中平衡时有一定量的氢间隙原子。Mg、Ti 掺杂后，形成能大大降低，甚至变成了负值，可见，Mg、Ti 掺杂大大增大了间隙氢的浓度。

表 5.3 $LiNH_2$ 及其掺杂体系存在间隙 H 原子缺陷时的结合能和形成能

材料	$LiNH_2$	$Li_8N_8H_{17}$（含 $H_{间隙}$）	$Li_7MgN_8H_{17}$（含 $H_{间隙}$）	$Li_7TiN_8H_{17}$（含 $H_{间隙}$）
E_b/eV	4.849	4.727	4.757	4.866
E_f/eV		2.399	−0.657	−0.946

2. 态密度

态密度对于分析材料中的原子成键和材料特性有重要的意义。为了分析杂质、缺陷对释氢性能的影响，计算了 $LiNH_2$、含缺陷和杂质缺陷复合体的总态密度及相应原子的分波态密度，如图 5.6(a)、(b)、(c)、(d)所示。图 5.6(a)为 $LiNH_2$ 态密度图，从图可以看出，其带隙约为 2.50eV；费米能级处于价带，是典型的绝缘体。图 5.6(b)为含间隙氢原子的 $Li_8N_8H_{17}$ 态密度图，带隙约为 0.8eV。与图 5.6(a)相比，很明显间隙 H 原子在带隙引入了杂质能级，此能级主要由 Np、Hs 电子成键形成，可见间隙氢与 N 形成共价键，但强度较弱(能级较高)。间隙氢原子与 N 的作用一方面使其与$[NH_2]^-$中 H 的作用减弱，使氢容易放出；另一方面间隙 H 与$[NH_2]^-$中 N 产生共价作用，可形成 NH_3，这可以解释 $LiNH_2$+LiH 释氢反应第一步为 $2LiNH_2 \longrightarrow Li_2NH+NH_3$[12]。很显然，Mg、Ti 使带隙显著变窄[如图 5.6(c)、(d)所示，Mg 掺杂的带隙约为 2.20eV，Ti 掺杂的带隙约为 1.8eV]，使

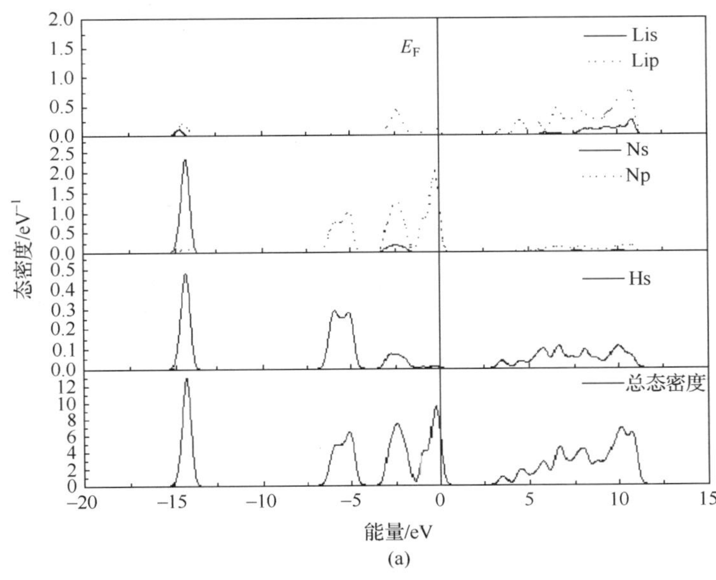

(a)

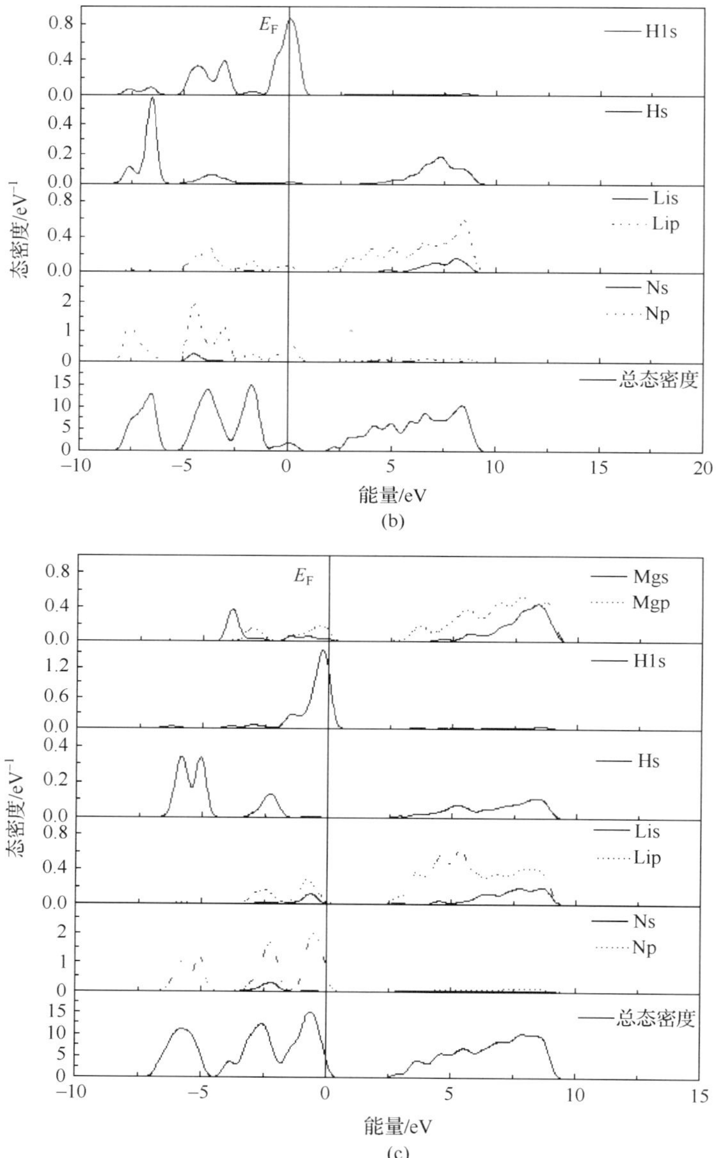

E_F
H1s
Hs
Lis
Lip
Ns
Np
总态密度
态密度/eV^{-1}
能量/eV
(b)
E_F
Mgs
Mgp
H1s
Hs
Lis
Lip
Ns
Np
总态密度
态密度/eV^{-1}
能量/eV
(c)

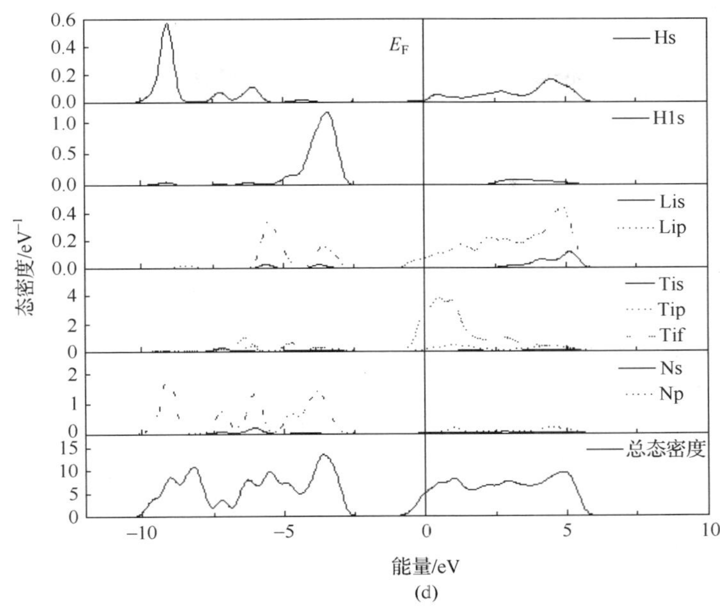

图 5.6 $LiNH_2$(a)、含间隙 H 缺陷(b)及含杂质缺陷复合体(c)、(d)的总态密度及相应原子的分波态密度

得 $LiNH_2$ 的释氢性能大大提高，此外 Ti 还使费米能级进入导带使得 $TiCl_3$ 成为 $LiNH_2$ 释氢反应的有效催化剂。此外从图 5.6(c)和图 5.6(d)可以看出，由于 Mg、Ti 的掺杂，间隙氢在带隙中能级减弱，可见掺杂和缺陷的交互作用对释氢性能不利。

3. 电荷布居

电荷布居可以对原子间成键的强弱进行定量说明。$LiNH_2$ 缺陷的 N—H 原子间的电荷布居由表 5.4 给出，可以看出 $Li_8N_8H_{17}$ 部分 N—H 键的电荷布居数变

表 5.4 $LiNH_2$ 及其掺杂体系存在间隙 H 原子缺陷时的电荷布居

键	$LiNH_2$	$Li_8N_8H_{17}$(含 $H_{间隙}$)	$Li_7MgN_8H_{17}$(含 $H_{间隙}$)	$Li_7TiN_8H_{17}$(含 $H_{间隙}$)
N2—H3	0.82	0.82	0.83	0.71
N2—H4	0.83	0.81	0.77	0.82
N3—H5	0.85	0.81	0.81	0.72
N3—H6	0.83	0.82	0.78	0.84
N4—H8	0.83	0.82	0.82	0.85
N5—H9	0.82	0.82	0.87	0.81
N6—H11	0.82	0.79	0.78	0.78

小,说明它们的 N—H 键相互作用变小,容易释氢。而 $Li_7MgN_8H_{17}$ 和 $Li_7TiN_8H_{17}$ 的部分 N—H 键的电荷布居部分变小部分变大,说明有一部分 N—H 键作用力变小,容易释氢;部分 N—H 键相互作用力变大,使 N—H 键更稳定。

5.2.3　结论[13]

本书采用基于密度泛函理论的第一原理赝势平面波方法，计算了含间隙 H 原子缺陷的 $LiNH_2$ 及其合金的结合能、间隙缺陷形成能、态密度和电荷布居,通过分析发现以下几点。

(1) 结合能结果不能反映 $LiNH_2$ 及其合金的释氢性质。间隙氢原子的形成能结果表明 $LiNH_2$ 晶体平衡时有一定量的氢间隙原子。Mg、Ti 掺杂使形成能大大降低,可见 Mg、Ti 掺杂大大增大了间隙氢的浓度。

(2) 密度图结果表明间隙 H 原子在带隙引入了杂质能级使带隙大大减小,提高释氢能力。

(3) 电荷布居计算结果表明,间隙 H 原子导致$[NH_2]^-$中 N—H 原子间相互作用减弱,使得 H 容易放出。间隙 H 与$[NH_2]^-$中 N 存在共价作用,可以解释 $LiNH_2$ 释氢反应中 NH_3 的放出。合金元素的存在,使得 N—H 键的作用力不均衡,部分变小,部分变大。作用力变小的 H 容易放出,这样就会加速 $2LiNH_2 \longrightarrow Li_2NH+NH_3$ 的反应速率,从而起到提高 $LiNH_2$ 的释氢能力。

5.3　氢相关缺陷和金属添加对 $LiNH_2$ 储氢材料释氢影响机理研究

由 5.1、5.2 节可知氢相关缺陷在 $LiNH_2$ 吸放氢过程中起着关键作用。本节对氢弗伦克尔缺陷及其与杂质复合体对释氢性能影响进行研究,并将各种氢相关缺陷进行比较。

5.3.1　计算模型和理论方法

1. 晶体结构

$LiNH_2$ 的晶体结构具有体心四方的结构,晶格常数为 $a=b=5.037$nm,$c=10.278$nm,空间群为 I-4,夹角 $\alpha=\beta=\gamma=90°$。如图 5.7(a)为 $LiNH_2$ 的晶体结构模型;图 5.7(b)为存在弗伦克尔缺陷(H 空位-H17 间隙原子)的 $LiNH_2$ 的晶体结构模型;图 5.7(c)、(d)为存在弗伦克尔缺陷的 Li(M)NH_2 掺杂体系(M 为 Ti、Mg)的晶体结构模型;图 5.7(e)为存在氢空位缺陷的晶体结构模型,图 5.7(f)、(g)为存在杂质空位复合体的晶体结构模型。

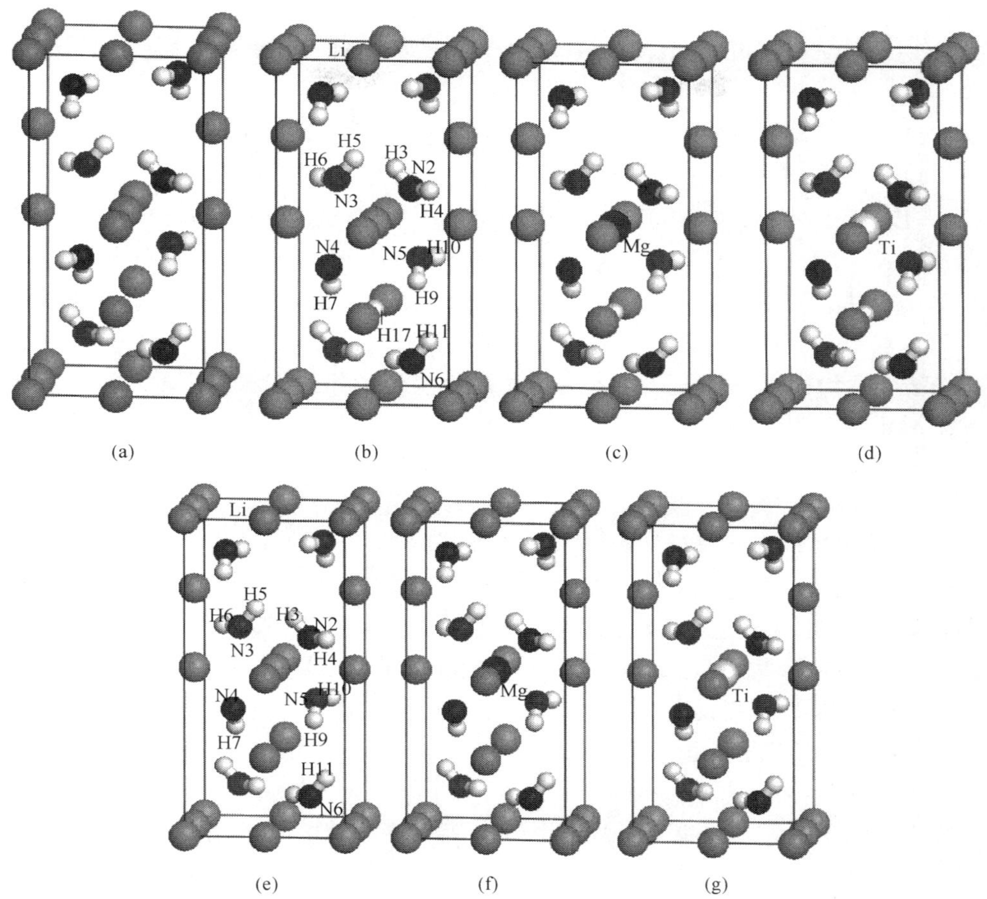

图 5.7　含空位和弗伦克尔缺陷的 $LiNH_2$、$Li(M)NH_2$ 晶体结构模型

(a)$LiNH_2$；(b) 含弗伦克尔缺陷的 $LiNH_2$；(c)含弗伦克尔缺陷的 $LiMgNH_2$；(d) 含弗伦克尔缺陷的 $LiTiNH_2$；(e) 含空位的 $LiNH_2$；(f)含空位的 $LiMgNH_2$；(g) 含空位的 $LiTiNH_2$

2. 理论方法

采用基于密度泛函理论赝势平面波方法。结构优化的收敛指标：总能量收敛值为 2.0×10^{-5}eV/atom，作用于每个原子上的力低于 0.5eV/nm，公差偏移小于 2.0×10^{-4}nm，应力偏差小于 0.1GPa。计算中各原子外层电子的电子组态分别为 H $1s^1$、Mg $3s^2$、N $2s^2 2p^3$、Li $2s^1$、Ti $4s^2 3d^2$。

5.3.2　结果分析与讨论

1. 结合能和缺陷形成能

$LiNH_2$ 储氢材料或其掺杂体系[$Li(M)NH_2$]H 空位、氢弗伦克尔缺陷的形成能可由下列式子给出：

$$E_f(H_v) = E_{tot}(LiNH_2/Li(M)NH_2 + H_v) - E_{tot}(LiNH_2/Li(M)NH_2) + E(H_2)/2 \tag{5.9}$$

$$E_f(H_v + H_i) = E_{tot}(LiNH_2/Li(M)H_2 + H_v + H_i) - E_{tot}(LiNH_2/Li(M)NH_2) \tag{5.10}$$

式中，$E_{tot}(LiNH_2/Li(M)NH_2 + H_v)$为含 H 空位的 $LiNH_2$ 或 $Li(M)NH_2$ 的总能；$E_{tot}(LiNH_2/Li(M)NH_2)$为 $LiNH_2$ 或 $Li(M)NH_2$ 的总能；氢分子的能量 $E(H_2)$通过优化一氢分子位于顶角的立方体得到，立方体边长为 1nm，氢分子键长为 0.0749nm。

表 5.5 给出了 $LiNH_2$ 及其掺杂体系含氢空位和弗伦克尔缺陷时的结合能和缺陷形成能。从表 5.5 可以看出，$Li_8N_8H_{15}$($H_{空位}$)的结合能比 $LiNH_2$ 的略低，含氢弗伦克尔缺陷的 $LiNH_2$ 的结合能与完整 $LiNH_2$ 晶体的结合能基本相同，含弗伦克尔缺陷的 $LiNH_2$ 及其掺杂体系的结合能都比 $LiNH_2$ 的高，其中 Mg 掺杂使体系的结合能比 Ti 掺杂的还要高。Ti 取代 Li 使结合能变大，甚至超过了纯净的 $LiNH_2$，说明 Ti 掺杂反而会使体系变稳定，但实验证明 $TiCl_3$ 对 $LiNH_2$ 有较好的催化效果，可见结合能无法揭示此实验现象。可能是因为晶体的结合能是指晶体分解成孤立原子时需要的能量，而我们现在研究的 $LiNH_2$，其释氢反应中不是所有化学键都断开，只有部分键断开，然后形成几种化合物或气体。在 $LiNH_2$ 含氢空位的缺陷中形成能为正，说明空位形成需要提供一定的能量。Mg、Ti 替代后形成能大大降低，甚至变成了负值，可见，Mg、Ti 掺杂大大增大空位形成的可能性，晶体中空位浓度大大增加。在 $LiNH_2$ 中含弗伦克尔缺陷时，缺陷形成能为正值，但比只形成空位的形成能大大降低，可见 $LiNH_2$ 晶体中与氢相关的点缺陷主要是弗伦克尔缺陷。Mg 掺杂后体系的形成能比未掺杂的高，说明掺杂后形成弗伦克尔缺陷较未掺杂难，间隙氢的浓度也有所降低。Ti 掺杂后体系的形成能为负值，说明弗伦克尔缺陷更容易形成，间隙氢的浓度也大大增加。

表 5.5　含空位和弗伦克尔缺陷的 $LiNH_2$ 及其掺杂体系的结合能和缺陷形成能

体系	结合能/eV	形成能/eV
$LiNH_2$	4.8487	
$Li_8N_8H_{15}$($H_{空位}$)	4.806	2.948
$Li_7MgN_8H_{15}$($H_{空位}$)	5.142	−0.557
$Li_7TiN_8H_{15}$($H_{空位}$)	4.972	−0.987
$LiNH_2$($H_{空位}+H_{间隙}$)	4.8489	0.019
$Li_7MgN_8H_{16}$($H_{空位}+H_{间隙}$)	5.060	0.202
$Li_7TiN_8H_{16}$($H_{空位}+H_{间隙}$)	4.856	−1.516

2. 态密度

为了分析空位、弗伦克尔缺陷及掺杂对 $LiNH_2$ 储氢材料释氢性能的影响，计算了 $LiNH_2$、含空位和弗伦克尔缺陷的 $LiNH_2$、Li(M)NH_2 晶体的总态密度及相应原子的分波态密度。图 5.8(a)为 $LiNH_2$ 态密度图，从图可以看出，其带隙约为 2.50eV，费米能级处于价带顶，是典型的绝缘体。图 5.8(b)为含氢空位缺陷 $LiNH_2$ 的总态密度图和空位近邻 Li、N 和 H 的局域态密度，从总态密度图可以看出，其带隙约为 2.5eV，空位并未在带隙中引入能带。总态密度图中－15eV 附近的峰是由远离空位的 N、H 原子贡献，而在前面一点的小峰是由空位近邻的 N、H 贡献的。比较图 5.8(a)和(b)可见，由于空位的影响，其近邻 N、H 原子在－15eV 左右的尖峰向高能区转移，N、H 在－5eV 左右的峰消失。H 在－3.5eV 附近，N 在 0eV 附近的峰增高，即空位使近邻 N、H 原子的电子处于较高的能态，这就使 N—H 键容易断开，从而使氢容易放出。图 5.8(c)、(d)为含氢空位缺陷的 Mg、Ti 掺杂后的 $LiMgNH_2$、$LiTiNH_2$ 的总态密度和空位近邻 Li、N、H 的分波态密度。$LiMgNH_2$、$LiTiNH_2$ 的带隙分别约为 1.4eV、1.2eV。可见 Mg、Ti 掺杂使带隙明显变窄。带隙窄，电子容易跳到导带形成自由电子，即 N—H 键上电子脱离两原子束缚成为自由电子，这样 H 就可以放出，因此提高了 $LiNH_2$ 的释氢性能。很明显，Mg、Ti 掺杂在带隙中接近导带处引入了杂质能级。Mg 掺杂中，在－0.8～0.6eV 区间，此能级主要由 Lip、Np、Mgs 和 Mgp 电子成键形成，在－4.2～5.2eV 区间，此能级主要由 Lip、Np、Mgs 和 Hs 电子成键形成。Ti 掺杂中，费米能级进入导带。由于费米能级是电子占据的最高能级，电子已占据导带能级，说明已有部分电子脱离了原子的束缚，即 N—H 键已断，所以氢非常容易放出，这使得 $TiCl_3$ 成为 $LiNH_2$ 释氢反应的有效催化剂。此外，从图 5.8(c)和图 5.8(d)还可以看出，空位同样使电子的占据态能量向高能区转移，使 N—H 键容易断开。图 5.8(e)为含弗伦克尔缺陷的 $LiNH_2$ 的态密度图，其带隙约为 2.6eV。与图 5.8(a)没有明显差别，即弗伦克尔缺陷对周围影响最小，因此它应该最容易产生。图 5.8(f)、(g)为含弗伦克尔缺陷的 $LiMgNH_2$ 和 $LiTiNH_2$ 的态密度图，其带隙分别约为 2.3eV、1.5eV，Mg、Ti 掺杂使带隙明显变窄，且都使费米能级进入导带，提高了 $LiNH_2$ 的释氢性能。此外，在 Mg、Ti 掺杂体系中，我们发现弗伦克尔缺陷使最低能级发生分裂，即使电子占据较高能带，对释氢有利。

3. 电荷布居

电荷布居可以对原子间成键的强弱进行定量说明。从表 5.6 可知，$LiNH_2$ 缺陷的各 N—H 原子间的电荷布居基本相同，即有较强的共价相互作用。含 $H_{空位}$ 的 $LiNH_2$ 中空位近邻的 N4—H7 键电荷布居较小，可见空位的存在使 H7 容易放出。含 $H_{空位}$ 的 $LiMgNH_2$ 中，空位近邻的 N4—H7 和 Mg 近邻 N5—H9 电荷布居减小，说明空位和 Mg 掺杂对释氢都有利。再看含空位的 $LiTiNH_2$，空位近邻的

N4—H7 键上电荷布居变化不大，但 Ti 近邻的所有 N—H 键的电荷布居都减小，可见 Ti 对提高 $LiNH_2$ 释氢能力作用明显。在存在弗伦克尔缺陷（$H_{空位}+H_{间隙}$）时，弗伦克尔缺陷对各 N—H 键影响不大，说明此缺陷对释氢能力没影响。在存在弗伦克尔缺陷的 $LiMgNH_2$ 中，空位和镁近邻的 N—H 键的电荷布居数变小，说明空位和镁掺杂对释氢有利，但间隙 H 对其近邻的 N—H 键影响不大。对于 $LiTiNH_2$，大部分 N—H 键的电荷布居变小，说明大部分 N—H 键相互作用变小，有利于释氢。

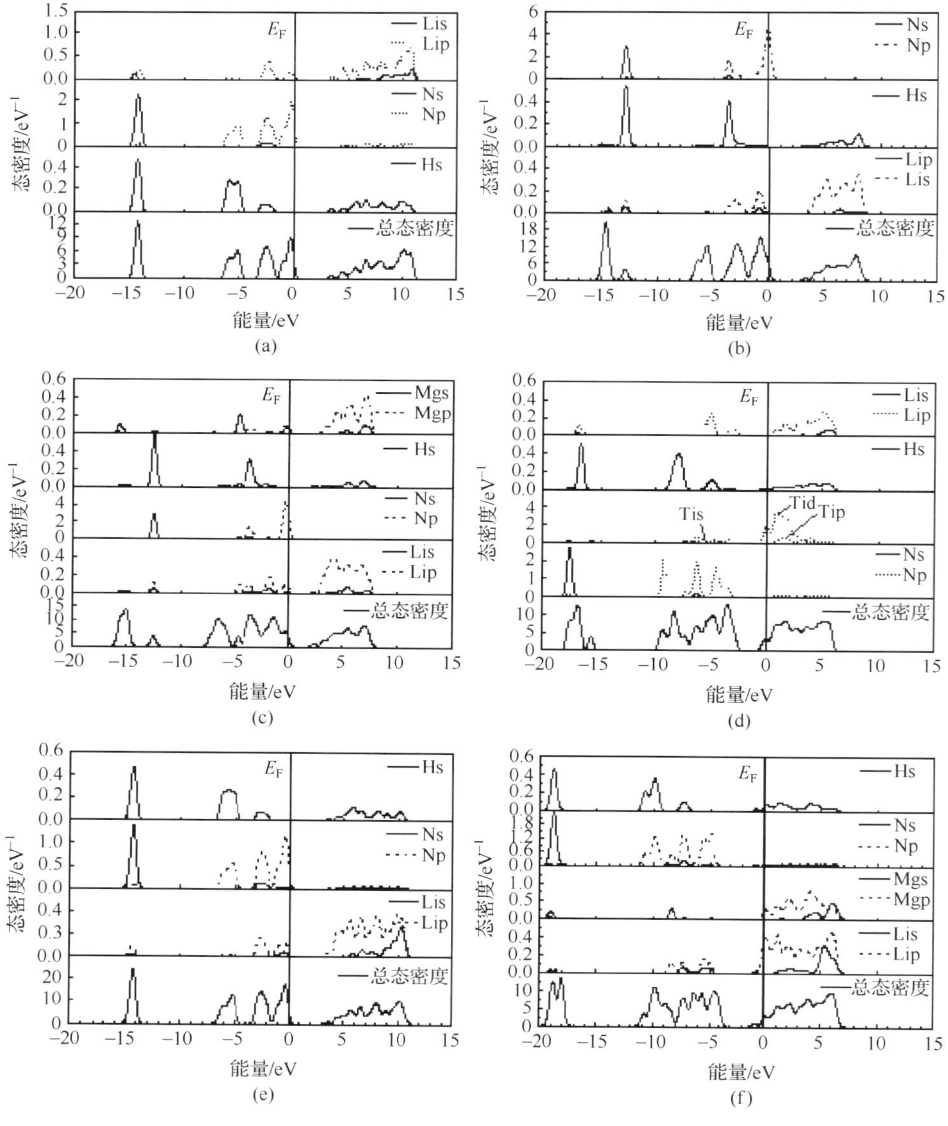

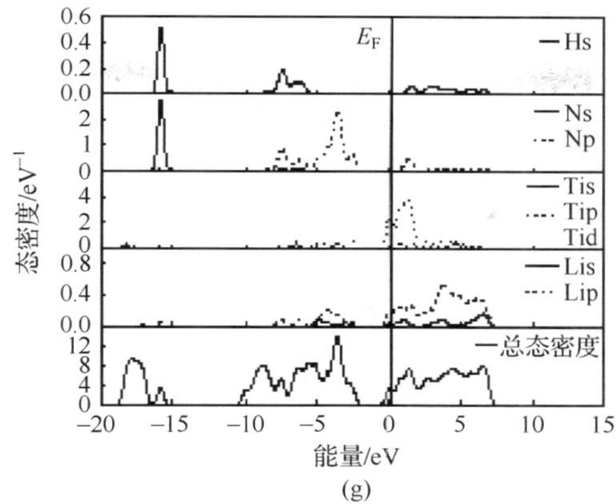

图 5.8 含空位和弗伦克尔缺陷的 $LiNH_2$、$Li(M)NH_2$ 晶体的总态密度和各原子的分波态密度
(a) $LiNH_2$；(b) 含 H 空位的 $LiNH_2$；(c)含空位的 $LiMgNH_2$；(d) 含空位的 $LiTiNH_2$；
(e) 含弗伦克尔缺陷的 $LiNH_2$；(f)含弗伦克尔缺陷的 $LiMgNH_2$；(g)含弗伦克尔缺陷的 $LiTiNH_2$

表 5.6 $LiNH_2$ 及含空位、弗伦克尔缺陷的 $LiNH_2$、$LiMgNH_2$、$LiTiNH_2$ 中原子间的电荷布居

体系	N2—H3	N2—H4	N3—H5	N3—H6	N4—H7	N5—H9	N6—H11
$LiNH_2$	0.82	0.83	0.82	0.83	0.82	0.82	0.82
$Li_8N_8H_{15}$($H_{空位}$)	0.82	0.84	0.82	0.83	0.77	0.81	0.83
$Li_7MgN_8H_{15}$($H_{空位}$)	0.83	0.80	0.82	0.80	0.79	0.78	0.81
$Li_7TiN_8H_{15}$($H_{空位}$)	0.73	0.81	0.71	0.84	0.82	0.78	0.79
$LiNH_2$($H_{空位}+H_{间隙}$)	0.82	0.83	0.82	0.83	0.83	0.83	0.83
$Li_7MgN_8H_{16}$($H_{空位}+H_{间隙}$)	0.81	0.71	0.83	0.71	0.71	0.71	0.82
$Li_7TiN_8H_{16}$($H_{空位}+H_{间隙}$)	0.81	0.78	0.81	0.80	0.83	0.83	0.80

5.3.3 结论

本书采用基于密度泛函理论的第一原理赝势平面波方法，计算了含空位、弗伦克尔缺陷的 $LiNH_2$ 及其合金的结合能、缺陷形成能、态密度和电荷布居，通过分析发现以下几点。

(1) 结合能结果不能反映含缺陷 $LiNH_2$ 及其合金的释氢性质。形成能结果表明在 $LiNH_2$ 中弗伦克尔缺陷比空位容易形成。Mg、Ti 掺杂使形成能大大降低，可见 Mg、Ti 掺杂大大增大了缺陷形成的可能性。Mg 掺杂后体系比未掺杂形成弗伦克尔缺陷较难，间隙氢的浓度也有所降低。Ti 掺杂后弗伦克尔缺陷比未掺杂更容易形成，间隙氢的浓度也大大增加。

(2) 密度图结果表明，空位使近邻 N、H 原子的电子处于较高的能态，导致

H—N 键容易断开,从而使氢容易放出。Mg、Ti 掺杂使含空位的 $LiNH_2$ 带隙明显变窄,费米能级进入导带,提高释氢能力。空位在掺杂 $LiNH_2$ 中的作用与纯 $LiNH_2$ 中相同。弗伦克尔缺陷周围影响最小,因此它应该最容易产生。Mg、Ti 掺杂使含弗伦克尔缺陷的 $LiMgNH_2$ 和 $LiTiNH_2$ 的带隙明显变窄,使费米能级进入导带,提高了 $LiNH_2$ 的释氢性能。弗伦克尔缺陷使 $LiMgNH_2$ 和 $LiTiNH_2$ 最低能级发生分裂,即使电子占据较高能带,对释氢有利。

(3) 电荷布居计算结果表明,空位的存在使其近邻的 H 容易放出。合金元素与空位交互作用的结果是空位和合金元素对释氢能力提高的作用可以叠加。弗伦克尔缺陷对释氢能力影响很小。在存在弗伦克尔缺陷的 $Li(M)NH_2$ 中,间隙 H 对释氢能力影响小。Mg、Ti 和空位作用可以叠加,对释氢有利。

5.4 本征缺陷、掺杂、掺杂-缺陷复合体对 $LiBH_4$ 释氢的影响机理研究

$LiBH_4$ 是代表性的配位金属硼氢化物,其重量氢密度高达 18.4%,因此是一种非常有潜力的储氢材料[14]。$LiBH_4$ 通过下述反应部分分解可产生 13.5%的氢气[15]:

$$LiBH_4 \longrightarrow LiH + B + 3/2H_2 \tag{5.11}$$

然而作为连续输出固态可逆储氢材料,实际应用 $LiBH_4$ 遇到几个难点:高的操作温度(在 0.1MPa 氢压下,高于 370℃);由于 B 的化学惰性,$LiBH_4$ 释氢动力学速率慢,没有可逆性[16]。重要的解决办法是通过添加金属[17]或金属氢化物[18,19]发展多元反应体系。例如,$2LiBH_4+Al$ 和 $2LiBH_4+MgH_2$ 系的放氢温度下降到 593K 左右[17,19],下面反应反映了它们反应路径的变化:

$$2LiBH_4 + Al \longleftrightarrow 2LiH + AlB_2 + 3H_2 \tag{5.12}$$

$$2LiBH_4 + MgH_2 \longleftrightarrow 2LiH + MgB_2 + 4H_2 \tag{5.13}$$

AlB_2 或 MgB_2 的生成取代了纯 B 的生成,使放氢态产物更加稳定,导致上面两个反应的反应焓 ΔH 相对于式(5.11)有所降低,这对 $LiBH_4$ 的加氢反应也是有益的。此外,可以证明 $LiBH_4+Al$ 和 $LiBH_4+MgH_2$ 反应体系具有相当高的可逆储氢量。不过式(5.12)、式(5.13)反应的加氢、放氢速率在 673K 以下仍很慢。另一改善 $LiBH_4$ 的储氢性能的重要方法是添加金属卤化物。Au 等[20]报道 $TiCl_3$、TiF_3 和 ZnF_2 卤化物通过阳离子交换作用有效地降低了 $LiBH_4+Al$ 和 $LiBH_4+MgH_2$ 体系的释氢温度,并且,有些卤化物掺杂的反应是可逆的。Fang 等[21]研究发现与 $TiCl_3$ 相比 TiF_3 更有效地提高了 $LiBH_4$ 的可逆的释氢反应性能。然而,尽管通过这些技术努力,$LiBH_4$ 加/释氢性能还远远满足不了实际应用的要求。

为了解决上面提到的问题，充分理解 $LiBH_4$ 与金属、金属氢化物和金属卤化物的反应机理是非常有帮助的。众所周知，化学反应一定与晶体体材料内的物质传输有关，所以 Li、H 和 B 粒子在 $LiBH_4$ 中的扩散在其吸收、放氢过程中是非常重要的。物质传输是通过晶格缺陷实现的，例如，发现在 $NaAlH_4$ 中氢扩散是以空位为媒介的[1]。因此 $LiBH_4$ 中与氢有关的缺陷中心、金属杂质掺杂、掺杂-缺陷复合体对物质传输一定起着重要的作用。这里研究氢空位、金属杂质和杂质-空位复合体对 $LiBH_4$ 系的氢扩散和放氢性质的影响机理。得出的一些新结论将有益于设计 Li-B-H 系储氢材料。

5.4.1　计算模型和理论方法

同样采用基于密度泛函理论的第一原理赝势平面波方法计算。进行自洽计算时，体系的总能量收敛值为 2.0×10^{-6} eV/atom。优化结束时，作用于每个原子上的力低于 0.3eV/nm，公差偏移小于 1.0×10^{-4} nm，应力偏差小于 0.05GPa。

$LiBH_4$ 室温下是正交结构，空间群是 Pnma（单胞中有 24 个原子）。对 $LiBH_4$ 体材料进行了计算以获得基本结构信息。计算的晶格常数是 $a=7.2713$Å，$b=4.4604$Å，$c=6.6212$Å，这与实验值 $a=7.1786$Å，$b=4.4369$Å，$c=6.8032$Å 相符[22]。点缺陷和掺杂计算所使用的超原胞是含 48 个原子的（1×1×2）结构（图 5.9）。考察了晶胞尺寸对氢空位形成能的影响。应用（1×2×2）超原胞比（1×1×2）的氢空位形成能降低 0.015eV，这为下面形成能的计算提供了允许的误差。

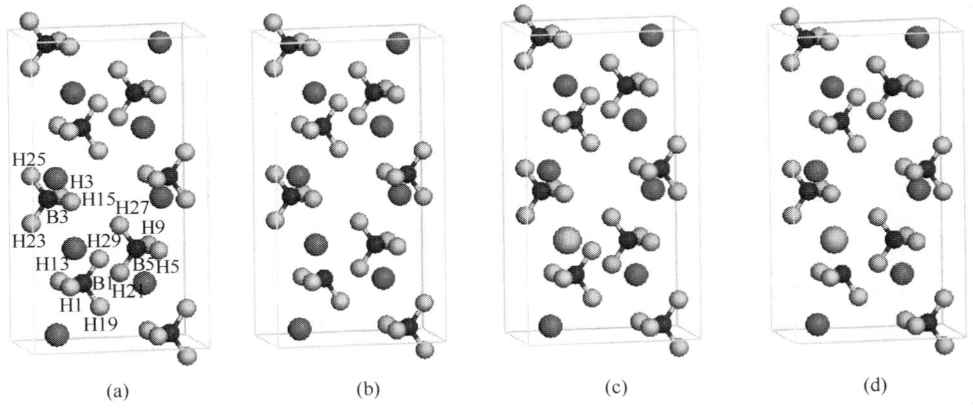

图 5.9　$LiBH_4$(a)、含 H 空位的 $LiBH_4$(b)、$Li(M)BH_4$(c)和含 H 空位的 $Li(M)BH_4$(d)的晶体结构模型

大灰球为 Ti，Ni，Zr；大黑球为 Li；小黑球为 B；小白球为 H；为便于讨论，一些 H 和 B 原子被标为 H1、H2、H3、H4 和 H5，B1、B2、B3 和 B4

5.4.2 结果与讨论

1. 缺陷形成能

$LiBH_4$ 中缺陷(H 空位、金属掺杂和金属掺杂-空位复合体)的形成能可由下式计算[4]:

$$E_f(X) = E_{tot}(X) - E_{tot}(bulk) - \sum_i n_i\mu_i$$

式中,$E_{tot}(X)$是含缺陷超原胞的总能;$E_{tot}(bulk)$是不含缺陷超原胞的总能;μ_i 是不同粒子的化学势;n_i 代表 i 粒子的数目。$n_i>0$ 表示添加了粒子,$n_i<0$ 表示去掉了粒子。将氢的化学势 μ_H 取为 $E_{tot}(H_2)/2$。$E_{tot}(H_2)$通过优化一个八个顶角放置一 H_2 分子的 1nm 的正方体总能获得。H_2 分子键长为 0.0749nm。金属掺杂剂的化学势取其于元素固体中的能量。

表 5.7 给出了 $LiBH_4$ 存在 H 空位、金属掺杂、金属掺杂-空位复合体时的形成能。从表 5.7 可以看出:氢空位和金属掺杂都具有较高的形成能;有金属掺杂时,氢空位的形成能大大降低,同时有空位存在时,金属掺杂的形成能也大大降低。通过式(5.1)可以计算缺陷的浓度,所以氢空位和金属掺杂的浓度都很低,不过一旦产生了一种缺陷,另一种缺陷的产生就变得容易了,因此在有缺陷或掺杂的 $LiBH_4$ 中缺陷的浓度会大大增大。比如在掺杂的 $LiBH_4$ 中空位的形成能较低。实验上,添加 TiO_2、$TiCl_3$ 和 ZrO_2 可有效降低释氢温度,改善其可逆性,所以计算与实验观察是一致的。缺陷间相互作用可形成缺陷复合体,如金属掺杂-空位复合体,从表 5.7 可知,掺杂-空位复合体具有较高的形成能,因此其浓度很低。

表 5.7 $LiBH_4$ 中缺陷的形成能

$E_f(X)$/eV	H_V	Ti	Ni	Zr	Ti—H_V	Zr—H_V	Ni—H_V
$LiBH_4$	2.4553	3.6414	3.6055	4.1195	3.7929	3.8792	4.7392
$LiBH_3(H_v)$		1.3349	2.2812	1.4212			
$LiTiBH_4$	0.1515						
$LiZrBH_4$	−0.2403						
$LiNiBH_4$	1.1337						

2. 态密度

$LiBH_4$ 释/加氢过程与氢扩散有关,而氢扩散是空位机制。对于以空位机制的扩散,为了跳入空位位置,H 必须具有足够的能量来打破 B—H 键,因此氢扩散与 $LiBH_4$ 的成键行为密切相关。下面将通过态密度分析 $LiBH_4$ 的成键行为以及通过密立根密集数分析成键。

图 5.10 给出了 $LiBH_4$ 的总态密度,计算与以前的计算相符[10]。计算带隙为

6.7eV，这一结果与 Miwa 等得出的 6.8eV 结果一致[23]。据我们所知，$LiBH_4$ 带隙的实验值还没有报道。图 5.10 还给出了含氢空位的 $LiBH_4$ 总态密度图。很明显空位在带隙中央引起了缺陷能级，费米能级也移到了带隙中央，结果含氢空位的 $LiBH_4$ 表现得像半导体，而完整的 $LiBH_4$ 是绝缘体。这表明氢空位向受主会从 B—N 键中吸引电子，这会引起电子分布的变化，从而影响 B—N 键强度，进而影响空位近邻氢原子的扩散。

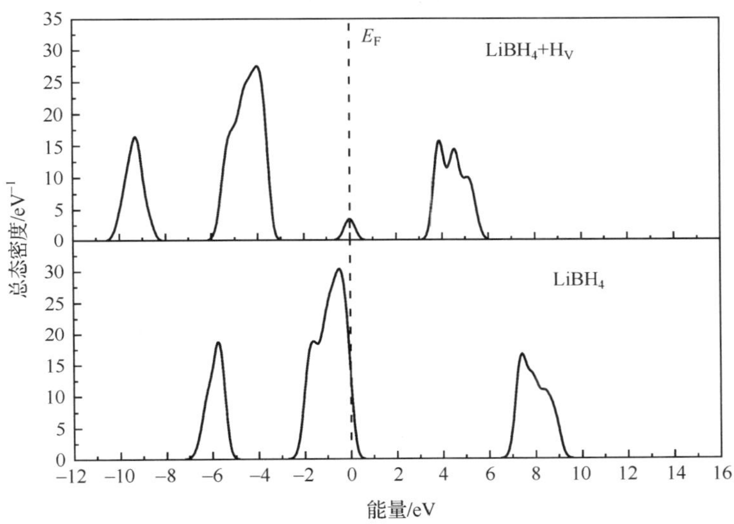

图 5.10　$LiBH_4$、含 H 空位的 $LiBH_4$ 的总态密度

图 5.11 给出了 $LiMBH_4$(M=Ti，Zr，Ni)系的总态密度，图中可清楚地发现金属原子在带隙中引入了能级，Ti、Zr 引入的能级是在导带底以下的浅施主能级，而 Ni 引入的是近带隙中央的深能级。Ti、Zr 和 Ni 都降低占据态的高度(费米能级以下的第一个峰)，这表明 Li—B 和 B—H 键的结合减弱。掺杂 Ti、Zr 的 $LiBH_4$ 的费米能级移向导带，表明新体系 Li(M)BH_4(M=Ti，Zr)行为像金属。$LiNiBH_4$ 的费米能级接近带隙中央，说明其具有半导体特性。因此从电子结构角度，金属催化剂改善 $LiBH_4$ 的释氢动力学性能的一种合理解释是其降低系统中 B—H 键的结合，这使氢的扩散变得容易。我们可以得出结论：任何一种替代元素，如果它减弱 B—H 键的强度且使体系具有金属性，它就可以成为改善 $LiBH_4$ 的释氢动力学性能的候选元素。

图 5.12 给出了含金属掺杂-空位复合体的 $LiBH_4$ 的总态密度。可见在带隙中存在两种缺陷能级。比较图 5.12 和图 5.11，我们可以看到对于 Ti+Hv 和Zr+Hv 复合体，Ti 和 Zr 引入的缺陷能级在导带底以下，接近费米能级的位置，氢空位引入的能级在带隙的中央。对 Ni+Hv 复合体，Ni 引入的缺陷能级刚好在带隙中

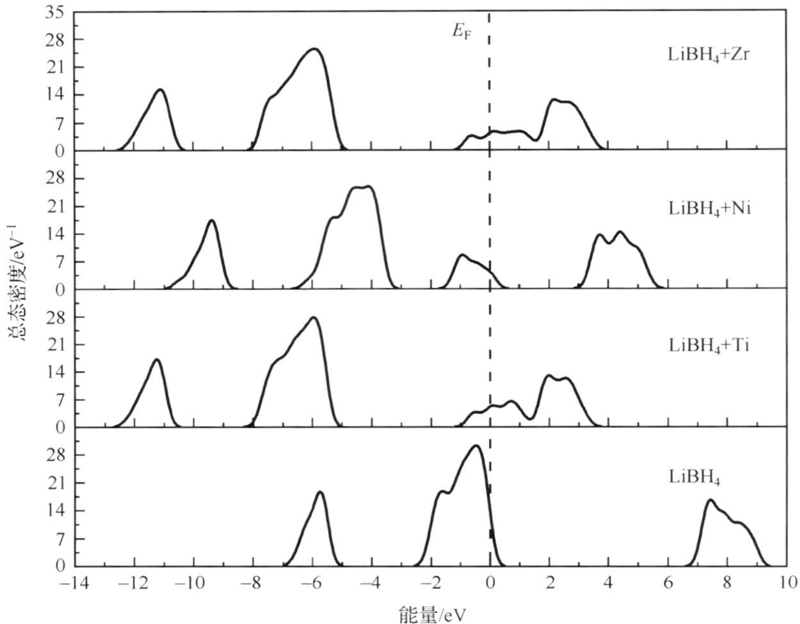

图 5.11　Li(M)BH$_4$(M=Ti,Ni,Zr)的总态密度

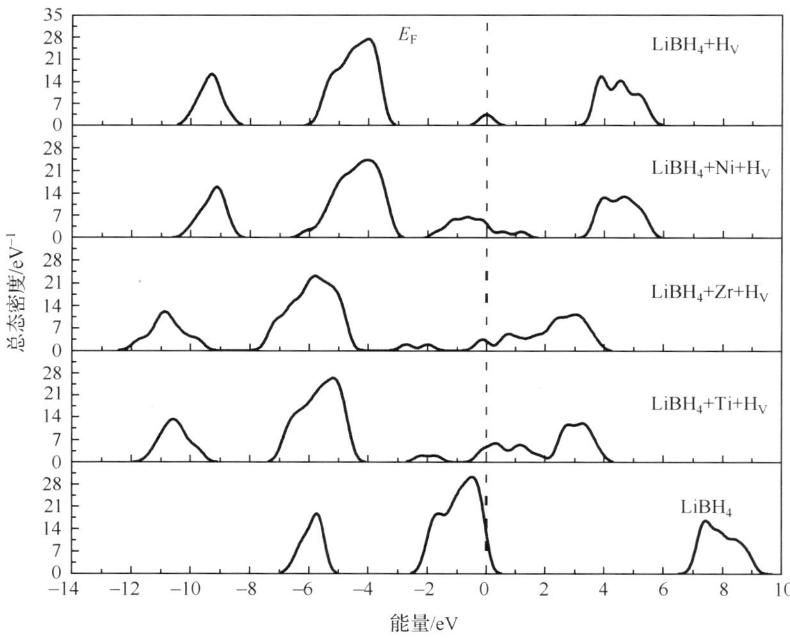

图 5.12　含金属掺杂-空位复合体的 LiBH$_4$ 的总态密度

央以上一点,氢空位引入的能级在带隙的中央以下一点。$LiTiBH_4+H_V$ 和 $LiZrBH_4+H_V$ 体系的费米能级进入了导带,而 $LiNiBH_4+H_V$ 的在带隙中央。总之,金属杂质-空位复合体引入双重缺陷能级。根据前面的讨论,氢空位和金属杂质,他们都改变电子的分布,改变 B—H 键的强度,因此金属杂质-空位复合体的存在必将大大提高 $LiBH_4$ 的动力学性能进而提高其释氢速率。

3. 密立根密集数

表 5.8 给出了密集数的结果。完整 $LiBH_4$ 的 B—H 键的平均密集数是 0.853,表明是共价键。当存在 H29 空位时,即 $LiBH_4+H_V$ 体系,B1—H1、B1—H13、B1—H19 的密集数分别是 0.890、0.890、0.904,比 $LiBH_4$ 中的大。从 BH_4 单元中去掉一个氢形成氢空位,使得 BH_4 四面体结构转变为 BH_3 平面分子结构单元。Au 等研究发现 $LiBH_4$ 分解过程中会有少量的 BH_3 分子放出[24]。密集数计算显示,BH_3 中 B—H 成键变强,所以本书提出在 $LiBH_4+H_v$ 中 BH_3 化合形成 B_2H_6,在 $LiBH_4$ 分解过程中放出。从表 5.8 可看到,BH_4 中氢空位右侧的 B5—H21 键(BH_3)较弱(密集数为 0.847),所以 H21 号氢原子能够跳到空位上,从而实现氢扩散。

表 5.8 $LiBH_4$、含 H 空位的 $LiBH_4$ 和含 H 空位的 $Li(M)BH_4$ 的密立根密集数分析

键	$LiBH_4$	$Li(Ti)BH_4$	$Li(Zr)BH_4$	$Li(Ni)BH_4$	$LiBH_4+H_V$	$Li(Ti)BH_4+H_V$	$Li(Zr)BH_4+H_V$	$Li(Ni)BH_4+H_V$
B1—H1	0.853	0.587	0.546	0.699	0.890	0.598	0.491	0.694
B1—H13	0.853	0.587	0.546	0.699	0.890	0.598	0.498	0.694
B1—H19	0.858	0.852	0.845	0.844	0.904	0.813	0.813	0.855
B1—H29	0.869	0.808	0.669	0.813	—	—	—	—
B5—H9	0.853	0.862	0.872	0.854	0.852	0.880	0.881	0.853
B5—H5	0.853	0.862	0.872	0.854	0.852	0.880	0.880	0.853
B5—H21	0.869	0.768	0.803	0.718	0.847	0.768	0.751	0.633
B5—H27	0.858	0.793	0.750	0.842	0.859	0.803	0.795	0.855
B3—H3	0.853	0.845	0.855	0.850	0.852	0.836	0.832	0.860
B3—H15	0.853	0.845	0.855	0.850	0.852	0.836	0.832	0.860
B3—H25	0.869	0.832	0.889	0.816	0.869	0.842	0.880	0.806
B3—H23	0.858	0.777	0.786	0.705	0.850	0.786	0.804	0.698

最后,讨论金属杂质-空位复合体的作用。$LiMBH_4+H_V$ 中 B1—H1、B1—H13、B1—H19 的密集数比 $LiBH_4$ 和 $LiBH_4+H_v$ 中的小,表明 B_2H_6 不能形成,B5—H21 键也很弱,与 $LiBH_4+H_v$ 中的类似,所以可以得出结论:金属杂质-空位复合体的存在会使 $LiBH_4$ 的释氢温度降低,氢容易扩散。从表 5.8 可以看到,

$LiNiBH_4$ 或 $LiNiBH_4+H_V$ 中 B—H 键的强度比其他 $LiBH_4$ 掺杂系统的弱，这也许可以解释某些金属添加更有效。通过以上分析，发现金属元素和空位在 $Li(M)BH_4+H_V$系统中的作用可以叠加。

5.4.3 结论[25]

采用基于密度泛函理论的第一原理方法，对一种非常有前景的储氢材料 $LiBH_4$ 中的氢空位、金属掺杂、金属掺杂-空位复合体进行了研究。氢空位和金属掺杂都不容易实现，因此它们的浓度都很低。一类缺陷的存在有助于另一类缺陷的形成。基于电子结构的分析，我们提出了一种可能的解释：$LiBH_4$ 加入金属催化剂改善其释氢动力学是由于金属催化剂使 B—H 键减弱，使新体系更具金属性，这些使氢扩散更容易。此外，基于密集数分析，我们发现，氢空位是 $LiBH_4$ 分解过程会释放少量 BH_3 的原因。金属掺杂减弱 B—H 键，致使 $LiBH_4$ 释氢温度降低。掺杂-空位复合体中，金属掺杂剂和空位的作用可以叠加。

5.5 本章小结

固体储氢材料储放氢动力学过程由粒子的扩散过程控制，而扩散与晶体缺陷的存在与运动密切相关。第一原理计算应用于储氢材料研究发现，与氢相关的点缺陷在储氢材料动力学过程中起着重要的作用，催化剂与氢缺陷协同作用大大改善储氢材料的动力学性能。可见，第一原理理论研究对于揭示储放氢动力学性能影响机理，指导储氢材料设计具有重要意义。充分有效利用储氢材料理论研究，将会大大加快储氢材料研究和产业化步伐。

参考文献

[1] Shi Q, Voss J, Jacobsen H S, et al. Point defect dynamics in sodium aluminum hydrides-a combined quasielastic neutron scattering and density functional theory study. Journal of Alloys and Compounds, 2007, 446-447: 469-473.

[2] Wilson-Short G B, Janotti A, Hoang K, et al. First-principles study of the formation and migration of native defects in $NaAlH_4$. Physical Review B, 2009, 80(22): 224102.

[3] Lodziana Z, Züttel A, Zielinski P. Titanium and native defects in $LiBH_4$ and $NaAlH_4$. Journal of Physics: Condensed Matter, 2008, 20(46): 465210.

[4] Van de Walle C G, Neugebauer J. First-principles calculations for defects and impurities: Applications to III-nitrides. Journal of Applied Physics, 2004, 95(8): 3851-3879.

[5] Mott N F, Gurney R W. Electronic Processes in Ionic Crystals. 2nd ed.. Oxford: Clarendon Press, 1948.

[6] Parlinski K, Jochym P T, Kozubski R, et al. Atomic modelling of Co, Cr, Fe, antisite atoms and vacancies in B2-NiAl. Intermetallics, 2003, 11(2): 157-160.

[7] Henkelman G, Jónsson H. Improved tangent estimate in the nudged elastic band method for finding min-

imum energy paths and saddle points. Journal of Chemical Physics，2000，113(8) ：9978-9985.

[8] Liu G L，Zhang G Y，Zhang H，et al. The role of vacancy，impurity，impurity-vacancy complex in the kinetics of $LiNH_2$ complex hydrides：A first-principles study. Chinese Physics B，2011，20(3)：038801-1.

[9] Hazrati E，Brocks G，Buurman B，et al. Intrinsic defects and dopants in $LiNH_2$：A first-principles study. Physical Chemistry Chemical Physics，2011，13(13)：6043-6052.

[10] Hoang K，Van de Walle C G. Hydrogen-related defects and the role of metal additives in the kinetics of complex hydrides：A first-principles study. Physical Review B，2009，80：214109-214119.

[11] 方俊鑫，陆栋. 固体物理学. 上海：上海科学技术出版社，1980.

[12] Ichikawa T，Hanada N，Isobe S，et al. Mechanism of novel reaction from $LiNH_2$ and LiH to Li_2NH and H_2 as a promising hydrogen storage system. Journal of Physical Chemistry B，2004，108(23)：7887-7892.

[13] 路广霞，张辉，张国英，等. $LiNH_2$ 储氢材料中间隙 H 缺陷与掺杂原子交互作用对其释氢性能影响机理研究. 物理学报，2011，60(11)：117101-1- 117101-5.

[14] Schlapbach L，Zuttel A. Hydrogen-storage materials for mobile applications. Nature，2001，414：353-358.

[15] Zuttel A，Wenger P，Rentsch S，et al. $LiBH_4$ a new hydrogen storage material. Journal of Power Sources，2003，118(1,2)：1-7.

[16] Mauron P H，Buchter F，Friedrichs O，et al. Stability and reversibility of $LiBH_4$. Journal of Physical Chemistry B，2008，112：906-910.

[17] Kim J W，Friedrichs O，Ahn J，et al. Microstructural change of $2LiBH_4/Al$ with hydrogen sorption cycling：Separation of Al and B. Script Mater，2009，60(12)：1089-1092.

[18] Yang J，Sundik A，Wolverton C. Destabilizing $LiBH_4$ with a metal (M=Mg，Al，Ti，V，Cr，or Sc) or metal hydride (MH_2 = MgH_2，TiH_2，or CaH_2). Journal of Physical Chemistry C，2007，111(51)：19134-19140.

[19] Kou H Q，Xiao X Z，Chen L X，et al. Formation mechanism of MgB_2 in $2LiBH_4 + MgH_2$ system for reversible hydrogen storage. Transactions of Nonferrous Metals Society of China，2011，21(5)：1040-1046.

[20] Au M，Jurgensen A R，Spencer W A，et al. The stability and reversibility of lithium borohydrides doped by metal halides and hydrides. Journal of Physical Chemistry C，2008，112(47)：18661-18671.

[21] Fang Z Z，Kang X D，Yang Z X，et al. Combined effects of functional cation and anion on the reversible dehydrogenation of $LiBH_4$. Journal of Physical Chemistry C，2011，115(23)：11839-11845.

[22] Soulié J-P，Renaudin G，Černý R，et al. Lithium borohydride $LiBH_4$：I. Crystal structure. Journal of Alloys and Compounds，2002，346(1,2)：200-205.

[23] Miwa K，Ohba N，Towata S I，et al. First-principles study on lithium borohydride $LiBH_4$. Physical Review B，2004，69(24)：245120-1-245120-8.

[24] Au M，Jurgensen A. Modified lithium borohydrides for reversible hydrogen storage. Journal of Physical Chemistry B，2006，110(13)：7062-7067.

[25] Zhang G Y，Liu G L，Zhang H. Intrinsic defects，dopants and dopant-defect complexes in $LiBH_4$：A first-principles study. Transactions of Nonferrous Metals Society of China，2012，22(7)：1717-1722.

第 6 章　金属氮氢系储氢材料的储氢性能

传统储氢材料因金属质量过大导致其储氢量较低，而其他无机络合物储氢材料如硼氢化物、铝氢化物、氨硼烷等都具有可逆性差等限制条件，根本满足不了实际车载氢源的应用要求，所以对轻金属特别是碱金属和碱土金属的氢化物及氨基化物组成的 M-N-H 储氢材料系统的研究已经成为一个趋势和热点。如由锂、钠、镁、钙、钾等金属元素的氢化物和氨基化物组成的新型化学储氢材料由于其储氢量大(5%左右)、可逆性好、吸放氢反应温和等，成为最接近美国能源局提出的车载氢源技术目标的储氢材料系统。早在 1910 年，Dafert 和 Miklauz 就报道了氮化锂和氢在 220～250℃下可反应生成 Li_3NH_4，后来发现这种物质是氨基锂 $LiNH_2$ 和氢化锂 LiH 的混合物[1]，而且生成的这种物质又可以释放出氢。但是由于生成物中的氨基锂分解产生的氨气对环境产生污染，氨基锂和氢化锂对空气和水都非常敏感，所以未引起人们的重视。直到 2002 年，Chen 等在 *Nature* 上首次提出氮化锂可以大量可逆地吸放氢[2]，从而引发了大量学者对 Li-N-H[3～11] 以及由此衍生出的其他轻金属 M-N-H[12～67] 储氢材料系统的研究热潮。实际上对固体储氢材料的研究目的集中在两个方面：一是可逆储氢量不低于 6%；二是吸放氢温度温和，最好低于 100℃，这也是储氢材料系统作为实际应用必不可少的基本要求。不幸的是，迄今为止所研究的储氢材料中还没有一种系统能同时达到上述要求，但是 M-N-H 储氢材料系统是最接近上述要求的一类储氢材料系统，因此对其系统的组成、储氢性能、催化性能的研究还是非常有必要的。

近几年来，金属-氮-氢体系取得了很大的发展。M-N-H 储氢材料一般由轻金属的氢化物和氨基化物组成，按其组成的金属组元不同来分类。根据其含有 NH 基团和金属元素种类的不同，可以将它们划分为二元(binary system，BS)、三元(ternary system，TS)以及多元(multi-system，MS)反应体系。二元金属氮氢化物体系主要有 Li-N-H、Mg-N-H、Ca-N-H 等[3～35]。随着二元金属氮氢化物体系的研究发展，为了降低初始放氢温度，人们进一步提出通过 Mg、Ca、Na 等元素的引入使成分多元化，改变体系的反应历程及相关热力学参数，从而改善金属氮氢化物的储氢性能，如三元系 Li-Mg-N-H、Li-Ca-N-H、Na-Mg-N-H 和 Mg-Ca-N-H 等[36,67]，以及多元系 Li-Mg-Al-N-H、Li-Mg-B-N-H 等[68,69]。各种二元、三元及多元 M-N-H 储氢材料系统的储氢反应方程式及理论储氢量见表 6.1。本章主要介绍几个重要的二元和三元 M-N-H 储氢材料的储氢性能，至于多元系统将在第 7 章加以介绍。

表 6.1　常见金属氮氢材料体系储氢反应方程式及储氢量

材料系统		反应方程式	储氢量/%
二元系统	BS-1	$LiNH_2+2LiH \longleftrightarrow Li_3N+2H_2$	10.26
	BS-2	$LiNH_2+LiH \longleftrightarrow Li_2NH+H_2$	6.45
	BS-3	$Mg(NH_2)_2+MgH_2 \longleftrightarrow 2MgNH+2H_2$	4.84
	BS-4	$Mg(NH_2)_2+2MgH_2 \longrightarrow Mg_3N_2+4H_2$	7.35
	BS-5	$2CaNH+CaH_2 \longleftrightarrow Ca_3N_2+2H_2$	2.63
	BS-6	$CaNH+CaH_2 \longleftrightarrow Ca_2NH+H_2$	2.06
	BS-7	$Ca(NH_2)_2+CaH_2 \longleftrightarrow 2CaNH+2H_2$	3.51
三元系统	TS-1	$2LiNH_2+CaH_2 \longleftrightarrow Li_2Ca(NH)_2+2H_2$	4.55
	TS-2	$Mg(NH_2)_2+2LiH \longleftrightarrow Li_2Mg(NH)_2+2H_2$	5.53
	TS-3	$3Mg(NH_2)_2+8LiH \longleftrightarrow 4Li_2NH+Mg_3N_2+8H_2$	6.78
	TS-4	$Mg(NH_2)_2+CaH_2 \longrightarrow MgCaN_2H_2+2H_2$	4.07
	TS-5	$2LiNH_2+LiBH_4 \longrightarrow Li_3BN_2+4H_2$	11.80
	TS-6	$2LiNH_2+LiAlH_4 \longrightarrow Li_3AlN_2+4H_2$	9.52
	TS-7	$LiNH_2+2LiH+AlN \longleftrightarrow Li_3AlN_2+2H_2$	5.00
	TS-8	$4LiNH_2+2Li_3AlH_6 \longrightarrow Li_3AlN_2+Al+2Li_2NH+3LiH+15/2H_2$	3.75
	TS-9	$3LiNH_2+7LiH+Al+AlN \longleftrightarrow Li_3AlN_2+Al+2Li_2NH+3LiH+4H_2$	4.15
多元系统	MS-1	$NaNH_2+LiAlH_4 \longrightarrow NaH+LiAlNH+2H_2$	5.19
	MS-2	$3Mg(NH_2)_2+3LiAlH_4 \longrightarrow Mg_3N_2+Li_3AlN_2+2AlN+12H_2$	8.48
	MS-3	$6LiNH_2+2LiBH_4+3MgH_2 \longrightarrow 2Li_3BN_2+Mg_3N_2+2LiH+12H_2$	9.25

6.1　Li-N-H 系统[6～12]

6.1.1　系统的组成

Li-N-H 储氢材料系统一般由摩尔比为 1∶1 的氨基锂和氢化锂组成，该系统的吸放氢可逆反应的方程式为

$$LiNH_2 + LiH \longleftrightarrow Li_2NH + H_2$$

这时，系统的理论可逆储氢量约为 6.45%。当然系统也可以从 LiN 开始，这时其吸放氢反应为

$$LiNH_2 + 2LiH \longleftrightarrow Li_2NH + LiH + H_2 \longleftrightarrow Li_3N + 2H_2$$

可见反应分两步进行，其中第一步和第二步的理论储氢量分别为 5.1%和 5.4%，总的理论放氢量可达 10.3%。化合物氮化锂 Li_3N、亚氨基锂 Li_2NH 以及

氨基锂 $LiNH_2$ 的标准摩尔生成焓分别为−197kJ/mol、−222kJ/mol、−176kJ/mol，因此对应放氢反应两步的焓变分别为 $\Delta H=-148kJ/mol$ 和 $\Delta H=-45kJ/mol$。这里之所以说的是理论储氢量而不是储氢量，是因为在 M-N-H 系统中，放氢反应的副反应为氨气，因此一般组成 M-N-H 系统时氢化物都过量 10%左右，来抑制系统在放氢反应中副反应产生的氨气，提高系统的循环吸放氢能力。当然系统的实际储氢量以实验为准，且实际储氢量达不到其储氢量，这是因为对于该系统来讲，放氢反应为固固反应，而吸氢反应为固固气反应，无论采用何种混合方法，都不能使上述两个反应的反应物颗粒内部完全反应，从而吸放氢反应不能完全进行。

通常情况下，Li-N-H 储氢材料系统采用氨基锂与氢化锂以摩尔比为 1∶1.1 于高能球磨罐中球磨混合而成，当然氢化锂过量的百分数也会影响到系统的理论储氢量，当过量 10%时，其理论储氢量可达约 6.3%。

6.1.2 系统的储氢性能

6.1.2.1 系统的相结构和热重分析

1. 球磨时间的影响

正如上面所述，固体储氢材料的吸放氢反应是固态反应，固态反应主要受扩散速率控制。固态反应的扩散速率主要受扩散距离的长短和扩散通道的大小影响，减小反应物的粒度将可以有效地提高扩散速率，从而改善反应的动力学性能。高能球磨可以使颗粒细化，缩短固态粒子间的相互扩散距离，有助于非晶相的形成，同时大大增加反应面积；晶粒的细化提供了更多的晶界，成为氢扩散的通道，加速氢的扩散。此外还可以在材料表面引入大量的位错、无序等显微缺陷，在很大程度上降低了活化能，提高了氢的渗透输送能力。因此固体储氢材料在反应物混合的过程中，球磨工艺对其吸放氢性能有很大的影响。Shaw 等[53]系统地研究了球磨时间对 Li-N-H 储氢材料系统相结构和热重结果的影响，结果表明，随着球磨时间的增加，氨基锂与氢化锂以摩尔比为 1∶1.1 的样品的 XRD 图谱如图 6.1 所示，可看出明显出现了宽化，图 6.2 扫描电镜照片发现随着球磨时间的增加，氨基锂与氢化锂的颗粒度变小且紧密地结合在一起。

热重分析(图 6.3)表明，较长时间的球磨对放氢过程有较大的活化作用，比如同样释氢 1%的温度，球磨 180min 较未球磨的分解温度从 300℃降至 230℃。未球磨样品的失重超过球磨样品的原因是系统释放出了氨气，这也可从产物气体的质谱结果得到验证。

进一步的热重实验分析表明，样品在不同的升温速率其分解温度明显不同，如图 6.4 所示，采用 Kissinger 方程来求系统分解时的活化能，分析结果如图 6.5 所示，可以发现，$LiNH_2+LiH$ 系统放氢反应的活化能从未球磨时的 163.76kJ/mol

降至 24h 球磨后的 62.90kJ/mol，降幅约为 60%。

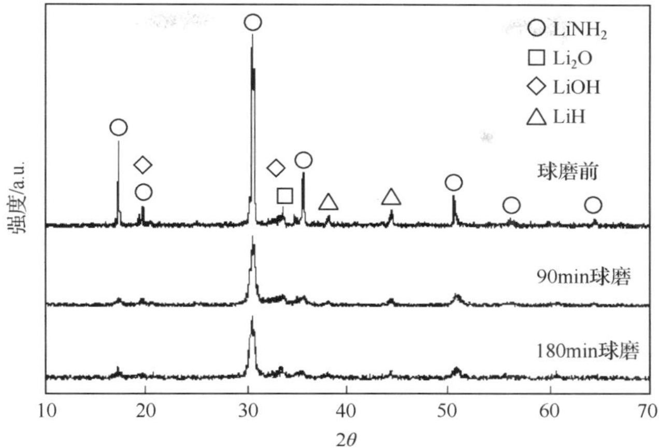

图 6.1　$LiNH_2$ 和 LiH 摩尔比为 1∶1.1 的样品在室温下球磨不同时间的 XRD 图谱

图 6.2　$LiNH_2$ 和 LiH 摩尔比为 1∶1.1 的样品在室温下分别球磨 0h(a)、1.5h(b)、3h(c)和 24h(d)后的扫描电镜照片

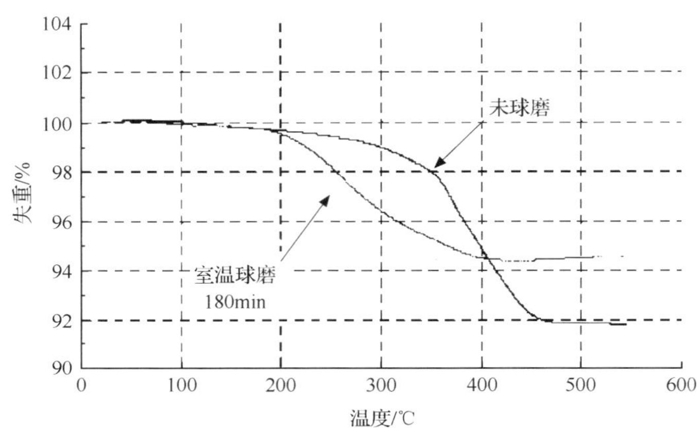

图 6.3　$LiNH_2$ 和 LiH 摩尔比为 1∶1.1 的样品在室温下球磨不同时间的热重分析结果

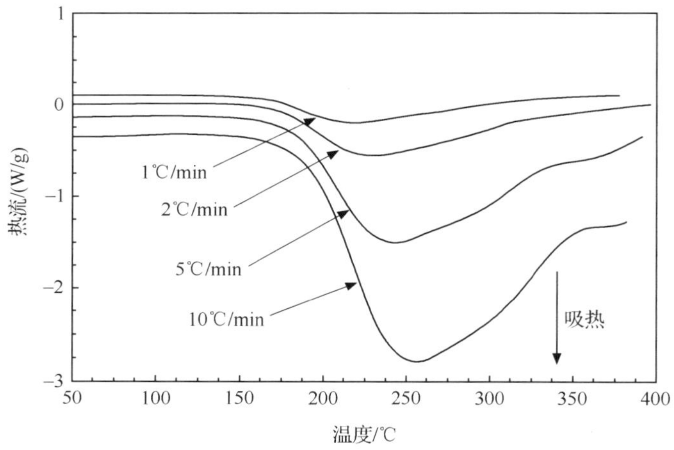

图 6.4　$LiNH_2$ 和 LiH 摩尔比为 1∶1.1 的样品在室温下球磨 1.5h 后不同加热速率的 DSC 差热分析结果

2. 球磨温度的影响

球磨过程中的温度对粉末材料球磨后储氢材料的粒度、结合以及表面缺陷有很大的影响，从而影响储氢材料的吸放氢动力学。Osborn 等[58]系统地研究了球磨温度对 Li-N-H 储氢材料系统相结构和热重结果的影响，结果表明：随着球磨温度从室温(20℃)降至液氮温度(−196℃)，无论是 XRD 计算结果(图 6.6)，还是 SEM 和 TEM 测试结果(图 6.7)，均表明 $LiNH_2$ 和 LiH 摩尔比为 1∶1.1 的样品的颗粒度均显著地降低，且液氮温度下球磨时可达到纳米结合，从而使得该系统的

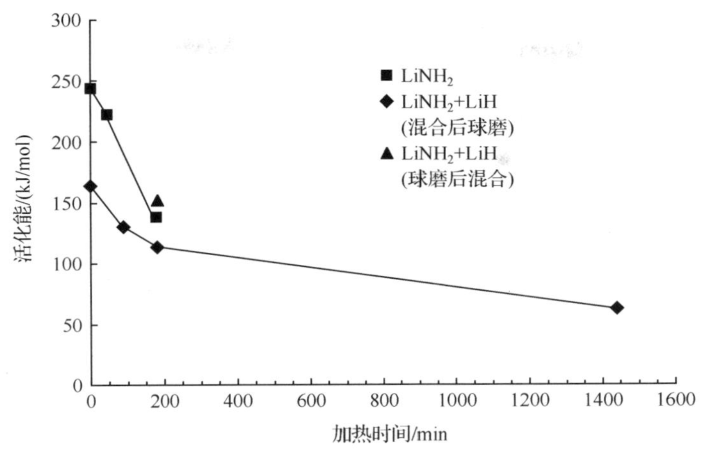

图 6.5　$LiNH_2$ 和 LiH 摩尔比为 1∶1.1 的样品在室温下球磨时间不同时系统分解放氢反应活化能的分析结果

放氢动力学加快，且提高了其放氢量(增加了 1%)，放氢动力学曲线如图 6.8 所示。本书通过核磁共振分析得出液氮温度下球磨时对于放氢动力学增强的原因是在低温度条件下球磨的样品保留了大量的晶格缺陷以及在材料体表形成了大量位错、无序等显微缺陷，这在很大程度上降低了活化能，提高了气体在样品中的扩散速率。

6.1.2.2　*P-C-T* 分析结果

最能反映系统的热力学性质的实验曲线为 *P-C-T* 曲线。*P-C-T* 曲线实质上是等温等容时吸放氢反应的氢气平衡分压与系统的相组成曲线，在 *P-C-T* 气体吸脱附分析仪的实验中可以得到。Chen 等[2]较为系统地研究了 Li-N-H 储氢材料在 255℃、230℃、195℃三个不同温度的 *P-C-T* 曲线，如图 6.9 所示。研究结果表明：255℃时每摩尔 Li_3N 可吸收 3.6mol 的 H 原子，这大约相当于质量百分比 10%的吸氢量，第一步的吸氢平台压低于 0.07bar，对应的放氢平台压则更低，使得放氢反应很难顺利进行；而第二步吸氢平台压稍高，对应于不同温度分别为 0.2bar、0.5bar、1.0bar。在 0.04bar、高于 230℃的温度时，放出约 5.5%的 H_2，这比热重测试时 10^{-5}mbar 高真空条件下的放氢量显然要低。2003 年 Chen 等[70]对 $LiNH_2+xLiH$($x=0\sim2$)体系，通过变 x 的方法研究了 $LiNH_2$ 的放氢性能，与前面研究结果不同，在此最大放氢量虽然可达 9.6%，但却需要 430℃的高温，并且也是在 10^{-5}mbar 的高真空条件，这在一般实验条件下能否实现值得考虑。$LiNH_2$ 在其熔点(374℃)附近温度发生分解反应：$LiNH_2 \longleftrightarrow Li_2NH+NH_3$，反应焓变

ΔH 为 83kJ/mol，反应产物为 NH_3，而 $LiNH_2+xLiH$ 的反应产物却为 H_2，这样，反应物体系中有无 LiH 显然会对反应产生明显影响，甚至 LiH 量的多少也会影响 $LiNH_2+xLiH$ 体系的储氢性能。

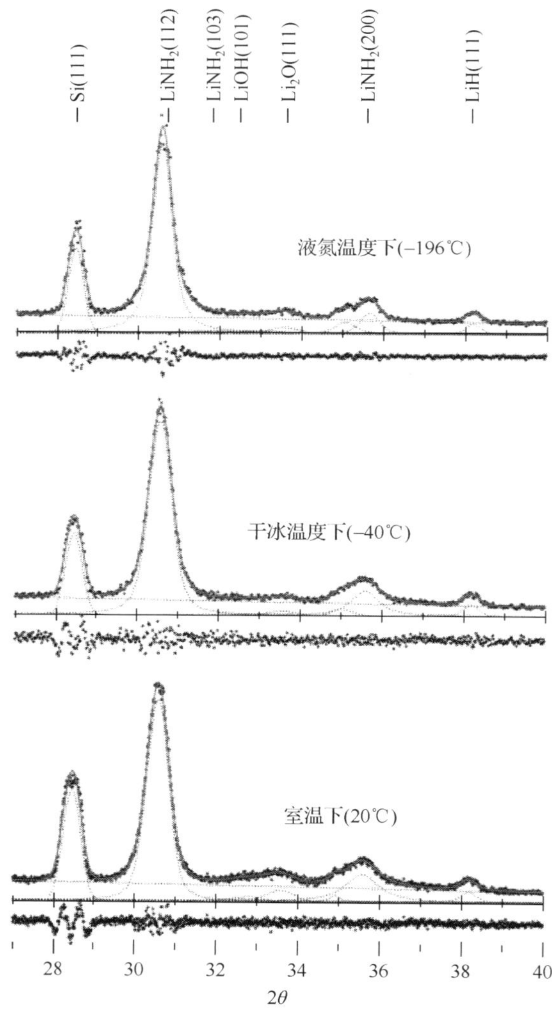

图 6.6 $LiNH_2$ 和 LiH 摩尔比为 1∶1.1 的样品在不同温度下球磨 3h 后的 XRD 分析结果

6.1.2.3 吸放氢动力学

吸放氢反应速率的快慢是储氢材料最重要的性能之一，因此吸放氢反应动力学的研究非常重要。图 6.10 给出了 Li_3N 样品的吸放氢动力学曲线。从图中可以看出，样品可逆吸放氢的量可高达约 9.3%，且吸放氢速率较快。约 6%的吸放氢

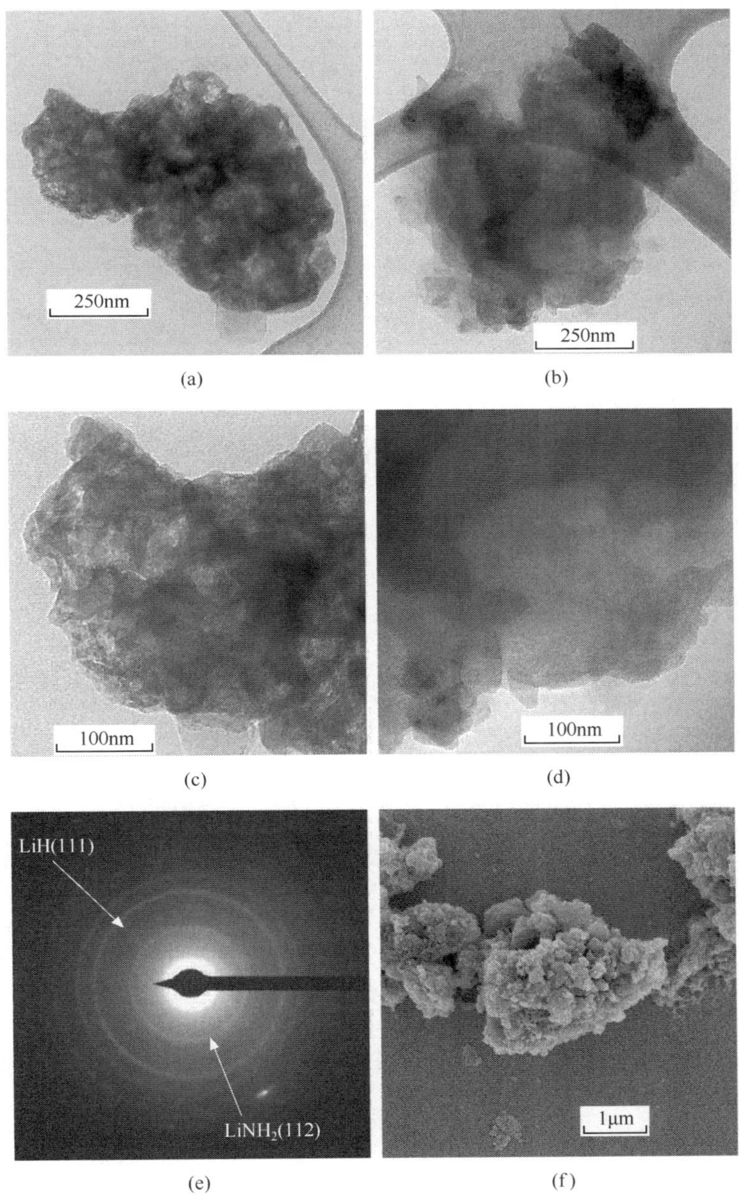

图 6.7　$LiNH_2$ 和 LiH 摩尔比为 1∶1.1 的样品在不同温度下球磨 3h 后的 SEM 和 TEM 照片

(a)和(b)分别为液氮温度下(−196℃)和室温下(20℃)的 TEM 照片，(c)和(d)分别为(a)和(b)的放大 TEM 照片，可见粉末样品的颗粒度球磨后减小至约 20nm 或更小，(e)为在(a)中的选区衍射花样(SAD)，(f)为室温球磨后的 SEM 照片

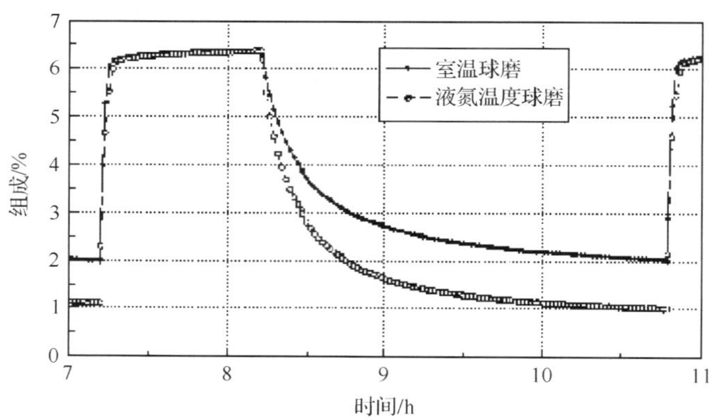

图 6.8　$LiNH_2$ 和 LiH 摩尔比为 1∶1.1 的样品在不同温度下球磨后放氢反应速率对比

量均出现在 200℃左右，然而剩余的约 3%的吸放氢量所对应的温度与吸放氢过程有关，吸氢的温度较低，约在 250℃附近，而放氢则需要在接近 430℃才能进行。

Hu 等[71]认为虽然 Li_3N 储氢量高达约 10%，但其在较低温度(200℃左右)的可逆储氢量仅为 5.5%，其主要原因为 Li_3N 吸氢后的产物为 $LiNH_2$ 和 2LiH，而在低温时的脱氢反应则是按照 $LiH + LiNH_2 = Li_2NH + H_2$ 进行，其中 $LiNH_2$ 和 LiH 的摩尔比为 1∶1，因此还剩余一半的 LiH 没有反应。相反，如果用 Li_2NH 代替 Li_3N 作为原料，其吸氢后的产物则是 1∶1 的 $LiNH_2$ 和 LiH，从而使产物完全反应，放出更多的氢气，其理论储氢量为 6.85%。而按照传统方法，Li_2NH 是通过 $LiNH_2$ 在 350℃以上高温加热分解制备，这种方法不但需要高能耗，而且放出氨气，造成环境污染。本书采用 Li_3N 和 $LiNH_2$ 在 210℃下通过快速固相反应方法合成了 α-Li_2NH，并且无氨气等副产物产生，同时表现出良好的吸氢动力学性能，如图 6.11 所示。在 230℃和 7atmH_2 下，α-Li_2NH 能够在 10min 内吸收超过 5.0%的氢气，60min 后吸氢量达到 6.5%；而通过传统热分解法制备的 β-Li_2NH 在 500min 内吸氢量不足 2%。但关于其放氢性能本书并没有进行深入的研究。

陈志等[72]研究了球磨 10h 的 Li_3N-$LiNH_2$ 样品在 230℃和 280℃时的放氢性能，如图 6.12 所示。从该图可以看出，样品在 230℃时的动力学性能较在 280℃时明显下降，在第一周放氢时 100min 内放氢量仅有 3.0%，完成该温度下总放氢量的 67%，即使到 1000min 时放氢仍不完全，放氢量也仅有 4.5%；而且在随后的两周循环中，动力学性能逐渐下降，第二周和第三周 100min 内的放氢量依次为 2.2%和 1.5%。由于样品在 230℃时放氢动力学性能较 280℃时放氢动力学性能明显下降，导致样品在相同时间内的放氢量也明显下降，但样品在 230℃时放氢性

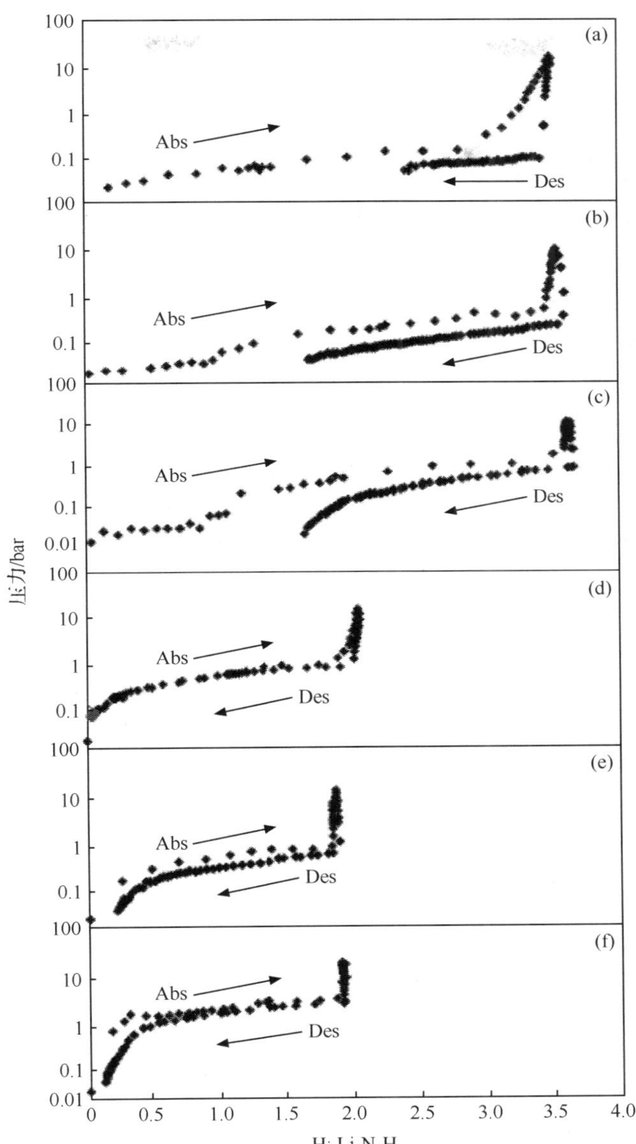

图 6.9　Li_3N 和 Li_2NH 样品在氢气中的 *P-C-T* 曲线

氢压一步步从 20bar 一直降低到 0.04bar，x 轴是 H 原子与 Li-N-H 分子的摩尔比，(a)～(c)为 Li_3N，温度分别为 195℃、230℃、255℃，(d)为 Li_3N 的 255℃再次循环 *P-C-T* 曲线，(e)和(f)为 Li_2NH，温度分别为 255℃和 285℃

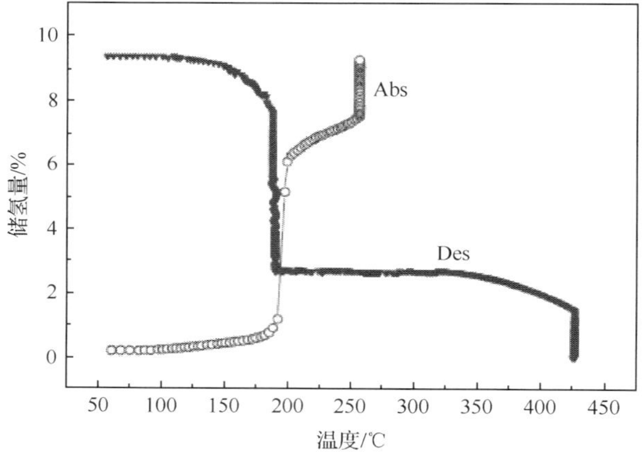

图 6.10 Li_3N 样品的吸放氢动力学曲线

温度扫描速率为 2℃/min，Abs 代表吸氢，Des 代表放氢

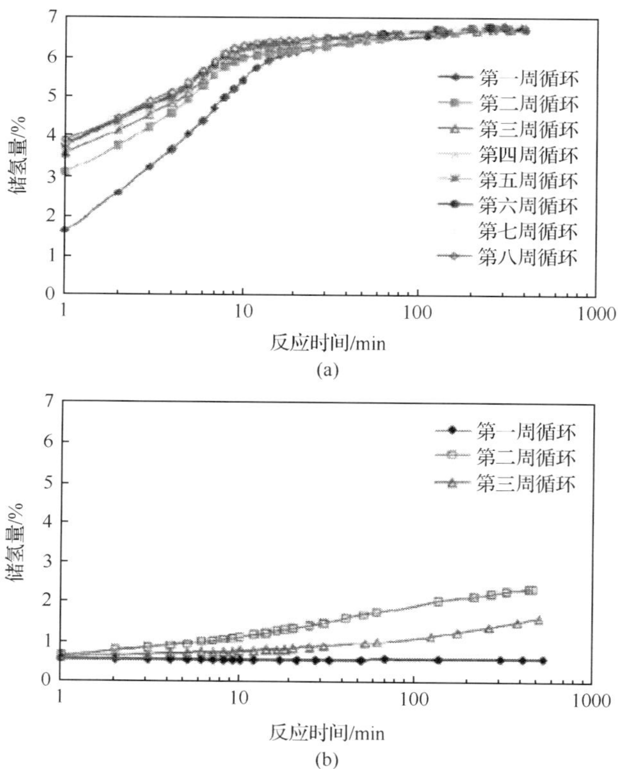

图 6.11 采用 Li_3N 和 $LiNH_2$ 通过快速反应制备的 α-Li_2NH(a)和传统方法由 $LiNH_2$ 加热分解制备的 β-Li_2NH(b)在 230℃，7atm 氢压下的吸氢曲线

能随循环次数的衰减程度并不像样品在280℃时那样迅速，说明样品在较低温度时虽然放氢量以及放氢动力学性能有所下降，但其循环稳定性能则有所提高。

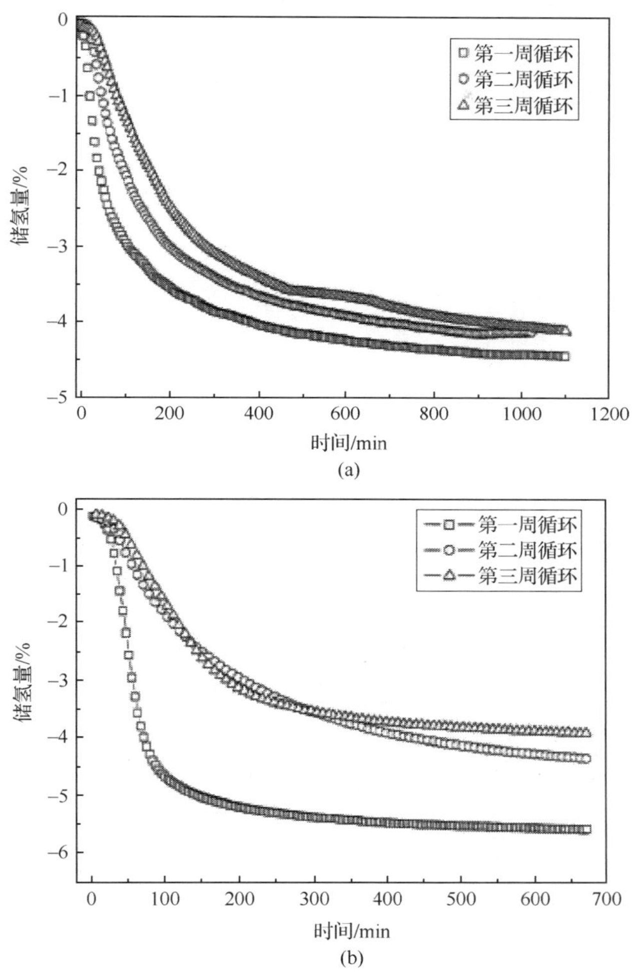

图6.12 球磨10h的吸氢态Li_3N-$LiNH_2$样品分别在230℃(a)和280℃(b)时的放氢循环动力学曲线

6.1.3 催化剂的影响

研究人员还尝试了添加催化剂以改进Li-N-H储氢体系的性能。Ichikawa等[41]对掺杂1%(摩尔分数)的Ni、Co、Fe、$TiCl_3$和VCl_3的LiH+ $LiNH_2$储氢体系进行了深入的研究，其结果表明：催化剂的加入明显降低了该体系的放氢温度，并提高了其放氢动力学性能。其中$TiCl_3$和VCl_3对该体系的催化效果最好。

Guo 等[73]还发现，添加 V_2O_5、V、MnO_2 或 Mn 也可以有效地改善 LiH+ $LiNH_2$ 体系的放氢性能。由此可见，Li-N-H 体系材料储氢量高，可逆性好，吸放氢条件相比金属配位氢化物比较温和，材料本身也比较稳定，是近年来研究的热点，但其放氢温度仍然较高，动力学性能也有待提高，不能满足车载储氢材料的要求，如何找到更好的催化剂来进一步降低其放氢温度以及提高其动力学性能是未来研究的方向。

6.2 Li-Mg-N-H 系统

Chen 等报道的 Li-N-H 系统有很高储氢量(达 10.5%)，然而它的反应温度和压力作为车载氢源应用并不令人满意。Luo 通过用镁代替部分锂对 Li-N-H 储氢材料系统进行改性，获得较好的效果[17]，他将 LiH+$LiNH_2$ 与 MgH_2+ $LiNH_2$ 两个样品从室温开始加热逐渐分别升高到 300℃和 240℃，第一个样品 LiH+$LiNH_2$ 从 160℃开始释氢，而第二个样品 MgH_2+ $LiNH_2$ 从 100℃就开始释氢，而且释氢速率比第一个样品快很多。在 200℃、220℃、240℃三个不同温度下，释氢量几乎都接近 4.5%，产生的氢气压强要比第一个样品高出几十个大气压。通过推算，第二个样品在 100℃时气压为 3bar，适合实际车辆燃料电池应用。从可逆性上看，第二个样品经历 9 次吸放氢循环，其储氢量没有多少变化，这点对储氢材料是至关重要的。从理论推算第二个样品的反应焓变比第一个样品反应焓变小，因而用镁代替部分锂可充分体现储放氢的优越性，适合在交通运输中作车辆的燃料电池的氢储备。Orimo 等[74]通过第一原理计算总结出氨基锂的电子学特征，得出氨基基团是被锂离子稳定住了，预测通过用更大的电负性元素镁来取代部分的锂，来破坏氨基锂的稳定性，从而降低反应温度。实验证明这种掺杂是很有效的，30%的锂被镁取代后可以使初始的反应温度降低 100 多度。因此对 M-N-H 储氢材料系统的很多后续研究是围绕镁基开展的，而这一体系研究得相对较为深入，且在这一体系中研究较多的是关于反应物匹配及比例问题。

6.2.1 系统的组成

Li-Mg-N-H 系统储氢材料系统一般由摩尔比为 2∶1 的氨基锂和氢化镁组成，该系统的吸放氢可逆反应的方程式为

$$2LiNH_2 + MgH_2 \longleftrightarrow Li_2Mg(NH)_2 + 2H_2$$

系统的理论可逆储氢量约为 5.46%。当然系统也可以从摩尔比为 1∶2 的氨基镁和氢化锂开始，这时其吸放氢反应为

$$Mg(NH_2)_2 + 2LiH \longleftrightarrow Li_2Mg(NH)_2 + 2H_2$$

这时，系统的理论可逆储氢量仍约为 5.46%。正如第 3 章所述，氨基锂是商

品化的有市售的试剂，而氨基镁常需要实验室来合成，因此大部分的研究工作是在初始物质为氨基锂和氢化镁所组成的系统中进行的，当然也有初始物质为氨基镁和氢化锂。之所以初始物质选定为氨基镁和氢化锂，原因有两个：一是通常情况下，为了抑制该系统的副反应（也就是分解生成氨气的反应），常需要的配比为过量10%（摩尔分数）的氢化物，这时初始物质选定为摩尔比为 1∶2.2 的氨基镁和氢化锂的系统较初始物质选定为摩尔比为 2∶1 的氨基锂和氢化镁的系统来讲，对氨气的放出具有稍强的抑制能力，这是因为该能力前者来自于过量的氢化锂而后者来自于过量的氢化镁，而氢化锂与氨气的反应易于氢化镁，但它们的理论储氢量是一样的，均为 5.34%；二是由于氨基镁的分解温度低于氨基锂，因此前者在第一次放氢时的温度较后者稍低，导致分解产物可能较纯，因而吸放氢性能稍佳。一般情况下，反应物的混合过程都采用高能球磨法。

6.2.2　系统的储氢性能

本书分别采用两种初始物质，系统地探讨了 Li-Mg-N-H 系统的储氢性能。样品 1 为氨基锂与氢化镁（摩尔比为 2∶1.1），样品 2 为氨基镁与氢化锂（摩尔比为 1∶2.2），初始物质的混合物在 0.2MPa 高纯氩气保护下进行 24h 球磨。球磨机转速设为 400r/min，球料比为 400∶1。合成产物采用 X-射线衍射（XRD）进行定性分析。采用高压气体吸/脱附分析仪（PCT）进行储氢性能分析，包括脱氢 *P-C-T* 曲线、吸氢动力学和脱氢动力学的测定。在做样品的储氢性能分析之前，需在 100bar 的高纯氢中活化 24h，活化过程也在高压气体吸/脱附分析仪中进行。

6.2.2.1　球磨后产物的 XRD 表征

图 6.13 显示样品 1 和样品 2 在 0.2MPa 高纯氩气保护下进行 24h 球磨后产物的 XRD 图谱，衍射角 20°处的馒头包为液体石蜡的峰，在以下的 XRD 图谱中均未标出。从图谱中可分析出样品 1 和样品 2 球磨产物中均只有氨基化物和氢化物，没有任何氧化物、氢氧化物以及新的物质形成，说明这两种粉末物质以机械的方式互相混合，未发生化学反应。同时两种样品的 XRD 衍射峰都有些宽化，因此两种物质的颗粒度球磨后变小。

6.2.2.2　*P-C-T* 曲线

图 6.14 为样品 1 和样品 2 在 230℃下的 *P-C-T* 曲线。图中曲线明显有两个平台，分别对应如下两个吸放氢反应：

$$Li_2MgN_2H_2 + 0.6H_2 \longleftrightarrow Li_2MgN_2H_{3.2}\ (0 < \text{储氢量} < 1.5\%)$$

$$Li_2MgN_2H_{3.2} + 1.4H_2 \longleftrightarrow Mg(NH_2)_2 + 2LiH\ (1.5\% < \text{储氢量} < 5.1\%)$$

样品 1 在第一次放氢时未达到其最大储氢量 4.5%以上的原因可能是未活化

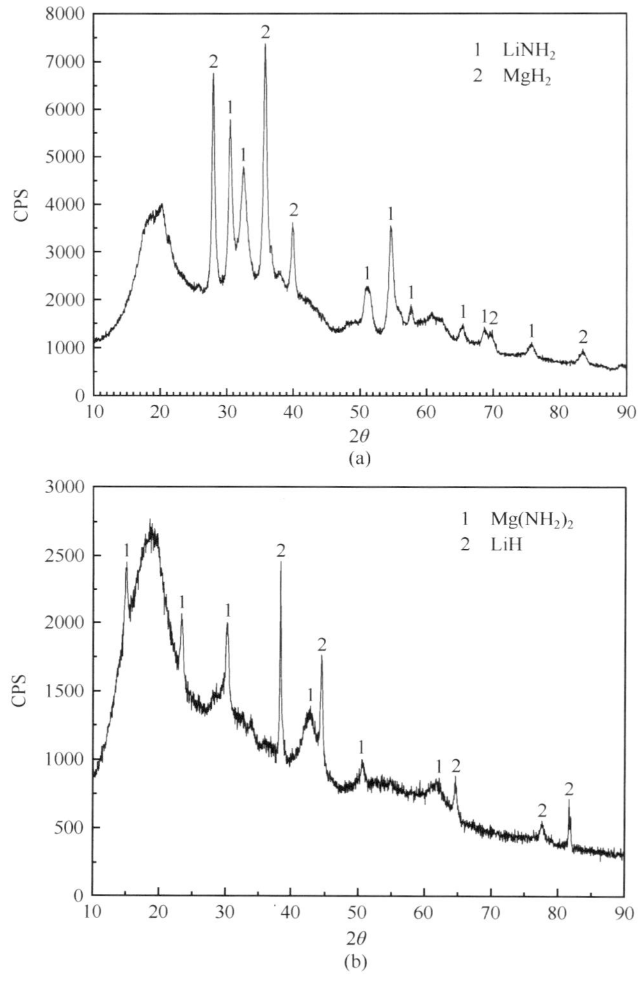

图 6.13　样品 1(a)和样品 2(b) 球磨后产物的 XRD 图谱

充分。

图 6.15 为样品 1 和样品 2 在不同温度下的 *P-C-T* 曲线。从图 6.15 中可以看出，两种样品的储氢量在 200℃以上，储氢量均为 4.5%以上，与文献[46]报道一致。样品 2 在 238℃的储氢量(4%)低的原因可能是活化不充分造成的，温度在 200℃以下时，样品 2 在 180℃的储氢量减少至 3.6%左右，说明这个系统最大可逆的储氢量在 200℃以上，150℃时只有在系统氢气压力低至 0.6bar 时才有氢气放出，且储氢量低至 0.6%，说明该系统初始放氢温度约为 150℃。这个系统理论的储氢量应为 5.4%，而实验储氢量均未达到此值，原因是其可逆储放氢反应为气固

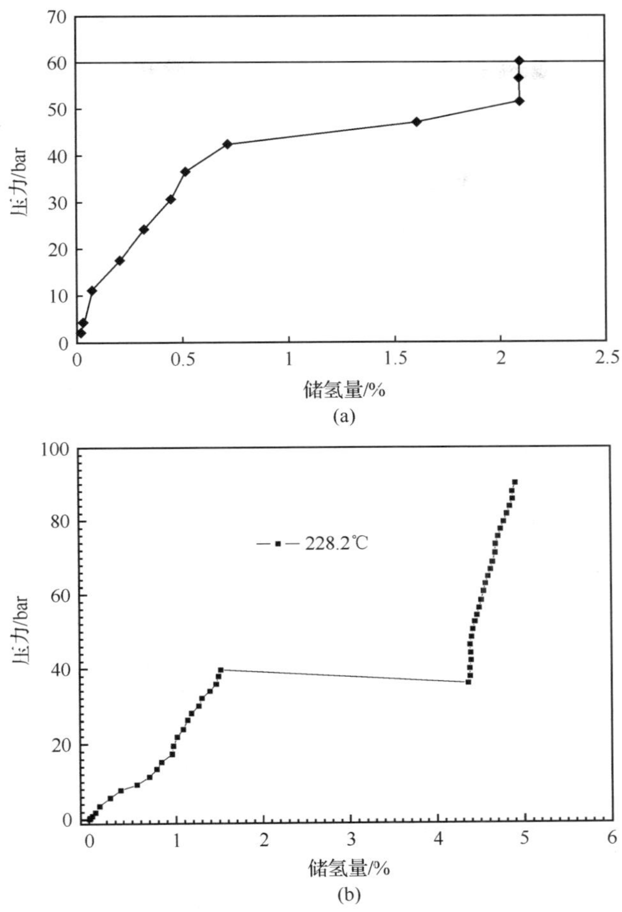

图 6.14 样品 1(a)和样品 2(b) 在 230℃时的脱氢 *P-C-T* 曲线

反应，粉体材料中心的储氢量由于受氢原子在固相的扩散控制而未被释放。

由上面不同温度下样品 1 和样品 2 的 *P-C-T* 曲线可以得到等温下这个系统的平衡分解氢压(*P-C-T* 曲线中的平台所对应的压力)与系统储氢量的对应关系，总结如表 6.2 所示。

根据 Van't Hoff 方程，$\ln P$ 与 $1/T$ 呈线性关系，由表 6.2 中数据可作图得到图 6.16。从图中可以看到 $\ln P_{eq}$ 与 $1/T$ 确实呈线性关系，从而可以计算该储氢系统的脱氢反应的焓变和熵变。对于样品 1，放氢反应的焓变为 $\Delta H=40.4\text{kJ/mol H}_2$ 和 $\Delta S=126.3\text{JK}^{-1}\text{/mol H}_2$，而样品 2 的放氢反应焓变和熵变分别为 $\Delta H=42.8\text{kJ/molH}_2$ 和 $\Delta S=149.2\text{JK}^{-1}\text{/molH}_2$，可以看出，放氢反应焓变两者差别不大。样品 2 的自由能为 $\Delta G=(42800-149.2T)\text{J/molH}_2$。由自由能与温度的关系

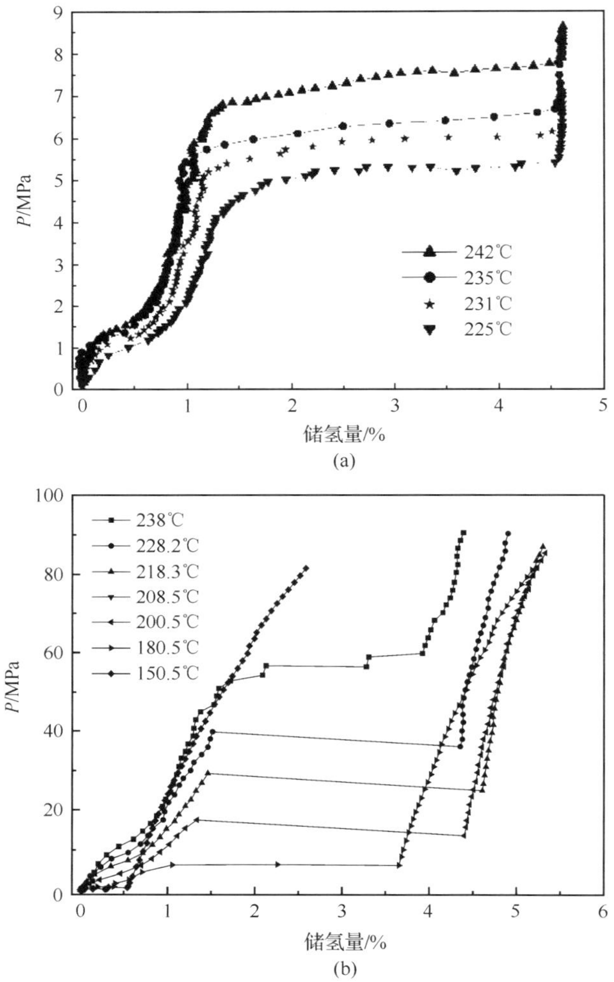

图 6.15 样品 1(a)和样品 2(b) 在 150～240℃时的脱氢 *P-C-T* 曲线

表 6.2 样品 1 和样品 2 在不同温度下的放氢平衡压

温度/K	515.15	508.15	504.15	498.15			
样品 1 的平衡压/MPa	7.31	6.24	5.73	5.12			
温度/K	511.15	501.35	491.45	481.65	473.65	453.65	423.95
样品 2 的平衡压/MPa	5.67	3.98	2.93	2.05	1.74	0.65	0.07

可得到该储氢系统脱氢时最有利的温度即自由能为 0 时的温度为 13.7℃。25℃和 200℃该储氢系统脱氢反应的自由能分别为－1.7kJ/molH_2 和－27.8kJ/mol H_2，可以看到，在室温和 200℃时该储氢系统脱氢反应均为自发反应，然而该储氢系统

的初始放氢温度为 150℃，说明脱氢反应需要活化能，并且适当的催化剂可降低该系统脱氢的初始温度，因此以后的研究目标就是寻找合适的催化剂。

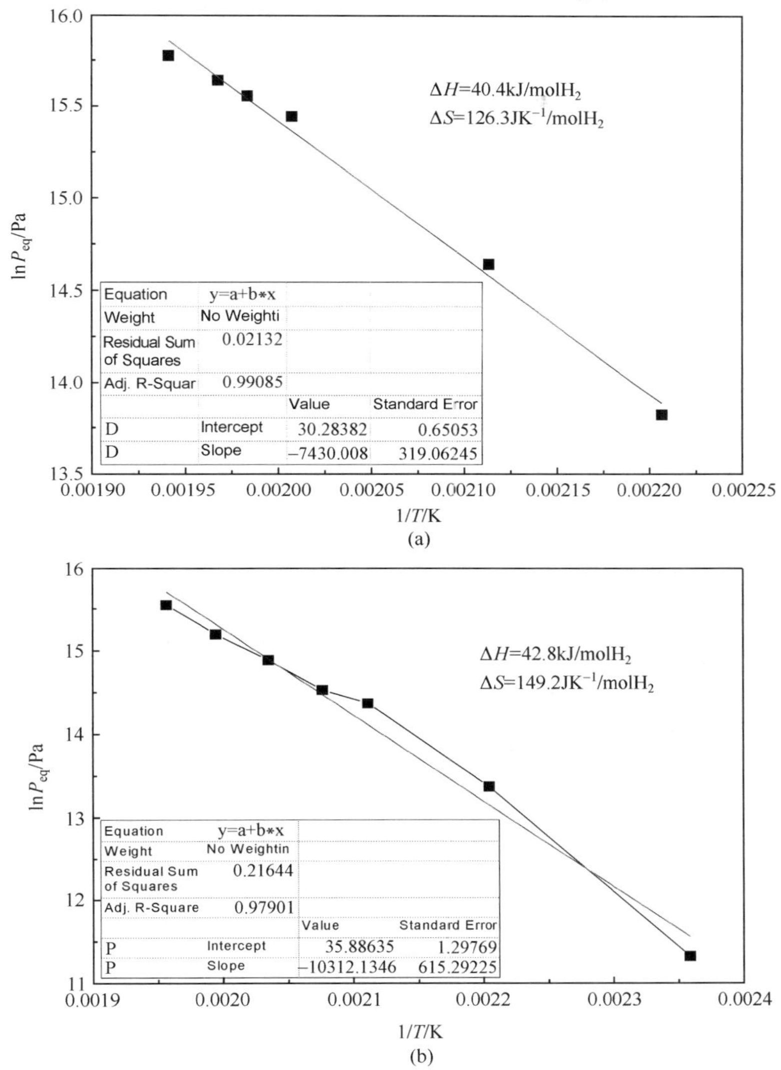

图 6.16　样品 1(a)和样品 2(b)的 $\ln P_{eq}$ 与 $1/T$ 线性关系图(Van't Hoff 方程曲线)

6.2.2.3　吸放氢反应动力学

图 6.17 是样品 1 和样品 2 在 90bar 氢压下、储气室的压力为 0bar、210℃下的放氢速率曲线。由图可以看出，在 210℃左右两种样品均在 30min 内释放出了系

统总储氢量的 90%以上，但样品 1 的反应速率稍快，说明系统中多余氢化镁比多余氢化锂有利于放氢反应。

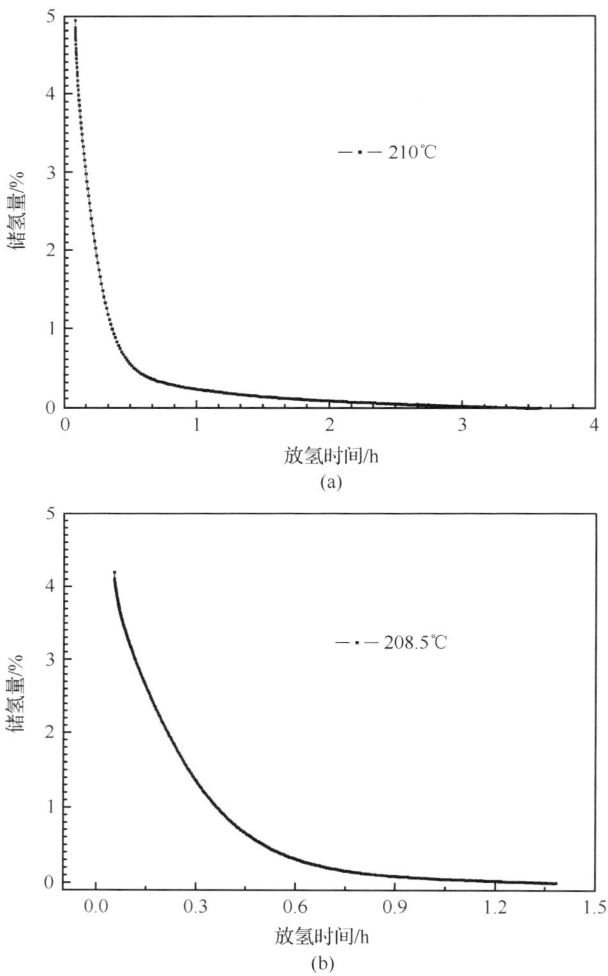

图 6.17 样品 1(a)和样品 2(b)在 210℃时的放氢动力学曲线

图 6.18 是样品 1 和样品 2 在 90bar 氢压下、储气室的压力为 0bar 时不同温度下的放氢速率曲线。由图可知，两种样品放氢速率均随温度的升高而加快，在较高的温度下(超过 210℃)经过 30min 脱氢可达 3%以上，特别是在 230℃和 240℃时 30min 脱氢已经结束，而在低温时，经历 4h 脱氢才结束，说明该储氢系统在 210℃以上的反应速率非常快；同时随着脱氢温度的升高放氢量也增加，超过 200℃后放氢量趋于 4.6%，与 *P-C-T* 结果一致，并且该系统可在 150℃时放出少量的氢(样品 1 为 1.3%而样品 2 为 0.6%)，进一步验证了其初始放氢温度约为 150℃。

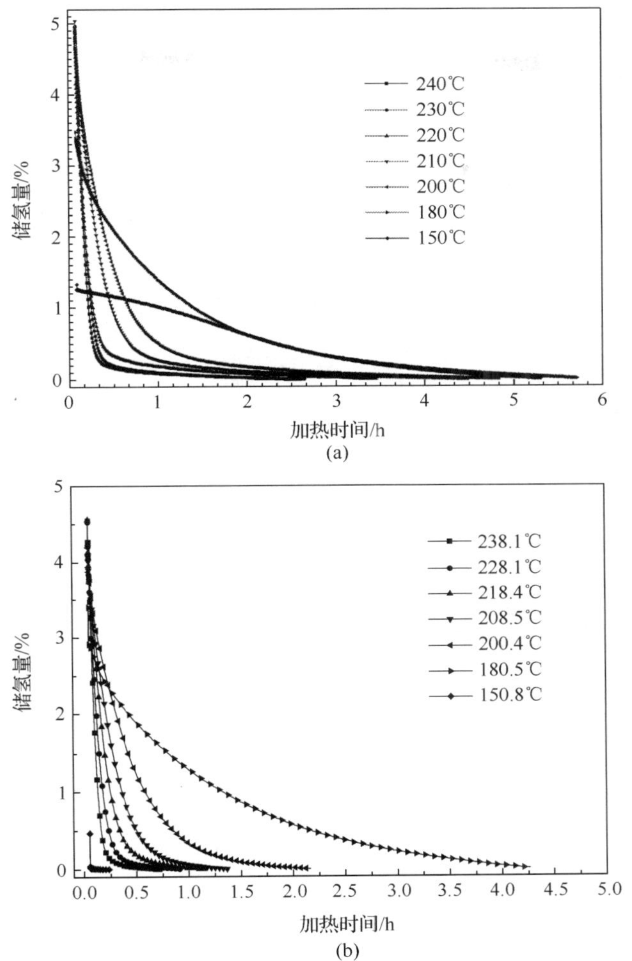

图 6.18　样品 1(a)和样品 2(b)在 90bar 氢压下、储气室的压力为 0bar 时不同温度下的放氢速率曲线

温度对脱氢反应速率的影响满足阿伦尼乌斯经验式。为了得到该储氢系统脱氢反应的活化能，对于同一个反应，在保持其他条件(反应机理和反应级数)不变时，当初始浓度(均为吸饱氢后)和反应程度(剩余的储氢量为 2%)都相同时，不同温度时的速率常数 k 与所用时间 t 成反比。再由阿伦尼乌斯经验式可知 $\ln k$ 与 $1/T$ 呈线性关系，其斜率为 $-E_a/R$，因此 $\ln t$ 将与 $1/T$ 也呈线性关系，其斜率将为 E_a/R。从图 6.18 中可得到脱氢反应在不同温度从开始均为吸饱氢后进行到系统剩余的储氢量为 2%时所需的时间，以 $\ln t$ 对 $1/T$ 进行作图可得到图 6.19。从图中可以看到，$\ln t$ 确实与 $1/T$ 呈线性关系，从直线斜率可得到该脱氢反应的活化

能，样品 1 约为 42.5kJ/mol，而样品 2 约为 51.7kJ/mol。样品 1 较样品 2 脱氢反应的活化能低，这预示着其动力学较快，与动力学测试结果一致，即样品 1 多余氢化镁较样品 2 多余氢化锂的放氢动力学稍快。

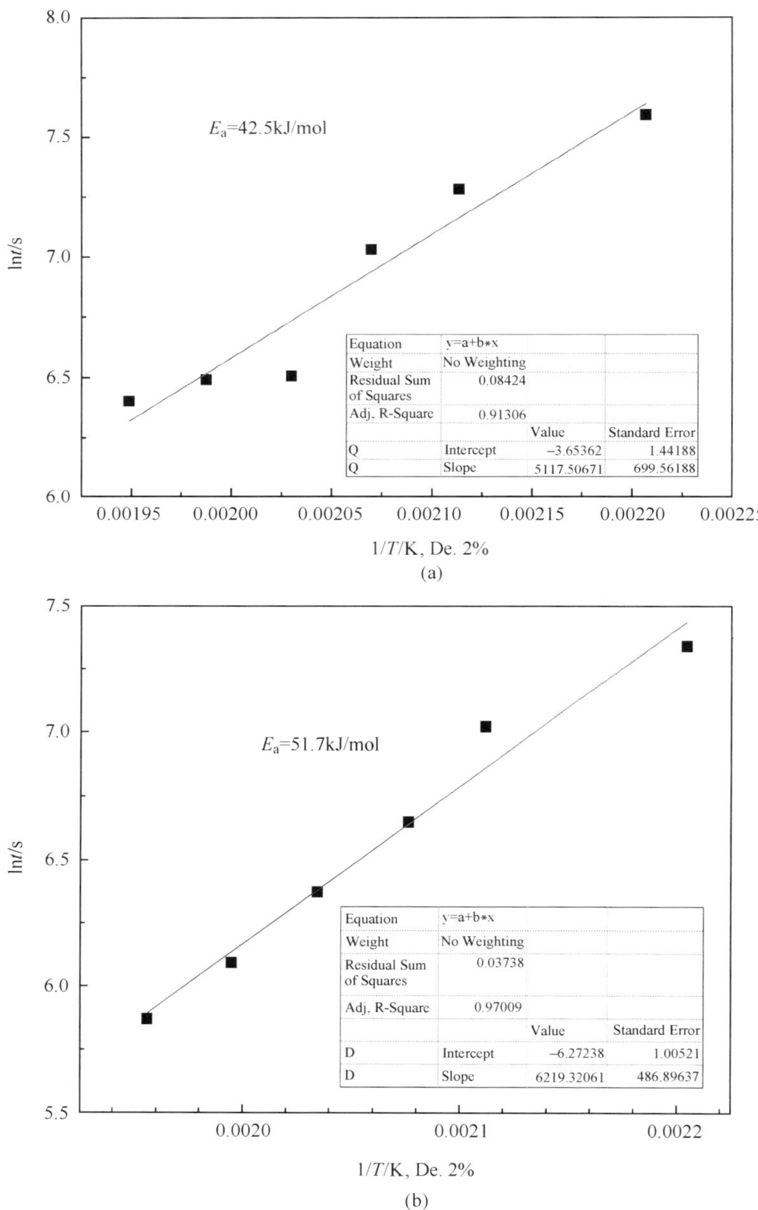

图 6.19　样品 1(a)和样品 2(b)放氢反应的 $\ln t$ 与 $1/T$ 线性关系图

图 6.20 为样品 1 和样品 2 脱氢产物的 XRD 分析结果。从图中可以看出，两种样品脱氢产物主要均为 $Li_2Mg(NH)_2$，因此可以推断它们的脱氢反应均为

$$Mg(NH_2)_2 + 2LiH = Li_2Mg(NH)_2 + 2H_2$$

且由 P-C-T 测试可知该反应有良好的可逆性。图中除主要的脱氢产物 $Li_2Mg(NH)_2$ 外，还有少量的锂的氢氧化物的衍射峰，这可能是由于做 XRD 时样品部分氧化所造成。

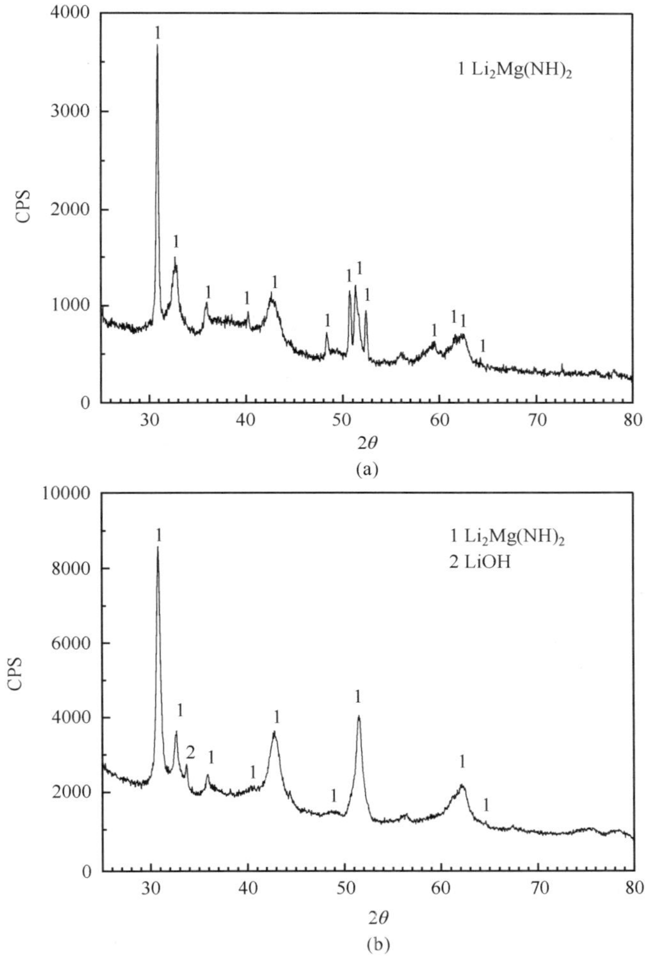

图 6.20　样品 1(a)和样品 2(b)脱氢产物的 XRD 分析结果

图 6.21 是样品 1 和样品 2 在储气室的压力为 90bar 氢压时、210℃下的吸氢速率曲线。与放氢动力学一致，样品 1 较样品 2 稍快。

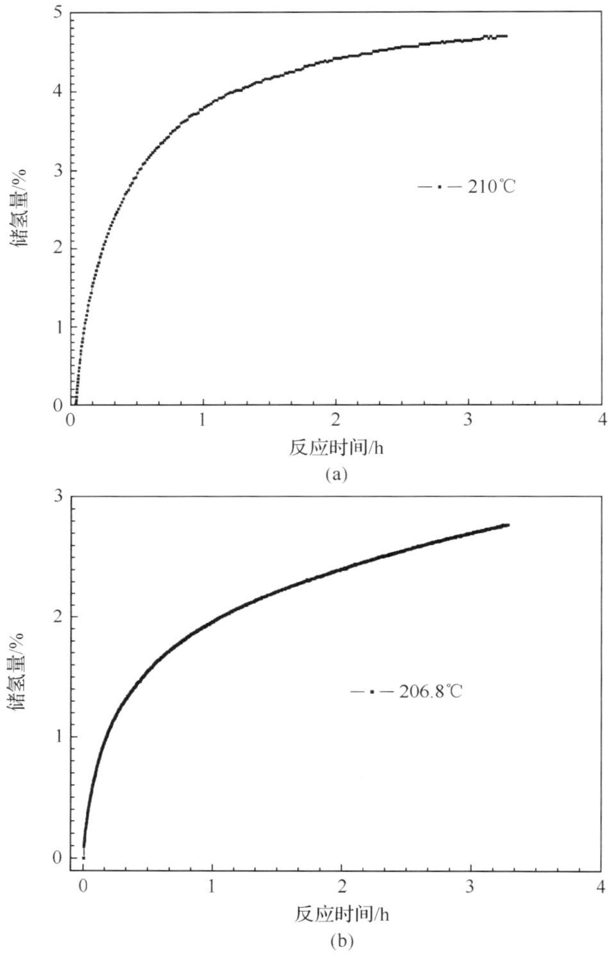

图 6.21　样品 1(a)和样品 2(b)在 210℃时的吸氢动力学曲线

从以上的研究表明，对于 Li-Mg-N-H 系统来讲，无论其初始物质是氨基锂和氢化镁(样品 1)，还是氨基镁和氢化锂(样品 2)，其经过一次吸放氢后，实际系统均变为 $Li_2Mg(NH)_2$，该物质具有可逆良好的吸放氢性能，只不过样品 1 多余的是氢化镁，而样品 2 多余的是氢化锂，前者对系统的吸放氢性能较后者的催化能力稍强，但后者对系统经历此循环后氨气的释放抑制作用稍强于前者，因为氢化锂与氨气的反应较氢化镁快。

本书还对 LiH-MgH_2-$LiNH_2$ 三元储氢系统进行了探究，结合 LiH -$LiNH_2$ 二元系统储氢量大(可达 6.5%)和 MgH_2- $LiNH_2$ 二元系统吸放氢温度较低(可低至 200℃)的优点，以期获得可逆储氢量较大但吸放氢温度较低的储氢材料。测试结果(图 6.22)表明尽管样品在 200～240℃时可逆储氢量均只有 1.5%，未达到预期目标 3.0%，但其吸放氢动力学快了 2 倍左右，因此有必要对这一系统进一步研究。

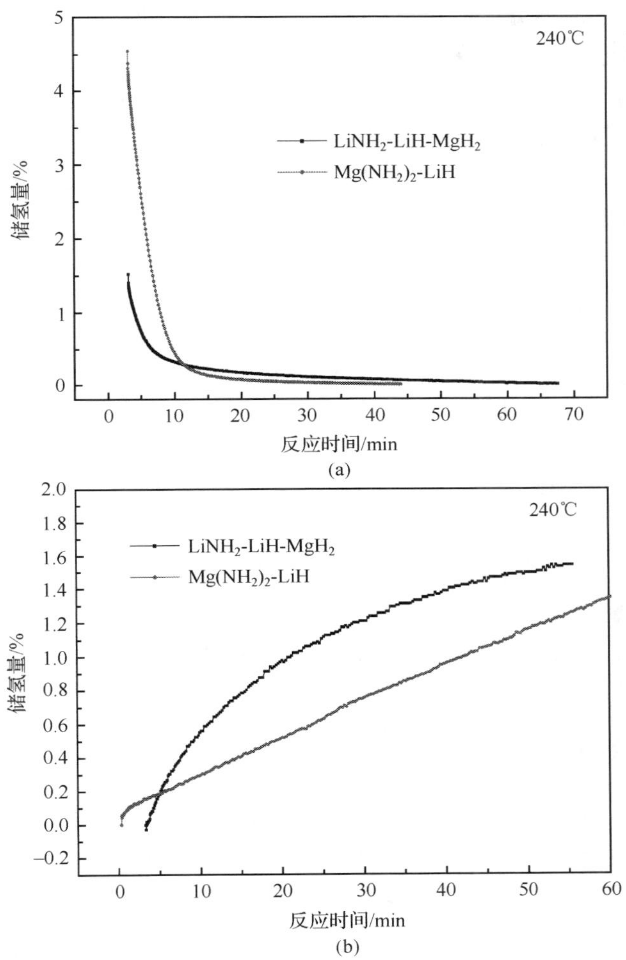

图 6.22　LiH-$Mg(NH_2)_2$ 系统和 $LiNH_2$-LiH-MgH_2 系统在 240℃下的放氢(a)、吸氢(b)速率曲线

6.2.3　催化剂的影响

研究人员还尝试了添加催化剂以改进 Li-Mg-N-H 储氢体系的性能。Barison 等[46]对掺杂少量的 Nb_2O_5、$TiCl_3$ 和石墨的 $MgH_2+Mg(NH_2)_2$ 储氢体系进行了深入的研究，其结果表明，与 Li-N-H 储氢材料系统不同，催化剂的加入对其吸放

氢反应动力学性能几乎没有影响。这也得到了 Wang 等[43]的实验证明，他们发现 Ti、Fe、Co、Ni、Pd、Pt 以及它们的氯化物对该系统没有催化效果。Ma 等[33,34]采用过渡金属氮化物如 TaN 和 TiN 作为 Li-Mg-N-H 储氢体系的催化剂取得了良好的结果，进一步的研究表明离子注入法制备的铷碳催化剂（Ru/C）具有更好的效果，且对该系统的储氢量和可逆性没有影响，该催化剂的性能可长时间保持。上述研究表明，Li-Mg-N-H 储氢材料系统相比 Li-N-H 体系材料，尽管储氢量稍低，但其可逆性好，吸放氢条件比较温和，材料本身也比较稳定，是 M-N-H 系统中最为接近车载氢源要求的储氢材料系统，但其放氢温度仍然较高，动力学性能和储氢量也有待提高，如何筛选出有效的催化剂，进一步降低其放氢温度以及提高其动力学性能和通过合适的组成配比来提高其储氢量是未来研究的方向。

6.3　Na-Mg-N-H 系统

6.3.1　系统的组成

实验发现，Na-Mg-N-H 系统储氢材料系统一般由摩尔比为 1∶1.5 的氨基镁和氢化钠组成，该系统的吸放氢可逆反应的方程式可能为

$$Mg(NH_2)_2 + 1.5NaH \longleftrightarrow Na_{1.5}MgN_2H_{3.5} + H_2$$

可逆储氢量约为 2.14%。该系统不同于 Li-Mg-N-H 系统的反应量(1∶2)，且只能释放出 2 个氢原子，原因可能是由于脱氢时 Na 的电负性较 Mg 小，其与 N 结合后影响了 N—H 键的化学状态。

6.3.2　系统的储氢性能

Xiong 等[20]对 Na-Mg-N-H 系统做了较为系统的研究。他们采用了不同的系统组成，即氨基镁和氢化钠配比分别为 1∶1、1∶1.5 和 1∶2，研究其对该系统储氢性能的影响。图 6.23 为不同组成的样品放氢气态产物的质谱图，可以看出，当温度稍高于 100℃时，三种组成的 Na-Mg-N-H 系统均有氢气放出，放氢峰出现在 160℃，远远低于 $Mg(NH_2)_2$ 和 NaH 球磨混合物的分解温度(超过 250℃)。随着样品中的 NaH 的含量增加，明显地抑制了放氢反应的副反应——氨气的放出，当温度升至 400℃时，三种组成的样品均放出氢气和氮气的气态产物。

为了验证系统的可逆性，脱氢后三种组成的样品在 190℃下氢分压 160psi 中进行了吸氢实验，结果如图 6.24 所示。可以看出，该系统在温度较室温稍高时就能吸氢，且随着系统中 NaH 含量的增加，初始吸氢温度升高，这意味着 NaH 增加了系统中的吸氢位置或吸氢相，当然增加的吸氢位置和吸氢相的活化能较原来的要高。

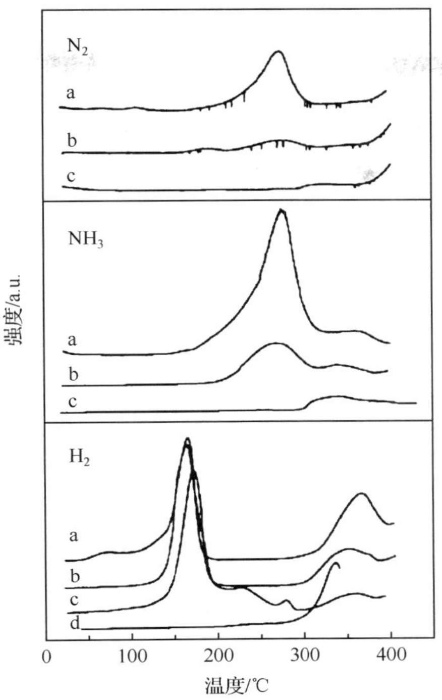

图 6.23　$Mg(NH_2)_2$ 与 NaH 不同配比样品不同温度扫描分解产物的质谱结果

a 为配比 1∶1，b 为 1∶1.5，c 为 1∶2，d 为纯 NaH

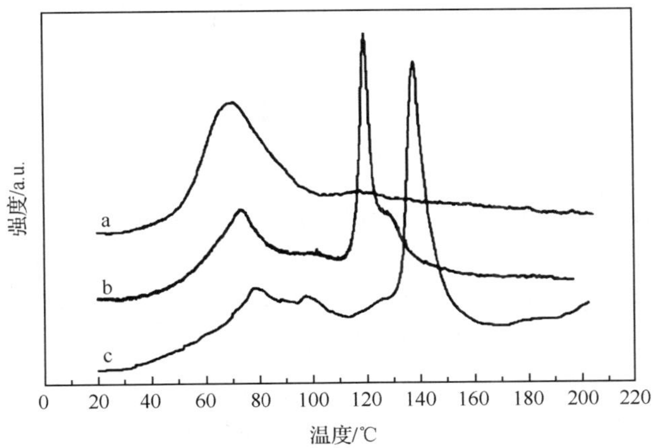

图 6.24　$Mg(NH_2)_2$ 与 NaH 不同配比样品吸氢 TPA 结果

a 为配比 1∶1，b 为 1∶1.5，c 为 1∶2

这个假设可从 *P-C-T* 曲线进一步验证，如图 6.25 所示。从图中可以得到，组成为 1∶1 时，每摩尔系统只能吸氢约 1.5 个原子，NaH 的量增加到 1.5 时，每摩尔系统可吸氢 2 个原子，再增加 NaH 含量到 2 时，系统吸氢的原子数依然是 2 个，因此可以得到该系统的配比为 1∶1.5，且三种组成的系统放氢 *P-C-T* 曲线的平台非常平缓，对应的平衡氢分压不变。

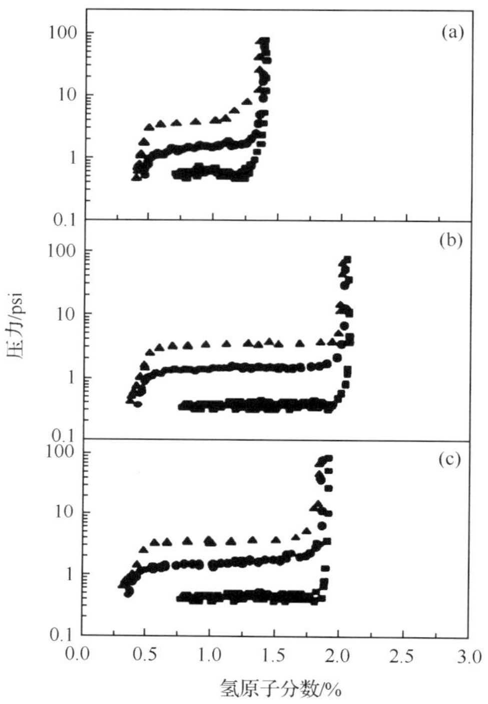

图 6.25 $Mg(NH_2)_2$ 与 NaH 的配比为 1∶1(a)、1∶1.5(b)、1∶2(c)样品的 *P-C-T* 曲线

由组成为 1∶1.5 的样品不同温度下的平衡氢分压得到的 Van't Hoff 曲线见图 6.26，从而求得该系统的放氢反应焓变约为 19kcal/molH_2。$Mg(NH_2)_2$-NaH 系统组成为 1∶1 时计算的可逆储氢量约为 1.75%，而组成为 1∶1.5 时储氢量为 2.17%，NaH 的含量更高，组成为 1∶2 时储氢量并没有增加，仅仅是增加了系统放氢温度。这也证实了上述假设，Na 离子与 N 的结合影响了 N—H 键上 H 的化学状态。

该系统的可逆性也可由吸放氢反应前后产物的 XRD 图谱得到验证，如图 6.27所示。组成为 1∶1.5 的样品经历脱氢再吸氢后，物相中几乎全部由 $Mg(NH_2)_2$和 NaH 的衍射峰组成(图中 c 衍射峰)。但是脱氢产物的衍射谱图无法确认物相，需要进一步研究。

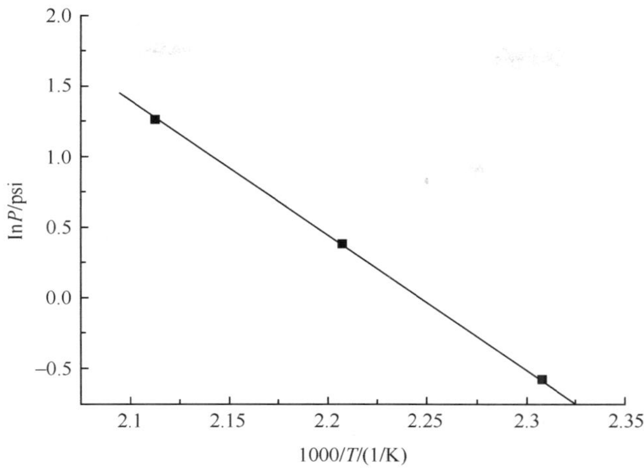

图 6.26　$Mg(NH_2)_2$ 与 NaH 的配比为 1∶1.5 样品的 Van't Hoff 曲线

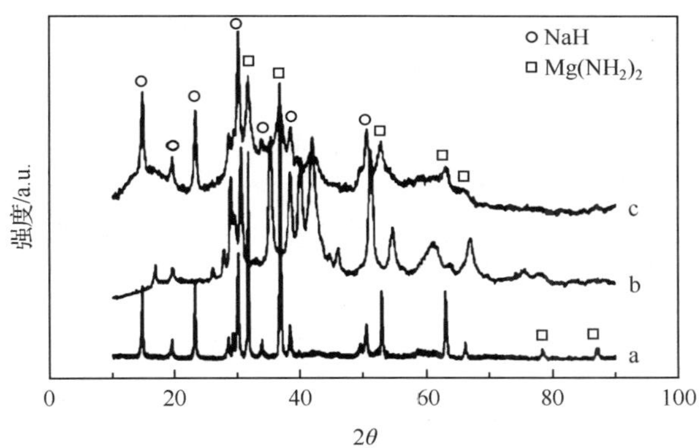

图 6.27　$Mg(NH_2)_2$ 与 NaH 的配比为 1∶1.5 样品的 XRD 图谱

a 为球磨混合，b 为 190℃脱氢后，c 为 140℃吸氢后

组成为 1∶1.5 的系统的循环吸放氢性能如图 6.28 所示。可以发现，经历 10 个循环吸放氢后，其吸放氢反应的温度和储氢量未发生明显变化，说明该系统具有良好的吸放氢循环可逆性。

上面的研究表明，Na-Mg-N-H 系统具有初始吸放氢温度低（100℃以下）、循环可逆性好、吸放氢条件温和等优点，但由于其储氢量低，约为 2%，因此对这一系统的研究较少，且未见关于催化剂对该系统吸放氢性能影响的研究报道。

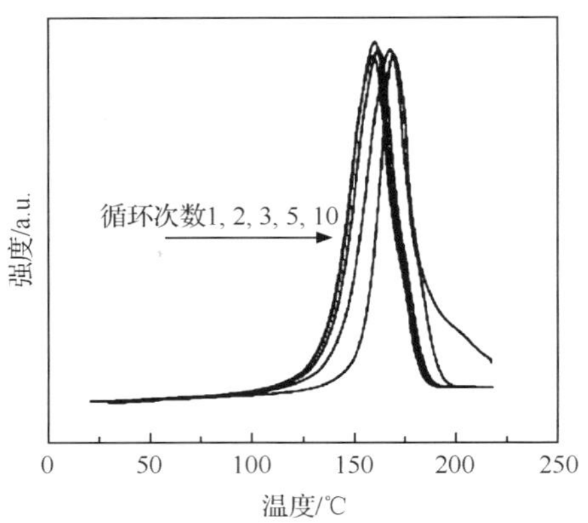

图 6.28 $Mg(NH_2)_2$ 与 NaH 的配比为 1∶1.5 样品的循环吸放氢性能

6.4 Ca-Mg-N-H 系统[23,38]

6.4.1 系统的组成

Ca-Mg-N-H 储氢材料系统一般由摩尔比为 1∶1 的氨基镁和氢化钙组成，该系统的吸放氢可逆反应的方程式可能为

$$Mg(NH_2)_2 + CaH_2 \longleftrightarrow CaMgN_2H_2 + 2H_2$$

储氢量约为 4.08%。

6.4.2 系统的储氢性能

Liu 等[38]对 $Mg(NH_2)_2 + CaH_2$ 这一反应系统进行了释氢行为的初步研究。将两者以 1∶1 的比例混合球磨，发现在球磨一段时间后有氢气产生，并在球磨 12h、18h、36h 和 72h 后分别测试放出氢气的量，结果如图 6.29 所示。氢气的放出量随着球磨时间的增加而增加，72h 后释放的氢气相当于原混合物质量的 3.88%。

对不同球磨时间后的样品做了红外光谱和 XRD 衍射来确定放氢后的产物物相，如图 6.30 所示。可见有亚氨基化物 CaNH 生成。

对球磨 12h 后的样品进行控温分解测试，并与质谱仪与气相色谱仪联用，来监测氨气和氢气的含量，如图 6.31 所示。从测试结果看，该混合物在 50℃下就可以发生反应产生氢气，220℃是释氢的高峰，当高于 220℃时，才发现有少量的氨气产生，这很可能是因为氨基镁的分解导致氨气的产生。利用 DSC 测得反应热为 28.2kJ/molH_2，并预测该体系的反应为 $Mg(NH_2)_2 + CaH_2 = MgCa(NH)_2 + 2H_2$，储氢量为 4.08%。尽管释氢量相对较低，但该体系在较低温度下就可以发生

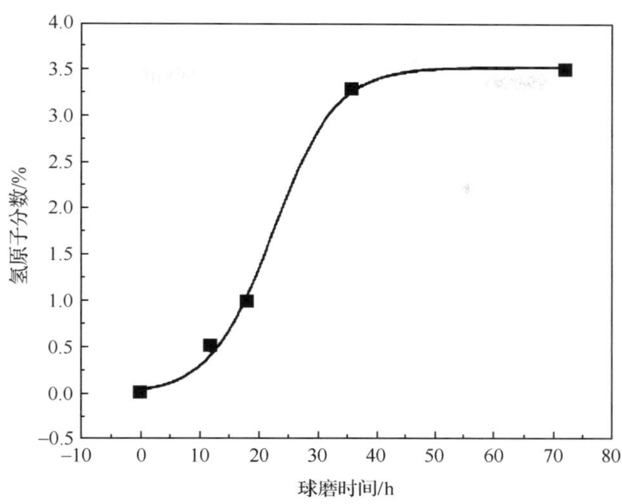

图 6.29 $Mg(NH_2)_2$ 与 CaH_2 的配比为 1∶1 样品随球磨时间的放氢量

反应而释放出氢，说明 Mg-Ca-N-H 是一种具有较低分解温度的储氢材料系统。

为了检验该系统的可逆性，研究样品在 80bar 的氢分压中的循环吸放氢行为，如图 6.32所示。由图可见，球磨后的初始样品在 210℃就释氢且没有氨气产生；然而，当放氢后的样品在 80bar 的氢分压中 200℃仅吸氢 0.4%，说明该系统的可逆性较差，需要合适的催化剂来提高其动力学行为。

Hu 等[23]报道了 $Mg(NH_2)_2+2CaH_2$ 这一配比的系统第一次循环在 60℃即开始反应，201℃为高峰，而第二次循环在将近 100℃才开始反应，高峰是在 216℃，

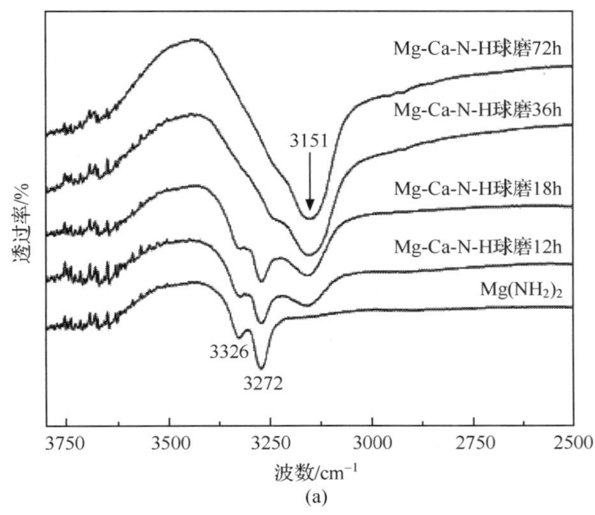

(a)

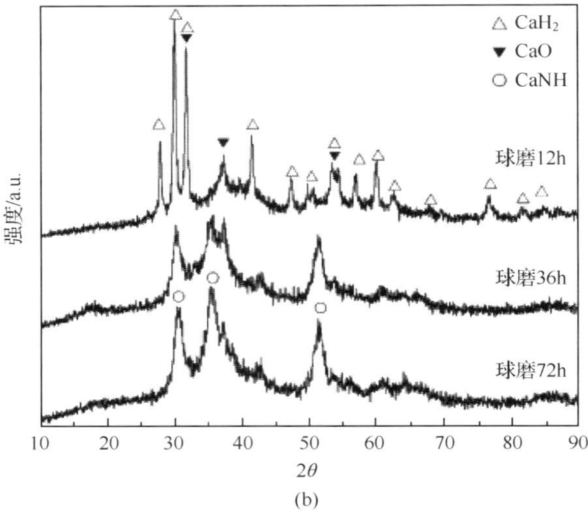

图 6.30　$Mg(NH_2)_2$ 与 CaH_2 的配比为 1∶1 样品球磨后产物的红外光谱(a)和 XRD 结果(b)

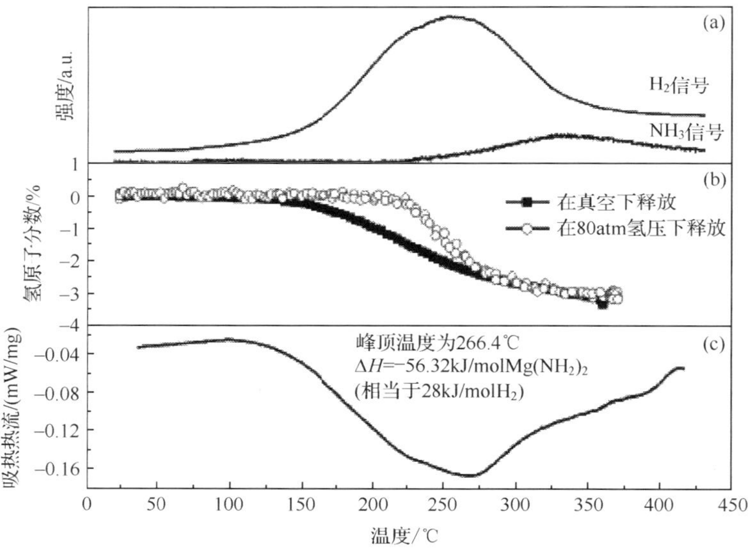

图 6.31　$Mg(NH_2)_2$ 与 CaH_2 的配比为 1∶1 样品放氢产物质谱分析结果(a)、热重结果(b)、控温分解结果(c)

且对比第一次循环，储氢量减小很多。两次循环都没有发现氨气的生成，测得的放氢总量为 4.9%。该反应物可能发生的反应为 $2Mg(NH_2)_2 + 4CaH_2 = CaMg_2N_2 + Ca_2NH + CaNH + 2H_2$，该反应式的理论储氢量为 5.0%。

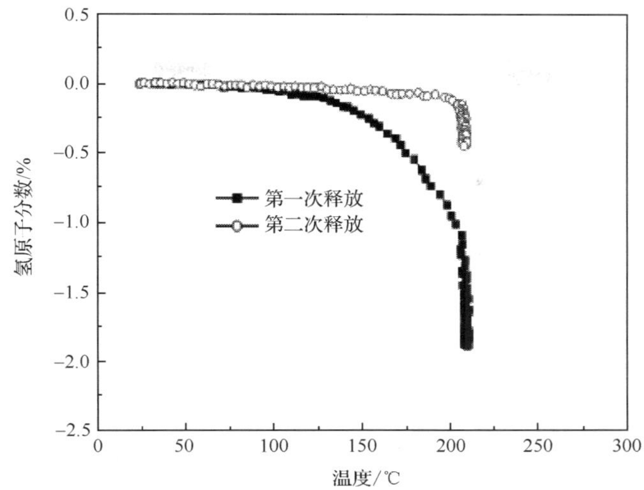

图 6.32　$Mg(NH_2)_2$ 与 CaH_2 的配比为 1∶1 样品球磨 12h 后在 80bar 的氢分压中的循环吸放氢曲线

由上述研究发现，Ca-Mg-N-H 储氢材料系统尽管有相当大的储氢量，且初始吸放氢温度较低（100℃以下），但系统可逆性差，因此对这一系统的研究较少。

6.5　Ca-Li-N-H 系统[12,45]

6.5.1　系统的组成

Ca-Li-N-H 储氢材料系统一般由摩尔比为 2∶1 的氨基锂和氢化钙组成，该系统的吸放氢可逆反应的方程式可能为

$$2LiNH_2 + CaH_2 \longleftrightarrow CaLi_2N_2H_2 + 2H_2$$

储氢量约为 4.54%。

6.5.2　系统的储氢性能

Wu 等[45]研究了摩尔比为 2∶1 的氨基锂和氢化钙组成的 Ca-Li-N-H 储氢材料系统吸放氢性能。控温分解实验结果（图 6.33）表明，该系统在高于 50℃时释氢过程就已经开始，在 140℃和 206℃出现了两个释氢峰。热重结果显示每摩尔系统可释放出约 4mol H 原子，相当于储氢量约为 4.3%，气态产物中未检出氨气，系统脱氢后产物主要是 $CaLi_2N_2H_2$，如图 6.34 所示。

Xiong 等[19]通过对比 Ca-Li-N-H、Li-Mg-N-H 和 Li_2NH 三个系统的吸放氢温度（图 6.35）发现，相比于亚氨基锂的初始吸氢温度 150℃和吸氢峰值温度 258℃

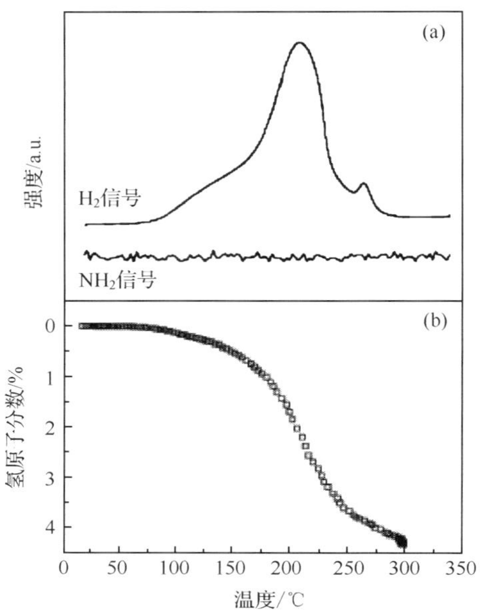

图 6.33 $LiNH_2$ 与 CaH_2 的配比为 2∶1 样品控温分解(TPD)结果

(a)为气态产物的质谱分析,(b)为热重分析

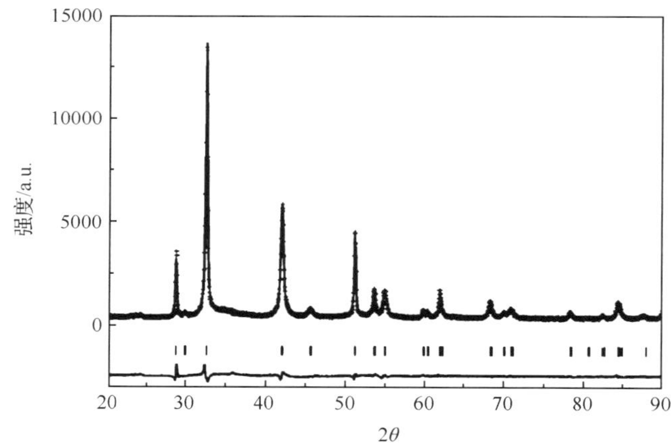

图 6.34 $LiNH_2$ 与 CaH_2 的配比为 2∶1 样品脱氢产物的 XRD 结果

来讲,Ca-Li-N-H 系统的初始吸氢温度和吸氢峰值温度分别降低为 70℃和 132℃,而 Li-Mg-N-H 系统则为 100℃和 157℃。放氢峰值温度也有同样的结果:亚氨基锂吸氢后放氢峰值温度约为 272℃,Ca-Li-N-H 系统的初始放氢温度约为 100℃,其具有两个放氢峰值温度,分别为 140℃和 206℃,而 Li-Mg-N-H 系统的放氢峰值温度为 166℃。可见,Ca 和 Mg 的添加明显地降低了二元 Li-N-H 系统的吸放氢

温度。

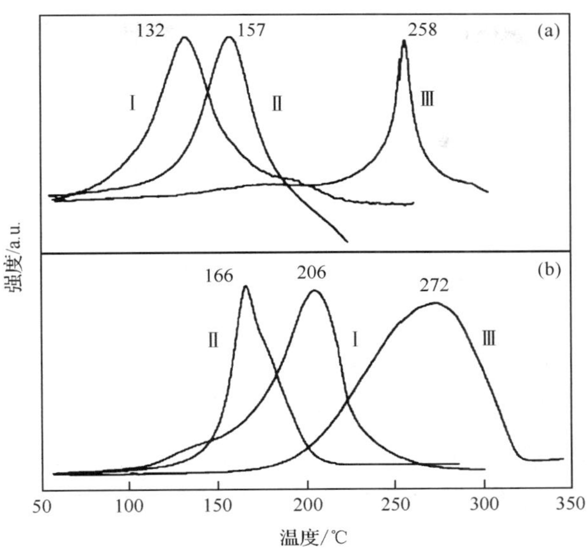

图 6.35　控温吸氢(a)和控温放氢(b)曲线

Ⅰ为 Li-Ca-N-H 系统，Ⅱ为 Li-Mg-N-H 系统，Ⅲ为 Li_2NH

吸放氢反应产物的 XRD 图谱证实了 Li_2NH 和 CaNH 的存在，如图 6.36 所示。

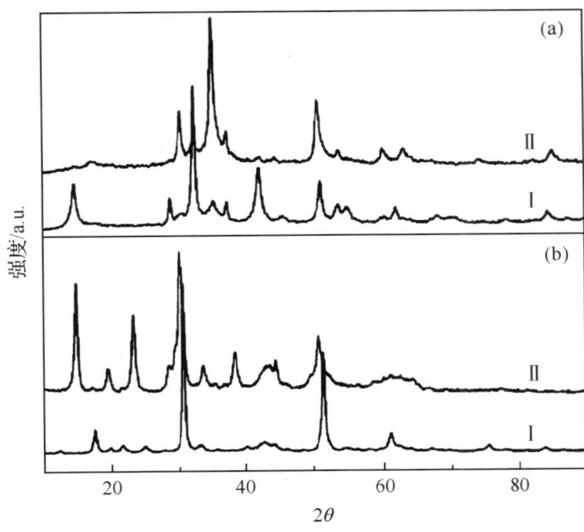

图 6.36　Li-Ca-N-H 系统(a)和 Li-Mg-N-H 系统(b)吸放氢反应产物的 XRD 图谱

Ⅰ为放氢前，Ⅱ为放氢后

P-C-T 曲线(图 6.37)进一步证实,对于 Ca-Li-N-H 系统在 220℃每摩尔该系统可以可逆地吸放约 1.7 个氢原子,相当于 1.93%的储氢量,平衡氢分压在 0.1bar 左右。低于 300℃时实验发现,H—Ca—H 键未能完全分解。

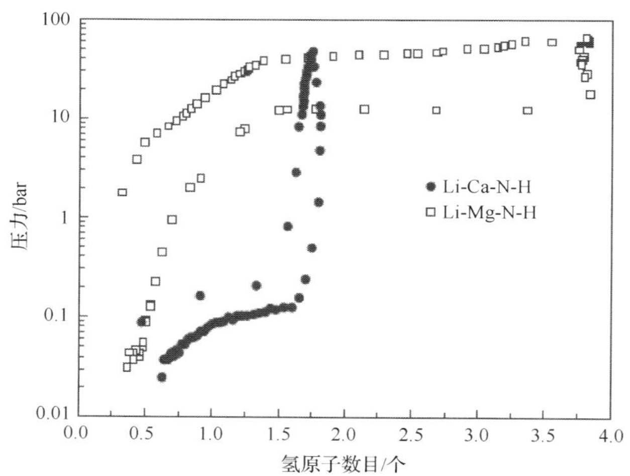

图 6.37 Li-Ca-N-H 系统和 Li-Mg-N-H 系统的吸放氢 *P-C-T* 曲线

6.6 其他 M-N-H 储氢材料系统

6.6.1 Ca-N-H 系统

Ca-N-H 储氢材料系统一般由摩尔比为 1∶1 的氨基钙和氢化钙组成,该系统的吸放氢可逆反应的方程式可能为

$$Ca(NH_2)_2 + CaH_2 \longleftrightarrow 2CaNH + 2H_2$$

$$CaNH + CaH_2 \longleftrightarrow Ca_2NH + H_2$$

第一步的储氢量约为 3.5%,第二步的储氢量约为 2.1%。

Hino[15] 对 Ca-N-H 系的储氢性能进行了研究,通过将 CaH_2 在 NH_3 中球磨,反应为 $CaH_2 + 2NH_3 \Longrightarrow Ca(NH_2)_2 + 2H_2$,常温下即可合成 $Ca(NH_2)_2$,并以 $Ca(NH_2)_2$为起始反应物进行放氢。若不添加 CaH_2,则 $Ca(NH_2)_2$ 与其他类似的氨基化物 $M(NH_2)_x$ 一样,加热至 150℃即会分解释放出 NH_3,在 347℃和 428℃出现了两个分解峰,继续升高温度在 300℃以上仍可能生成 N_2 和 H_2(图 6.38)。

添加 CaH_2 按 $Ca(NH_2)_2$ 与 CaH_2 摩尔比为 1∶1 在 H_2 气氛下球磨,再利用热重和热分解质量分析仪进行检测。第一步反应在 100℃左右开始,约 200℃时达到放氢峰值,在不到 400℃时即可反应完全。第二步反应起始温度与第一步差别

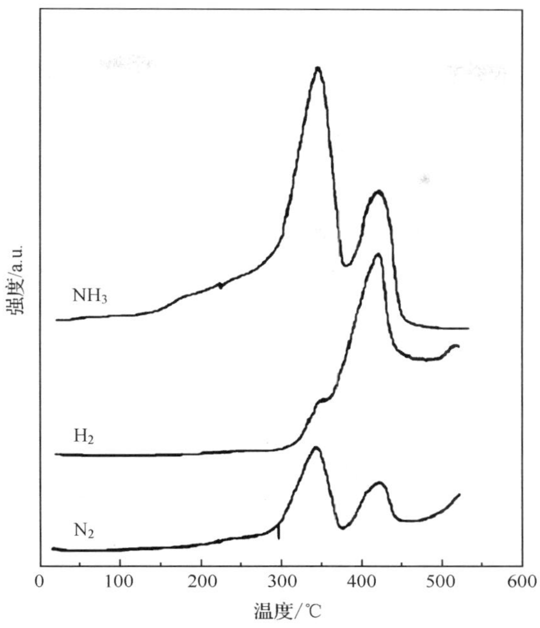

图 6.38　$Ca(NH_2)_2$ 的热分解结果

不大，但在 400℃才达到放氢峰位，并且到 500℃时反应才可以完全。此外，在 500℃反应时出现了一个未知相，至今未有对其做出解释的文献报道。另外，$Ca(NH_2)_2$与 CaH_2 摩尔比为 1∶1 的样品在 H_2 氛围球磨 20h 后进行再放氢反应时，只可观察到第二步反应的进行，究其原因，可能是对应的两步反应过程分别为放热和吸热，第一步反应过程在球磨过程已经发生，且球磨过程可能引起的其他副反应，值得引起关注。本书还采用间歇式球磨来减少球磨过程中可能引起的不必要的温度升高和热效应，结果具有相当的参考价值。

6.6.2　Ca-Na-N-H 系统

Xiong 等[31]对 Ca-Na-N-H 系的储氢性能进行了研究。分别采用 $Ca(NH_2)_2$ 与 NaH 摩尔比为 1∶1、1∶1.5、1∶2 的样品在球磨混合后检测其储氢性能。控温放氢曲线(图 6.39)表明，组成为 1∶1 的样品在高于 100℃就有氢气放出，300℃以上就有氨气放出。增加 NaH 含量并不能增强低于 250℃时的放氢量，而是增强了 320℃附近的放氢量，并且抑制了氨气的产生。因此本书确定这一系统的组成摩尔比为 1∶1 的 $Ca(NH_2)_2$ 和 NaH。

对组成为 1∶1 的样品的吸放氢性能(图 6.40)研究发现，在 130～270℃有放热放氢峰出现，270℃以下 70bar 氢分压下该系统可以可逆地吸放氢 1.1%，对应

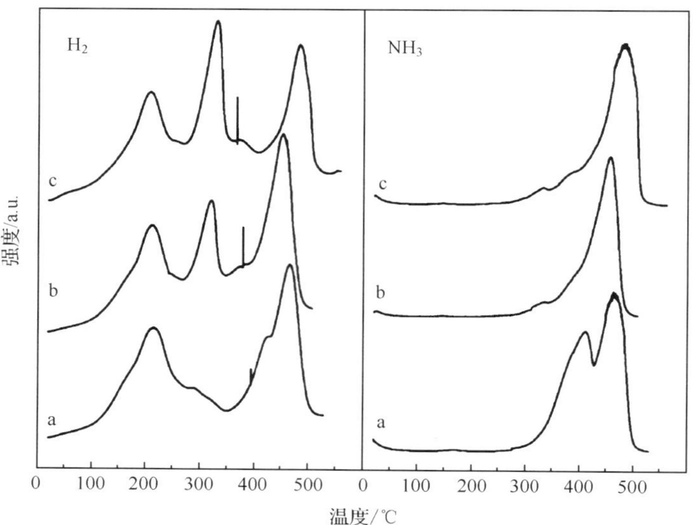

图 6.39　$Ca(NH_2)_2$ 与 NaH 不同摩尔比样品的控温放氢曲线

a 为 1∶1,b 为 1∶1.5,c 为 1∶2

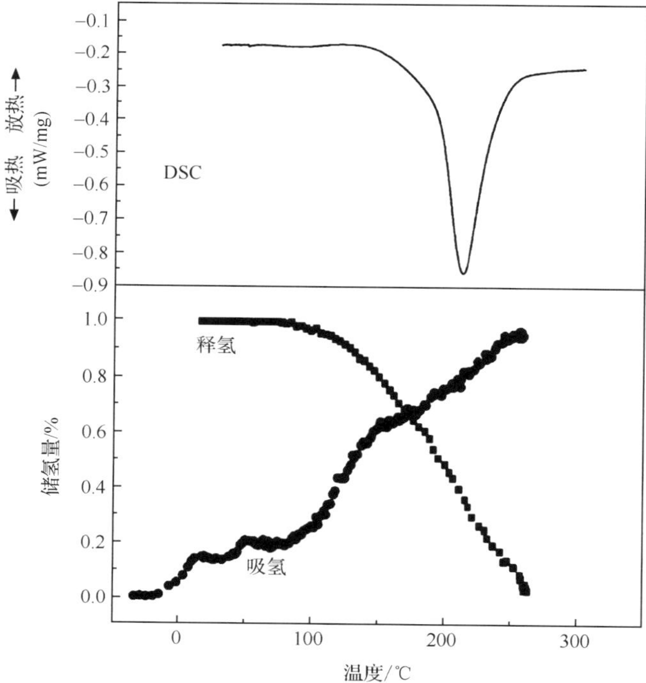

图 6.40　$Ca(NH_2)_2$ 与 NaH 摩尔比为 1∶1 样品的吸放氢曲线和差热分析结果

的是每摩尔系统可吸放氢 1 个原子，这也可从 220℃的 P-C-T 曲线（图 6.41）中得到验证。由该系统的 Van't Hoff 曲线（图 6.42）可求算出其放氢反应的热效应约为 92.1kJ/molH_2，高于从热分析实验测得的 55kJ/molH_2。分析其原因可能是在吸氢过程中动力学非常缓慢导致一部分亚氨基化合物未充分反应，因而在放氢过程中引起反应焓变的改变。吸放氢反应产物的 XRD 和红外光谱分析结果显示，放氢时，由于 Na 的存在，$Ca(NH_2)_2$ 易于形成 $2CaNH+1Ca(NH_2)_2$ 固溶体相，因此推测该系统的可逆吸放氢反应为

$$Ca(NH_2)_2 + NaH \longleftrightarrow NaNH_2 + \text{Ca-N-H 固溶体} + 1/2H_2$$

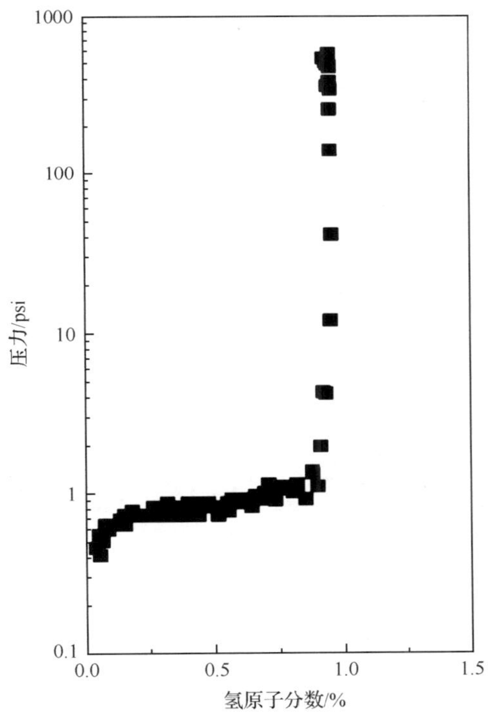

图 6.41　$Ca(NH_2)_2$ 与 NaH 摩尔比为 1∶1 样品的 P-C-T 曲线

6.6.3　Mg-N-H 系统[9,13]

Nakamori 等[13]研究了组成为 1∶1、1∶2 的 $Mg(NH_2)_2$ 和 MgH_2 系统的吸放氢性能，结果发现该系统放出氢气的同时总是伴有氨气的析出，究其原因是由于 $Mg(NH_2)_2$ 分解出的氨气与 MgH_2 反应非常缓慢，甚至需要一星期的时间才能完全反应，因此该系统不宜作为储氢材料。

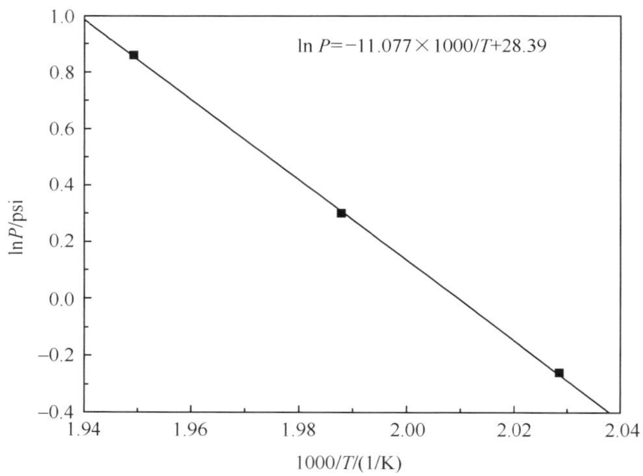

图 6.42　$Ca(NH_2)_2$ 与 NaH 摩尔比为 1∶1 样品的 Van't Hoff 曲线

6.7　M-N-H 储氢材料系统释氢机理[72,75,76]

对于金属氨基物和氢化物之间是如何进行反应的，目前还没有一个统一的认识，存在两种看法。

一种是以 Chen 等为代表[25,26]，认为不同的固态反应一般至少由界面反应和质量传递两部分组成，初始时反应在氨基物和氢化物之间固-固反应的界面发生的，随着反应的进行，产物层越来越厚，反应的离子通过产物层进行质量传递，如图 6.43所示。

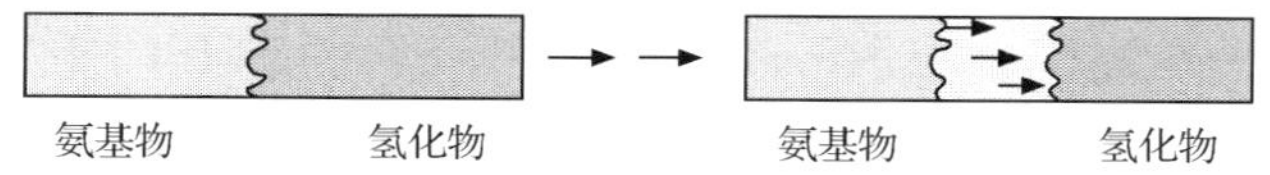

图 6.43　氨基物与氢化物反应过程示意图

他们认为该反应体系的激活能来自反应物化学键的断开和重排所需的能量。其反应的驱动力来自氨基物中 $H^{\delta+}$ 和氢化物 $H^{\delta-}$ 的相互吸引，这种认识启发于最近发现的一种新型的氢键，即双氢键[77,78]，这种双氢键是指带正电的 H 原子与带负电的 H 原子之间的一种相互作用，其作用形式可以表示为 X—H…H—M，目前对双氢键研究最广泛的体系有 X=C，N，O，卤素，M=B，Li，Na，Be，Al 及过渡金属，如图 6.44 所示，氨基镁与氢化锂间就是靠这种双氢键结合的，首先生成一种不稳定的物质，在双氢键的作用下两个氢从不稳定物质里逃脱并结合为氢分子，但这种理论还没有被实验证实。

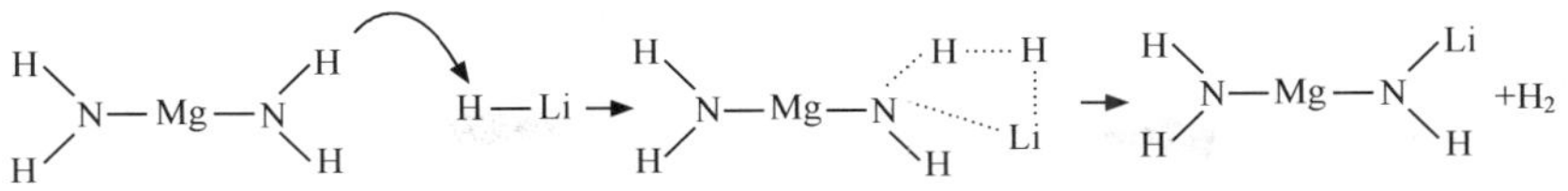

图 6.44　氨基镁与氢化锂双氢键结合示意图

Chen 等又对氨基镁和氢化锂进行了动力学的研究，计算出 $Mg(NH_2)_2+2LiH$ 的反应与单纯 $Mg(NH_2)_2$ 分解反应激活能分别是 88.1kJ/mol 和 130kJ/mol。从这一数据对比可发现氨基镁的分解相对氨基镁与氢化锂的反应需要更多热量才能释放出氨气，另一方面两者的混合物需克服较少能量障碍即可发生反应。

另一种看法是以 Ichikawa 等为代表的分解合成机理[11,41]。该机理认为两种固体粉末在温和条件下直接反应是不容易进行的，因为它的反应速率要么通过参与反应的固相成分扩散来控制，要么通过形成亚氨基物核来控制，而这个反应在较低的温度就可以进行，这在理论上是行不通的，因而在实验的基础上提出假设，并用同位素实验进行了验证。首先金属氨基物受热分解生成金属亚氨基物和氨气，然后氨气与氢化物反应得到金属氨基物和氢气，氨基物再分解生成亚氨基物和氨气，如此循环直到氨基物全部变为亚氨基物为止，如下式所示：

$$
\begin{aligned}
LiH+LiNH_2 &\longrightarrow \frac{1}{2}LiH+\left(\frac{1}{2}LiH+\frac{1}{2}NH_3\right)+\frac{1}{2}Li_2NH\\
&\longrightarrow \frac{1}{2}LiH+\frac{1}{2}LiNH_2+\frac{1}{2}Li_2NH+\frac{1}{2}H_2\\
&\longrightarrow \frac{1}{4}LiH+\frac{1}{4}LiNH_2+\left(\frac{1}{2}+\frac{1}{4}\right)Li_2NH+\left(\frac{1}{2}+\frac{1}{4}\right)H_2\\
&\longrightarrow \cdots\cdots\\
&\longrightarrow \frac{1}{2^n}LiH+\frac{1}{2^n}\sum_{k=1}^{n}\frac{1}{2^k}Li_2NH+\sum_{k=1}^{n}\frac{1}{2^k}H_2\\
&\longrightarrow Li_2NH+H_2
\end{aligned}
$$

用同位素方法验证这一假设，根据 NH_3 和 LiD 中氢的结合方式共有四种反应模型：

模型一：$LiNH_2+LiD\longrightarrow \frac{4}{5}Li_2NH+\frac{1}{5}LiH_2ND+\frac{9}{25}H_2+\frac{12}{25}HD+\frac{4}{25}D_2$

模型二：$LiNH_2+LiD\longrightarrow \frac{2}{3}Li_2NH+\frac{1}{3}Li_2ND+\frac{5}{9}H_2+\frac{2}{9}HD+\frac{2}{9}D_2$

模型三：$LiNH_2+LiD\longrightarrow Li_2NH+HD$（相当于 Chen 等的观点）

模型四：$LiNH_2+LiD\longrightarrow \frac{2}{3}Li_2NH+\frac{1}{3}Li_2ND+\frac{1}{3}H_2+\frac{2}{3}HD$

由热释放质谱方法测试发现 H_2、HD、D_2 三者强度的比值为 9.0：23.1：

2.9。比较四种模型，模型一（比值为 9：12：4）最符合这个比值。这一实验结果与模型三（相当于双氢键理论结果）不符，但金属氨基物分解的反应焓变要比氨基物与氢化物的反应焓变大，若从热力学的角度考虑，Ichikawa 等认为先发生氨基物的分解就不可理解，但他们共同的一点认识是，粉末颗粒越细，反应物间的接触越好，反应越容易进行，这点从实验中也得到较好的验证。

Isobe 等[79]用同位素标记 LiH 和 Li_2NH 后进行的放氢实验，以及 David 等[80]用同步辐射 X-射线衍射方法进行的实验均发现了在 Li-N-H 体系中存在的非化学计量化合物 $Li_{1.15}NH_{1.85}$，这些都为 Ichikawa 的氨中间体机理提供了有力的证据。

6.8 本章小结

综上所述，M-N-H 储氢材料系统中 M 通常是指 Li、Na、Mg、Ca 这四类碱金属和碱土金属，由它们的氨基化物和氢化物以不同的组成来形成储氢材料系统。一般系统中氢化物总是过量的，以此来抑制系统放氢时氨气的产生。其中，最重要的系统是 Li-N-H 和 Li-Mg-N-H 系统。目前，M-N-H 储氢材料系统的研究主要集中在两个方面，一是调制组分，包括采用其他储氢量更高的物质的加入，来提高系统的可逆储氢量；二是寻找合适的催化剂解决吸放氢动力学缓慢的问题。当然，如何抑制系统在吸放氢反应时副产物氨气的产生也是不容忽视的问题。

参考文献

[1] Dafert, Miklauz F W. Uber einige nene vethindungen von stickstoff and wasserstoff mit lithium. Monatshefte für Chemie, 1910, 31: 981-99.

[2] Chen P, Xiong Z, Luo J, et al. Interaction of hydrogen with metal nitrides and imide. Nature, 2002, 420: 302-304.

[3] Hu Y H, Ruckenstein E. Highly effeetive Li_2O/Li_3N with ultra fast kineties for H_2 storage. Industrial & Engineering Chemistry Research, 2004, 43: 2464-2467.

[4] Hu Y H, Yu N Y, Ruckenste E. Effeet of the Heat Pretreatment of Li_3N on its H_2 storage. Industrial & Engineering Chemistry Research, 2004, 43: 4174-4177.

[5] Lu J, Fang Z Z, Sohn H Y. A new Li-Al-N-H system for reversible hydrogen storage. Journal of Physical Chemistry B, 2006, 110:14236-14239.

[6] Kjima Y, Kawai Y. IR characterizations of lithium imide and amide. Joumal of Alloys and Compounds, 2005, 395: 236-239.

[7] Nakamori Y, Orimo S. Destabilization of Li-based complex hydrides. Joumal of Alloys and Compounds, 2004, 370: 271-275.

[8] Aoki M, Miwa K, Noritake T, et al. Destabilization of $LiBH_4$ by mixing with $LiNH_2$. Applied Physics A, 2005, 80: 1409-1412.

[9] Nakamori Y, Kitahara G, Miwa K, et al. Reversible hydrogen storage functions for mixtures of Li_3N and Mg_3N_2. Applied Physics A, 2005, 80: 1-3.

[10] Noritake T, Nozaki H, Aoki M, et al. Crystal structure and charge density analysis of Li_2NH by synchrotron X-ray diffraction. Journal of Alloys and Compounds, 2005, 393: 264-268.

[11] Ichikawa T, Hanada N, Isobe S, et al. Mechanism of novel reaction from $LiNH_2$ and LiH to Li_2NH and H_2 as a promising hydrogen storage system. Journal of Physical Chemistry B, 2004, 108: 7887-7892.

[12] Ichikawa T, Hanada N, Isobe S, et al. Hydrogen storage properties in Ti catalyzed Li-N-H system. Journal of Alloys and Compounds, 2005,(404-406): 435-438.

[13] Nakamori Y, Kitahara G, Orima S. Synthesis and dehydriding studies of Mg-N-H systems. Journal of Power Sources. 2004, 138(1,2): 309-312.

[14] Hu J J, Xiong Z T, Wu G T, et al. Effects of ball-milling conditions on dehydrogenation of $Mg(NH_2)_2$-MgH_2. Journal of Power Sources, 2006, 159: 120-125.

[15] Hino S, Ichikawa T, Leng H Y, et al. Hyrogen desorption properties of the Ca-N-H system, Journal of Alloys and Compounds, 2005, 398: 62-66.

[16] Orimo S, Nakamori Y, Kitahara G, et al. Destabilization and enhanced dehydriding reaction of $LiNH_2$: An electronic structure viewpoint. Applied Physics A, 2004, 79: 1765-1767.

[17] Luo W F. ($LiNH_2$-MgH_2): Available hydrogen storage system. Journal of Alloys and Compounds, 2004, 381: 284-287.

[18] Ichikawa T, Tokoyoda K, Leng H Y. Hydrogen absorption properties of Li-Mg-N-H system. Journal of Alloys and Compounds, 2005, 400: 245-248.

[19] Xiong Z, Wu G, Hu J, et al. Ternary imides for hydrogen storage. Advanced Materials, 2004, 16: 1522-1525.

[20] Xiong Z, Hu J, Wu G, et al. Hydrogen absorption and desorption in Mg-Na-N-H system. Journal of Alloys and Compounds, 2005, 395: 209-212.

[21] Leng H Y, Ichikawa T, Satoshi H, et al. New metal-N-H system composed of $Mg(NH_2)_2$ and LiH for hydrogen storage. Journal of Physical Chemistry B, 2004, 108: 8763-8765.

[22] Chen Y, Wu C, Wang P, et al. Structure and hydrogen storage property of ball-milled $LiNH_2/MgH_2$ mixture. International Journal of Hydrogen Energy, 2006, 31: 1236-1240.

[23] Hu J J, Xiong Z T, Wu G T, et al. Hydrogen releasing reaction between $Mg(NH_2)_2$ and CaH_2. Journal of Power Sources, 2006, 159: 116-119.

[24] Raphal J, Jean-Bruno E, Jean-Marie T. Decomposition of $LiAl(NH_2)_4$ and reaction with LiH for a possible reversible hydrogen storage. Journal of Physical Chemistry C, 2007, 111: 2335-2340.

[25] Chen P, Xiong Z T, Yang L F, et al. Mechanistic investigations on the heterogeneous solid-state reaction of magnesium amides and lithium hydrides. Journal of Physical Chemistry B, 2006, 110: 14221-14225.

[26] Xiong Z T, Hu J J, Wu G T, et al. Thermodynamic and kinetic investigations of the hydrogen storage in the Li-Mg-N-H system. Journal of Alloys and Compounds, 2005, 398: 235-239.

[27] Kojima Y, Matsumoto M, Kawai Y, et al. Hydrogen absorption and desorption by the Li-AI-H system. Journal of Physical Chemistry B, 2006, 110: 9632-9636.

[28] Pinkerton F E, Meisner G P, Meyer M S, et al. Hydrogen desorption exceeding ten weight percent

from the new quaternary hydride $Li_3BN_2H_8$. Journal of Physical Chemistry B, 2005, 109: 6-8.

[29] Meisner G P, Seullin M L, Balogh M P, et al. Hydrogen release from mixtures of lithium borohydride and lithium amide: A Phase diagram study. Journal of Physical Chemistry B, 2006, 110: 4186-4192.

[30] Tokoyoda K, Hino S, Ichikawa T, et al. Hydrogen desorption/absorption properties of Li-Ca-H system. Journal of Alloys and Compounds, 2007, 439: 337-341.

[31] Xiong Z T, Wu G T, Hu J J, et al. Ca-Na-N-H system for reversible hydrogen storage. Journal of Alloys and Compounds, 2007, 441: 152-156.

[32] Ma L P, Wang P, Dai H B, et al. Catalytically enhanced dehydrogenation of Li-Mg-N-H hydrogen storage material by transition metal nitrides. Journal of Alloys and Compounds, 2009, 468: 21-24.

[33] Ma L P, Dai H B, Liang Y, et al. Catalytically enhanced hydrogen storage properties of $Mg(NH_2)_2+2LiH$ material by graphite-supported Ru nanoparticles. Journal of Physical Chemistry C, 2008, 112(46): 18280-18285.

[34] Ma L P, Dai H B, Fang Z Z, et al. Enhanced hydrogen storage properties of Li-Mg-N-H system prepared by reacting $Mg(NH_2)_2$ with Li_3N. Journal of Physical Chemistry C, 2009, 113: 9944-9949.

[35] Liu Y F, Hu J J, Wu G T, et al. Formation and equilibrium of ammonia in the $Mg(NH_2)_2$-2LiH hydrogen storage system. Journal of Physical Chemistry C, 2008, 112(4): 1293-1298.

[36] Hu J J, Liu Y F, Wu G T, et al. Improvement of hydrogen storage properties of the Li-Mg-N-H system by addition of LiBH. Chemistry of Materials, 2008, 20(13): 4398-4402.

[37] Beattie S D, Langmi H W, McGrady G S. In situ thermal desorption of H_2 from $LiNH_2$-2LiH monitored by environmental SEM. International Journal of Hydrogen Energy, 2009, 34: 376-379.

[38] Liu Y F, Hua J J, Xiong Z T, et al. Investigations on hydrogen desorption from the mixture of $Mg(NH_2)_2$ and CaH_2. Journal of Alloys and Compounds, 2007, 432: 298-302.

[39] Xiong Z T, Hu J J, Wu G T, et al. Large amount of hydrogen desorption and stepwise phase transition in the chemical reaction of $NaNH_2$ and $LiAlH_4$. Catalysis Today, 2007, 120: 287-291.

[40] Liu Y F, Hu J J, Wu G T, et al. Large amount of hydrogen desorption from the mixture of $Mg(NH_2)_2$ and LiAlH. Journal of Physical Chemistry C, 2007, 111(51): 19161-19164.

[41] Ichikawa T, Isobe S, Hanada N, et al. Lithium nitride for reversible hydrogen storage. Journal of Alloys and Compounds, 2004, 365: 271-276.

[42] Chen P, Xiong Z T, Wu G T, et al. Metal-N-H systems for the hydrogen storage. Scripta Materialia, 2007, 56: 817-822.

[43] Wang J H, Liu T, Wu G T, et al. Potassium-modified $Mg(NH_2)_2$/2LiH system for hydrogen storage. Angewandte Chemie International Edition, 2009, 48: 5828-5832.

[44] Hu J J, Liu Y F, Wu G T, et al. Structural and compositional changes during hydrogenation/dehydrogenation of the Li-Mg-N-H system. Journal of Physical Chemistry C, 2007, 111: 18439-18443.

[45] Wu G T, Xiong Z T, Liu T, et al. Synthesis and characterization of a new ternary imides $Li_2Ca(NH)_2$. Inorganic Chemistry, 2007, 46: 517-521.

[46] Barison S, Agresti F, Russo S L, et al. A study of the $LiNH_2$-MgH_2 system for solid state hydrogen storage. Journal of Alloys and Compounds, 2008, 459: 343-347.

[47] Broom D P, Moretto P. Accuracy in hydrogen sorption measurements. Journal of Alloys and Compounds, 2007, 446, 447: 687-691.

[48] Yang J, Sudik A, Wolverton C. Activation of hydrogen storage materials in the Li-Mg-N-H system:

Effect on storage properties. Journal of Alloys and Compounds, 2007, 430: 334-338.

[49] Luo W F, Stewart K. Characterization of NH_3 formation in desorption of Li-Mg-N-H storage system. Journal of Alloys and Compounds, 2007, 440: 357-361.

[50] Markmaitree T, Osborn W, Shaw L L. Comparisons between MgH_2- and LiH-containing systems for hydrogen storage applications. International Journal of Hydrogen Energy, 2008, 33: 3915-3924.

[51] Rijssenbeek J, Gao Y, Hanson J, et al. Crystal structure determination and reaction pathway of amide-hydride mixtures. Journal of Alloys and Compounds, 2008, 454: 233-244.

[52] Leng H Y, Ichikawa T, Isobe S, et al. Desorption behaviours from metal-N-H systems synthesized by ball milling. Journal of Alloys and Compounds, 2005, 404-406: 443-447.

[53] Shaw L L, Ren R, Markmaitree T, et al. Effects of mechanical activation on dehydrogenation of the lithium amide and lithium hydride system. Journal of Alloys and Compounds, 2008, 448: 263-271.

[54] Kojima Y, Kawai Y. Hydrogen storage of metal nitride by a mechanochemical reaction. Chemical Communications, 2004, (19): 2210-2211.

[55] Hao T, Matsuo M, Nakamori Y, et al. Impregnation method for the synthesis of Li-N-H systems. Journal of Alloys and Compounds, 2008, 458: 1-5.

[56] Luo W F, Wang J, Stewart K, et al. Li-Mg-N-H: Recent investigations and development. Journal of Alloys and Compounds, 2007, 446, 447: 336-341.

[57] Palumbo O, Paolone A, Cantelli R, et al. Lithium nitride as hydrogen storage material. International Journal of Hydrogen Energy, 2008, 33: 3107-3110.

[58] Osborn W, Markmaitree T, Shaw L L, et al. Low temperature milling of the $LiNH_2$ + LiH hydrogen storage system. International Journal of hydrogen energy, 2009, 34: 4331-4339.

[59] Ichikawa T, Leng H Y, Isobe S, et al. Recent development on hydrogen storage properties in metal-N-H systems. Journal of Power Sources, 2006, 159: 126-131.

[60] Ikeda S, Kuriyama N, Kiyobayashi T. Simultaneous determination of ammonia emission and hydrogen capacity variation during the cyclic testing for $LiNH_2$-LiH hydrogen storage system. International Journal of Hydrogen Energy, 2008, 33: 6201-6204.

[61] Leng H Y, Ichikawa T, Hino S, et al. Synthesis and decomposition reactions of metal amides in metal-N-H hydrogen storage system. Journal of Power Sources, 2006, 156: 166-170.

[62] Nakamori Y, Kitahara G, Orimo S. Synthesis and dehydriding studies of Mg-N-H systems. Journal of Power Sources, 2004, 138: 309-312.

[63] Ichikawa T, Isobe S. The structural properties of amides and imides as hydrogen storage materials. Zeitschrift für Kristallographie, 2008, 223: 660-665.

[64] Hino S, Ichikawa T, Kojima Y. Thermodynamic properties of metal amides determined by ammonia pressure-composition isotherms. Journal of Chemical Thermodynamics, 2010, 42: 140-143.

[65] 刘述丽，刘明明，张轲，等. Li-N-H 储氢材料的高能球磨制备工艺研究. 沈阳师范大学学报. 2011, 90: 86-90.

[66] 张轲，刘述丽，刘明明，等. 氢能的研究进展. 材料导报, 2011, 5: 116-119.

[67] Zhang K, Zhao X Y, Liu S L, et al. Synthesis of $Mg(NH_2)_2$ and hydrogen storage properties of $Mg(NH_2)_2$-LiH system. Advanced Materials Research, 2012, 347-353: 3609-3615.

[68] Sudik A, Yang J, Siegel D J, et al. Impact of stoiehiometry on the hydrogen storage properties of $LiNH_2$-$LiBH_4$-MgH_2 ternary composites. Journal of Physical Chemistry C, 2009, 113: 2004-2013.

[69] Liu Y F, Xiong Z T, Hu J J, et al. Hyrogen absorption/desorption behaviors over a quatemary Mg-Ca-Li-N-H system. Journal of Power Sources, 2006, 159: 135-138.

[70] Chen P, Xiong Z, Luo J, et al. Interaction between lithium amide and lithium hydride. Journal of Physical Chemistry B, 2003, 107: 10967-10970.

[71] Hu Y H, Ruckenstein E. Ultrafast reaetion between Li_3N and $LiNH_2$ to prepare the effective hyrogen storage material Li_2NH. Industrial & Engineering Chemistry Research, 2006, 45: 4993-4998.

[72] 陈志. Li-N-H 储氢材料的制备、表征及性能研究. 天津:南开大学硕士学位论文,2011.

[73] Guo Z X, Yao J H, Shang C, et al. Desorption characteristics of mechanically and chemically modified $LiNH_2$ and ($LiNH_2$+LiH). Journal of Alloys and Compounds, 2007, 432: 277-282.

[74] Orimo S, Fujii H. Materials science of Mg-Ni-based new hydrides. Applied Physics A, 2001, 72: 167-186.

[75] 刘君芳. Mg-N-H 储氢材料的制备研究. 武汉:武汉理工大学硕士学位论文,2007.

[76] 刘述丽. Metal(Li 和 Mg)-N-H 储氢材料的制备工艺及性能研究. 沈阳:沈阳师范大学硕士学位论文,2011.

[77] 王海燕,曾艳丽,孟令鹏,等. 有关氢键理论研究的现状及前景. 河北师范大学学报,2005, 2: 177-181.

[78] 吴志坚,吴季怀. 二氢键. 大学化学,2006,2(21): 33-41.

[79] Isobe S, Iehikawa T, Hino S, et al. Hydrogen desorption mechanism in a Li-N-H system by means of the isotopic exchange technique. Journal of Physical Chemistry B, 2005, 109: 14855-14858.

[80] David W, Jones M, Gregory D, et al. A mechanism for non-stoichiometry in the lithium amide/lithium imide hydrogen storage reaction. Journal of the American Chemical Society, 2007, 129: 1594-1601.

第 7 章　金属氮氢系储氢材料的改性

第 6 章介绍了 M-N-H 储氢材料的最近研究进展，可以发现其表现出较为优异的储氢性能，如可逆性良好、储氢量较大、动力学性能较佳，特别是 Li-N-H 和 Li-Mg-N-H 系统是其中的代表，但其储氢量还是较小，未达到车载氢源以及其他氢能应用的要求。对 M-N-H 储氢材料的改性研究方兴未艾，主要集中在两个方面。

一方面是在原 M-N-H 储氢材料系统的基础上加入某些惰性、低熔点、高沸点有机防粘剂来提高其储氢性能。Wang 等[1]通过在 $Mg(NH_2)_2$-LiH 体系中添加少量的有机添加剂磷酸三苯酯，有效地抑制了材料在放氢过程中 $Li_2MgN_2H_2$ 颗粒的烧结聚合长大及材料在吸氢过程中 $Mg(NH_2)_2$ 的晶化，从而增强了该体系的动力学性能及循环稳定性能，同时他们认为由于磷酸三苯酯的加入使得 $Mg(NH_2)_2$ 在吸氢过程中保持非晶状态，这降低了体系的脱氢反应焓变，此外磷酸三苯酯的加入还有效地抑制了氨气的释放。陈志等[2]在 Li_3N-$LiNH_2$ 体系中添加亚磷酸三苯酯取得了相似的结果。尽管有机添加剂未能提高 M-N-H 储氢材料系统的储氢量，但其对吸放氢动力学性能和循环性能的改善有助于使该系统可能应用于实际的储氢器中。

另一方面是采用其他储氢量大的金属复合物，如硼氢化物、铝氢化物等，来参与 M-N-H 系统的组成，以提高储氢量。表 7.1[3]给出了一些常见金属的氨基化物、

表 7.1　一些金属氨基化物$[NH_2]^-$和其他复合物$[AlH_4]^-$、$[BH_4]^-$的性质

化合物	CAS 号	密度/(g/cm³)	含氢量/%	熔点/℃	ΔH_f^0/(kJ/mol)
$LiNH_2$	7782-89-0	1.18	8.78	372～400	−179.6
$Mg(NH_2)_2$	7803-54-5	1.39	7.15	360	−120±11[4]
$NaNH_2$	7782-92-5	1.39	5.15	210	−123.8
KNH_2	17242-52-3	1.62	3.66	338	−128.9
$Ca(NH_2)_2$	23321-74-6	1.74	5.59		−383.4
$LiBH_4$	16949-15-8	0.66	18.36	268	−194
$NaBH_4$	16940-66-2	1.07	10.57	505	−191
$LiAlH_4$	16853-85-3	0.917	10.54	190^d	−119
$NaAlH_4$	13770-96-2	1.28	7.41	178	−113

注：熔点中上标 d 代表分解温度。

硼氢化物和铝氢化物的性质。可以看到，碱金属的硼氢化物和铝氢化物具有密度低、含氢量大、生成焓变小等优势，但其作为储氢材料有熔点低（分解温度一般高于熔点）、可逆性差、动力学性能慢等缺点。若其与 M-N-H 储氢材料进行复合，优势互补，也可能产生新的、具有优异储氢性能的系统，这也是最近金属配合物储氢材料系统研究的热点方向。本章主要介绍硼氢化物、铝氢化物两类金属配合物改性的 M-N-H 系统。

7.1 硼氢化物改性的 M-N-H 系统

金属的硼氢化物可以看作金属离子 M^+ 与硼氢根离子 $[BH_4]^-$ 的盐类，其对氧不敏感而对潮湿的空气敏感，其对湿度敏感实质上是可以与空气中的水蒸气反应而放出氢气，其中硼氢化锂与水蒸气的反应式为 $LiBH_4 + 4H_2O \longrightarrow LiOH + H_3BO_3 + 4H_2$ 和 $LiBH_4 + 2H_2O \longrightarrow LiBO_2 + 4H_2$。最具代表性的金属硼氢化物是硼氢化钠和硼氢化锂，而对 M-N-H 储氢材料改性研究最多的是硼氢化锂。早在 1940 年 Schlesinger 等[5]就用乙基锂与二硼烷合成出了硼氢化锂，实验室可采用氢化锂与二硼烷，可在较为温和的条件下合成硼氢化锂，其反应式为 $LiH + 1/2B_2H_6 \longrightarrow LiBH_4$。化学工业中合成硼氢化锂的方法是以异丙胺为溶剂，硼氢化钠与卤化锂发生置换反应得到硼氢化锂，其反应式为 $NaBH_4 + LiX(X = Cl,\ Br) \longrightarrow LiBH_4 + NaX$。当然，也可直接采用金属（主要为第一主族的碱金属和第二主族的碱土金属）、硼、氢气在550～700℃下 3～15.5MPa 氢气中直接合成金属硼氢化物[6~8]。但由于硼对锂与氢的反应是惰性的，因此采用此方法合成硼氢化锂时反应物一般不是金属锂而是锂的硼化物，如 Li_7B_6、LiB_3 和 LiB 等。理论和实验都证明在室温和室压下，硼氢化锂属于四方正交结构[9,10]，空间群为 pcmn，每一个锂离子周围被四个$[BH_4]^-$包围，而每一个$[BH_4]^-$离子周围有四个锂离子，如图 7.1 所示，在高温和高压下，硼氢化锂可有多种复杂结构。

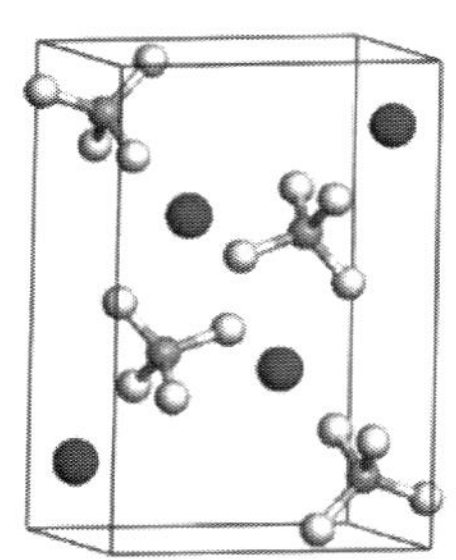

图 7.1 室温室压下 $LiBH_4$ 的结构
黑球表示 Li，灰球表示 B，白球表示 H

纯的硼氢化锂可在 380℃左右释放出氢，低于 600℃下可释放出约其含量一半的氢[11]，反应式为 $LiBH_4 \longleftrightarrow 1/12Li_2B_{12}H_{12} + 5/6LiH_2 + 13/12H_2$，*P-C-T* 曲线结合 Van't Hoff 方程得到该反应的焓变和熵变分别为 $74kJ/molH_2$ 和 $115JK^{-1}/mol\ H_2$。实验证明该反应是可逆的，反应产物可在 600℃、35MPa 的氢压下吸氢回到反应物硼氢化锂，但是吸氢过程非常缓慢，需要超过 12h，且不能完全吸氢。由此可见硼氢化锂作为储氢材料，其可逆性差，吸放氢条件苛刻，不能作为车载氢源和质子燃料电池的氢储存物质。研究发现，有三种方法可提高其吸放氢反应的可逆性和动力学，其一是加入催化剂，如 Mg、Al、MgH_2、CaH_2、$TiCl_3$、$MgCl_2$ 等，比如 $LiBH_4+0.2MgCl_2+0.1TiCl_3$ 系统的放氢温度较纯硼氢化锂降低约 60℃，且在吸放氢循环中 400℃时放出 5%的氢，在 400℃、7MPa 的氢压下可吸氢 4.5%[12]。其二是纳米化或与其他纳米管和介孔材料复合，如碳纳米管、无序介孔碳材料 CMK-3 等，比如无序介孔碳材料 CMK-3 支撑的纳米硼氢化锂储氢材料，可使其放氢反应的焓变减少到 $40kJ/molH_2$，放氢量在 600℃ 以下可达 14%，而吸氢反应在 350℃下也能达到 6%[13]。第三种方法是通过加入金属、金属氯化物、氧化物、氨基化物以及氢化物使其与硼氢化锂脱氢产物形成合金或复合物，从而使得硼氢化锂“失稳”。但对于失稳剂的选择，重要的前提是为了获得良好的吸放氢循环性能，必须有效地控制系统的放氢态产物。失稳剂中研究较多和效果较好的是金属氢化物、氨基化物以及两种物质的结合使用，下面就着重介绍氨基化物以及氢化物和氨基化物相结合的失稳剂的研究进展。

7.1.1　$LiBH_4$-$LiNH_2$ 系统

Li 等[14]研究了 $LiBH_4$、$LiNH_2$、$2LiBH_4+LiNH_2$ 以及 $LiBH+2LiNH_2$ 热分解行为，分解产生气体的气相色谱如图 7.2 所示。由图可见，氨基锂大约在 600K 时分解并有氨气产生；硼氢化锂则在 800K 才有明显的分解释放出氢；而硼氢化锂中加入 1∶2 摩尔比氨基锂后，除了 800K 时的放氢峰外，在 600K 左右出现了新的放氢峰；随着氨基锂的加入量增大至 2∶1 摩尔比后，加强了 600K 左右的放氢峰而抑制了 800K 左右的放氢峰，从而体现了氨基锂对硼氢化锂的失稳作用，使得系

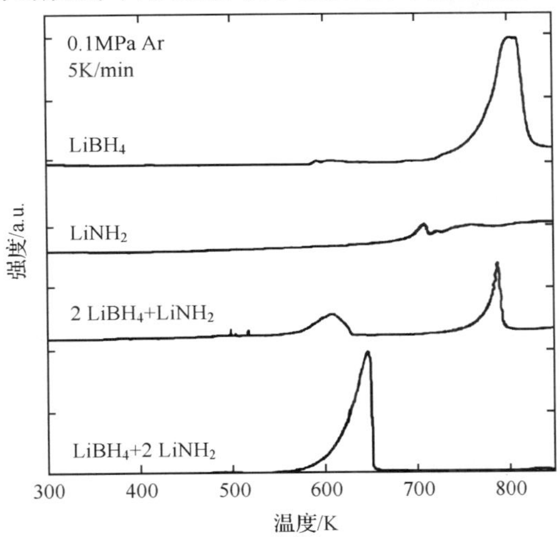

图 7.2　四种样品热分解气态产物的气相色谱

统的分解温度降低了约 150K。实际上，相比于氢化锂-氨基锂系统，硼氢化锂-氨基锂系统中硼氢化锂的作用相当于氢化锂的作用。

分解后的固态产物的 XRD 图谱如图 7.3 所示。氨基锂分解后的固相主要为亚氨基锂；硼氢化锂分解后主要为氢化锂，图中未出现另一种分解产物硼可能是其处于非晶结构；而摩尔比为 2∶1 的硼氢化锂＋氨基锂系统的分解产物变为 Li_3BN_2 和 LiH，系统中进一步提高氨基锂的量，其分解产物几乎只有 Li_3BN_2，因此 $LiBH_4 + 2LiNH_2$ 系统的分解反应为 $LiBH_4 + 2LiNH_2 \longrightarrow Li_3BN_2 + 4H_2$。

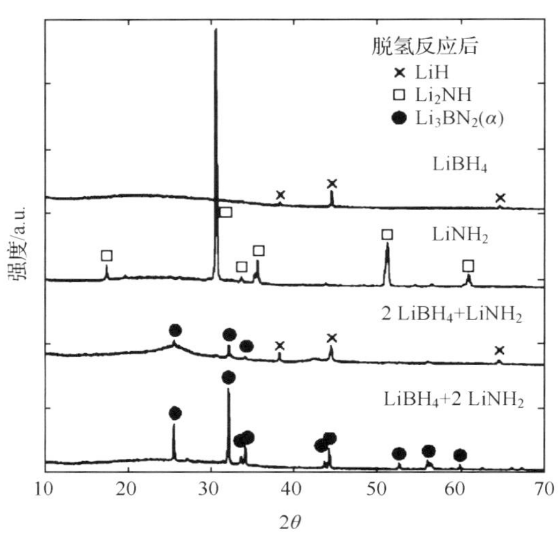

图 7.3　四种样品热分解固态产物的 XRD 结果

Pinkerton 等[15,16]以 $LiBH_4 + 2LiNH_2$ 作为反应物合成了一种四元储氢材料 $Li_3BN_2H_8$，其熔点约为 190℃，理论储氢量可达 11.9%，该系统在 250℃左右可释氢超过 10%，但同时系统还释放出约占释放气体总量 2%～3%(摩尔分数)的氨气。将系统中 $Li_3BN_2H_8$ 储氢材料纳米化和以碳纳米材料支撑后，可显著改善其可逆性[17]。进一步对 $Li_3BN_2H_8$ 储氢材料研究发现，其组成事实上是 $Li_4BN_3H_{10}$[18,19]，其晶体结构为立方晶系，空间群为 $I2_13$。Herbst 等[20]认为 $Li_4BN_3H_{10}$ 储氢材料放氢反应为 $Li_4BN_3H_{10} \longrightarrow Li_3BN_2 + 1/2Li_2NH + 1/2NH_3 + 4H_2$，而 Siegel 等[21]则认为是 $Li_4BN_3H_{10} \longrightarrow Li_3BN_2 + LiNH_2 + 4H_2$。

$LiBH_4$-$LiNH_2$ 系统有如下三个缺点，不适合作为车载氢源和质子燃料电池的氢源：一是放氢温度(250℃)依然较高；二是放出的氢中通常含有氨气；三是放氢反应为放热反应，导致吸氢过程热力学较为困难。Tang 等[22]对这一系统的催化剂做了较为系统的研究，$MoCl_3$、LiF、LiCl、LiBr、$NiCl_2$ 以及 $CoCl_2$ 作为催化剂对 $2LiNH_2$-$LiBH_4$ 系统的放氢温度影响如表 7.2 所示。

表 7.2　不同催化剂对 $2LiNH_2$-$LiBH_4$ 系统的放氢温度影响

催化剂(添加量均为 5%)	放氢温度/℃	放氢温度变化值/℃
无	311	0
$NiCl_2$	222	−89
$CoCl_2$	214	−97
$MoCl_3$	315	+4
LiF	326	+15
LiCl	323	+12
LiBr	321	+10

从表 7.2 中可见，对 $2LiNH_2$-$LiBH_4$ 系统的放氢温度影响最有效的催化剂是 $NiCl_2$ 和 $CoCl_2$，它们可使系统的放氢温度降低约 90～100℃，特别是 $CoCl_2$ 的降低值最大，可达 97℃。Zheng 等[23]还比较了 $CoCl_2$ 的加入量为 7%时对 $2LiNH_2$-$LiBH_4$ 系统的放氢动力学的影响，如图 7.4 所示。可见，$CoCl_2$ 明显地降低了系统的分解温度，加速了系统的放氢动力学。该系统每摩尔可释放出 3.9 个原子氢，相当于 8.1%的储氢量，而氨气的释放量低于 890ppm。Tang 和 Zheng 的实验结果都支持了 $CoCl_2$ 催化剂在系统中以 Co 和 Co_2B 的形式存在且协同催化了放氢反应的结论。

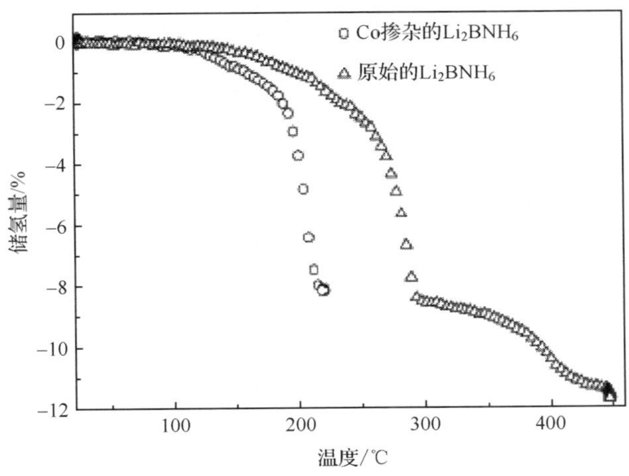

图 7.4　$CoCl_2$ 催化剂对 Li_2BNH_6 放氢动力学的影响

尽管以上的研究表明，$NiCl_2$ 和 $CoCl_2$ 作为催化剂可明显地降低放氢温度，但其依然在 200℃左右，没有达到放氢温度低于 100℃的实际应用水平，因此研究人员寻求其他多组分系统以期改善其储氢性能，下面就介绍 $LiBH_4$-$LiNH_2$-MgH_2 三组分系统。

7.1.2　$LiBH_4$-$LiNH_2$-MgH_2 系统

正如前文所述，$LiBH_4$-$LiNH_2$ 系统的放氢温度依然较高，且放氢的同时有氨气放出，而氢化物具有抑制系统氨气的放出以及作为硼氢化锂失稳剂的作用[24]，因此添加第三组元氢化物势在必行。Yang 等[25]研究了 $2LiNH_2+LiBH_4+MgH_2$ 系统的吸放氢性能。图 7.5 给出了三元 $2LiNH_2+LiBH_4+MgH_2$ 系统放氢时控温分解出气体的质谱检测结果，证实了氢化镁的加入抑制了二元 $2LiNH_2+LiBH_4$ 系统氨气的产生，并且进一步使其初始放氢温度降至 110℃左右，而放氢峰有四个，对应的温度分别为 180℃、190℃、310℃和 560℃。图 7.6 为系统在 260℃和 320℃两种温度下的等温放氢动力学曲线。可见系统总的放氢量达到 8.2%，而第一步放氢非常快，在不到 30min 可放出 3.5%的氢。然而余下的 4.7%的储氢量在 260℃时需要 12h 才能放出。本书通过 XRD 和红外光谱分析了球磨后、四个放氢峰所对应的固态产物，得到系统经历了如下的放氢反应：

$$3LiNH_2+LiBH_4 \longrightarrow Li_4BN_3H_{10}\text{（球磨时所引起的反应）}$$

$$2Li_4BN_3H_{10}+3MgH_2 \longrightarrow 3MgN_2H_4+2LiBH_4+6LiH\text{（开始加热时）}$$

$$2Li_4BN_3H_{10}+3MgH_2 \longrightarrow 3Li_2MgN_2H_2+2LiBH_4+6H_2\text{（第一个放氢峰）}$$

$$MgN_2H_4+2LiH \longrightarrow Li_2MgN_2H_2+2H_2\text{（第二个放氢峰）}$$

$$3Li_2MgN_2H_2+2LiBH_4 \longrightarrow 2Li_3BN_2+Mg_3N_2+2LiH+6H_2\text{（第三个放氢峰）}$$

前两个放氢峰的可逆性可由图 7.7 来验证。图 7.7(a)为系统的循环吸放氢动力学，可以发现，180℃时的等温吸放氢动力学显示出良好的可逆性。而吸氢后的产物与原始放氢的反应物之间的控温分解气态产物的质谱几乎没有分别。

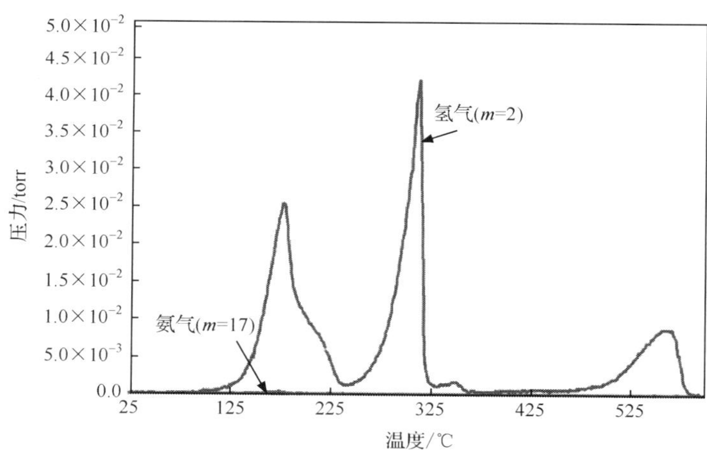

图 7.5　三元 $2LiNH_2+LiBH_4+MgH_2$ 系统释放出气体的检测结果

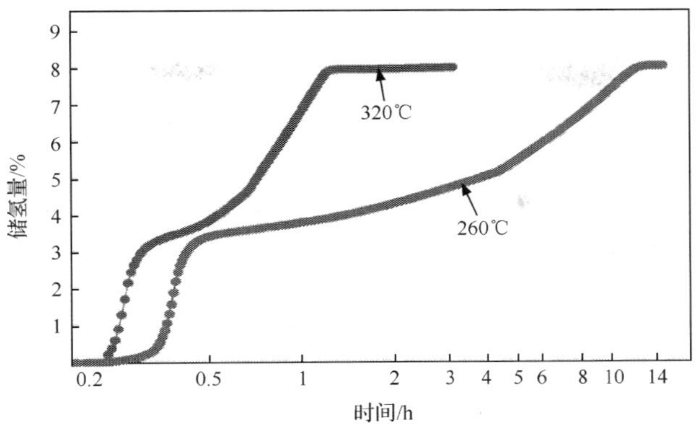

图 7.6　三元 $2LiNH_2+LiBH_4+MgH_2$ 系统的等温放氢动力学

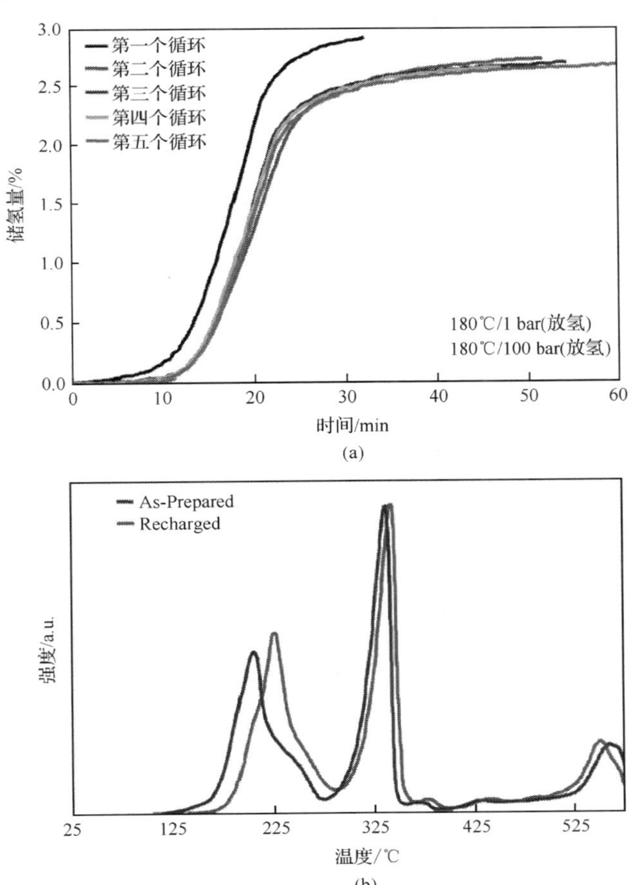

图 7.7　三元 $2LiNH_2+LiBH_4+MgH_2$ 系统循环吸放氢性能(a)和吸氢后与原始反应物的控温分解气态产物的质谱(b)对比，均说明了系统的可逆性

为了验证三元 $2LiNH_2+LiBH_4+MgH_2$ 系统球磨时确实生成了 $Li_4BN_3H_{10}$ 以及 $LiBH_4$ 的加入量对该三元系统储氢性能的影响，Sudik 等[26]研究了四种组成的三元 $2LiNH_2+LiBH_4+MgH_2$ 系统球磨后的组成和储氢性能。图 7.8 给出了摩尔比分别为 1∶1∶1、2∶1∶2、2∶1∶1 以及 2∶0.5∶1 的三元 $2LiNH_2+LiBH_4+MgH_2$ 系统球磨后的 XRD 和红外光谱结果。从图中可明显地看到，当氨基锂多余而硼氢化锂不足如组成为 2∶0.5∶1 时，球磨后确实产生了大量的

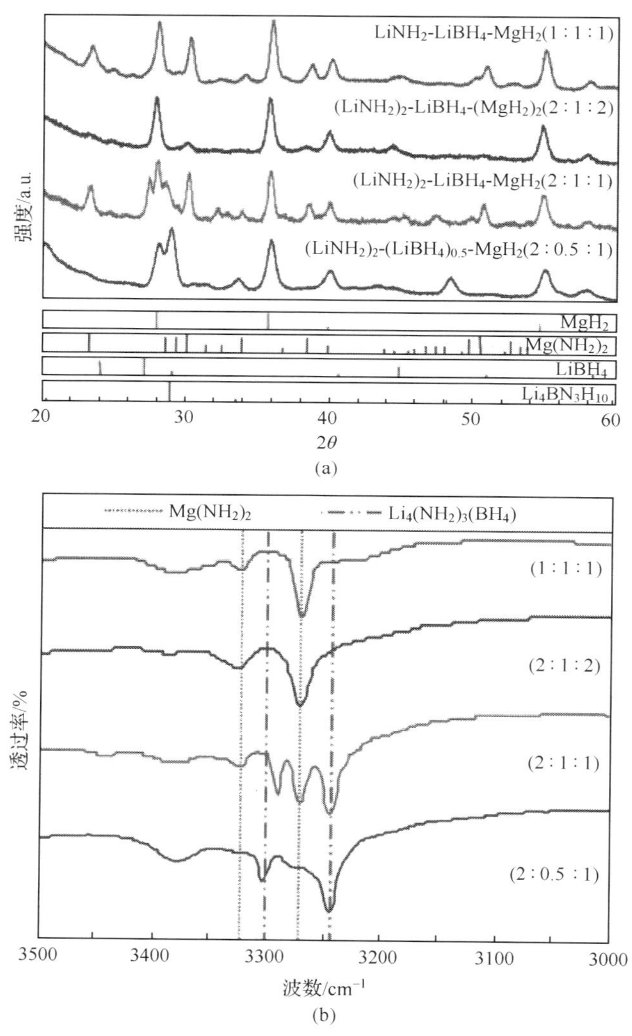

图 7.8　四种不同组成的三元 $2LiNH_2+LiBH_4+MgH_2$ 系统球磨后产物的 XRD 图谱(a)和红外光谱(b)

$Li_4BN_3H_{10}$。当系统中硼氢化锂的含量增加时，$Li_4BN_3H_{10}$ 的衍射峰和红外吸收峰逐渐降低(如组成为 2∶1∶1)，直至消失(如组成为 1∶1∶1 和 2∶1∶2)，而氨基镁的衍射峰和红外吸收峰却逐步增强。这进一步验证了上述 Yang 等所描述的三元 $2LiNH_2+LiBH_4+MgH_2$ 系统球磨以及系统热分解时所发生的五个反应。

四种组成的三元 $2LiNH_2+LiBH_4+MgH_2$ 系统放氢动力学和放氢温度的质谱结果如图 7.9 所示。可见除了组成为 1∶1∶1 的系统储氢量接近于 6%外，其他三个组成的系统储氢量均超过 8%。值得注意的是，含硼氢化锂最少组成为 2∶0.5∶1的系统，其前两个放氢峰对应的储氢量最大，250℃达到 4.5%，且在 370℃左右也能达到最高值 8.6%。但这一组成的系统在 100～200℃氨气的放出量也比 2∶1∶1 的系统高出近一个数量级。为了验证四种组成的三元 $2LiNH_2+LiBH_4+MgH_2$ 系统吸放氢反应的可逆性，180℃下该三元系统的再吸氢和放氢动力学如

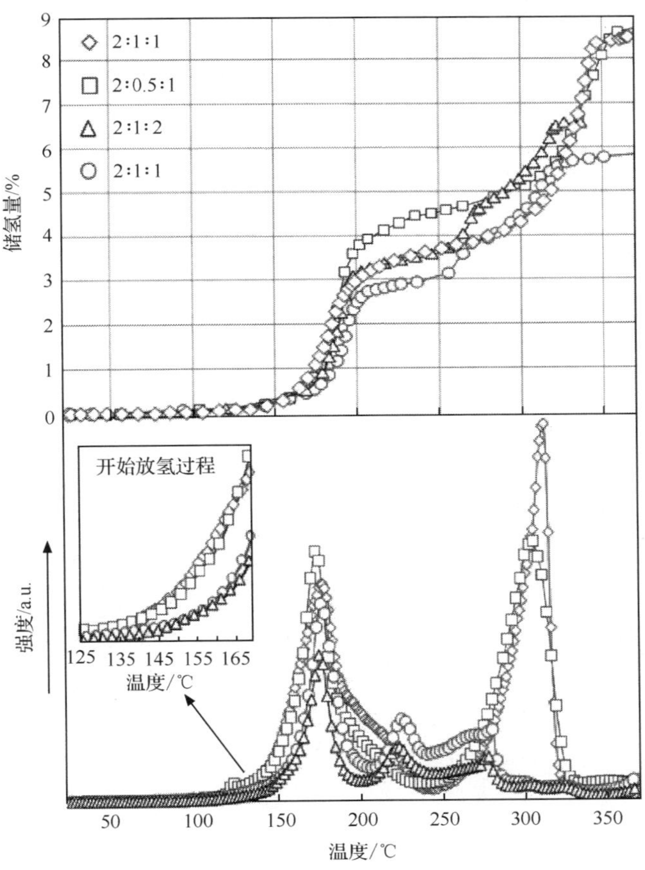

图 7.9　四种不同组成的三元 $2LiNH_2+LiBH_4+MgH_2$ 系统球磨后产物的放氢动力学(上图)和放氢峰温度测量质谱结果(下图)

图 7.10 所示，可见四种系统都在前两个吸氢峰表现出良好的可逆性，其中组成为 2∶0.5∶1 的系统的可能吸放氢量最大，可达到 3.5%。

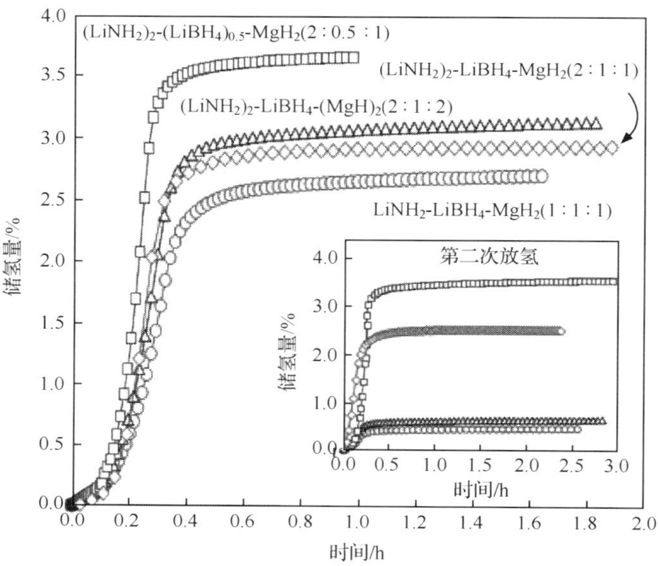

图 7.10 四种不同组成的三元 $2LiNH_2+LiBH_4+MgH_2$ 系统放氢后在 180℃再吸放氢动力学

更低硼氢化锂的添加量对 MgN_2H_4+2LiH 的研究[27]也支持了 Sudik 和 Yang 的观点，对 Li-Mg-N-H 系统分别添加 0.05、0.1、0.2 和 0.3 摩尔比的硼氢化锂可使该系统在 140℃的放氢动力学和 100℃的吸氢动力学提高 2 倍，且氢气平衡分压为 1bar 的温度分别降低了 20～70℃。Lewis 等[28]对 48 种组成不同的三元 $2LiNH_2+LiBH_4+MgH_2$ 系统的吸放氢性能和储氢量做了系统的研究并据此绘制出了该三元系统储氢量与组成的关系相图，如图 7.11 所示，可见储氢量最大的系统组成为 $0.6LiNH_2$-$0.3MgH_2$-$0.1LiBH_4$，其在第二次循环时放氢量可达 3.4%。本书还分析了三元 M-N-B-H 系统较二元 M-N-H 系统初始放氢温度有很大降低以及吸放氢动力学较快的原因，即硼氢化锂的加入使得系统中产生 $Li_4BN_3H_{10}$，其在吸放氢过程中熔化从而加速了系统中组分间的传质作用。

为了进一步加速三元 $2LiNH_2+LiBH_4+MgH_2$ 系统的吸放氢动力学和降低初始放氢温度，开展了各类催化剂的研究。Zhang 等[29]研究了 ZrCo 的氢化物对 $2LiNH_2$-$1.1MgH_2$-$0.1LiBH_4$ 三元系统的催化作用。3%的 ZrCo 氢化物催化剂的添加使得系统(简称样品 1)在 75℃就开始放氢，放氢峰出现在 180℃，较未加催化剂的系统(简称样品 2)放氢峰低 10℃，如图 7.12 所示。

150℃下含催化剂和未加催化剂的两个样品吸放氢动力学如图 7.13 所示。可见未加催化剂时，在 0.1MPa 的氢压中，1h 放氢量为 1.67%，8h 后为 3.63%；而添

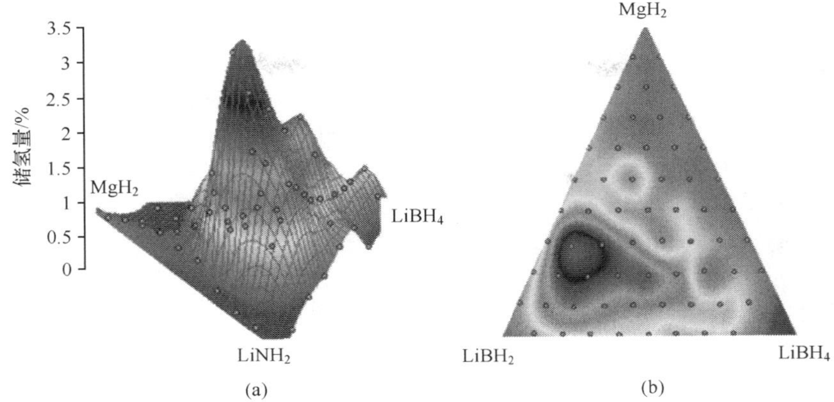

图 7.11　三元 $2LiNH_2+LiBH_4+MgH_2$ 系统在 220℃第二次放氢量与组成的关系相图

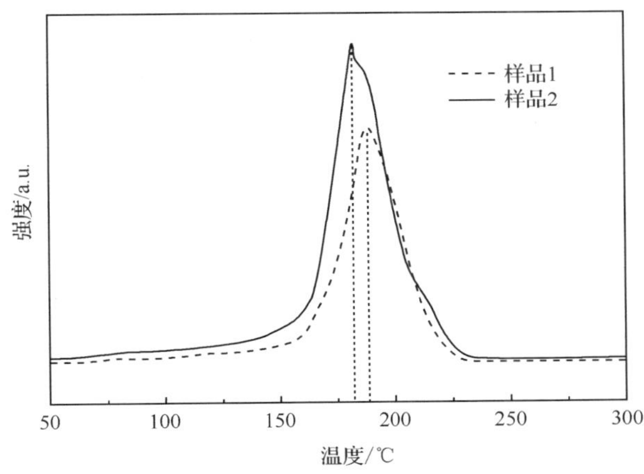

图 7.12　$2LiNH_2$-1.1MgH_2-0.1$LiBH_4$ 三元系统控温分解气相产物的质谱结果

加 3%的 ZrCo 氢化物催化剂后，1h 放氢量增加为 3.75%，8h 后为 4.6%，放氢动力学明显得到提高，而吸氢动力学提高得更为明显。10 个循环的吸放氢实验结果(图 7.14)表明 3%的 ZrCo 氢化物催化剂的加入对改善系统的循环储氢性能也有效果。采用红外光谱结果解释了 ZrCo 氢化物催化剂的催化机理，即在系统中以纳米形式分散且可以减弱 N—H 键，使得系统的吸放氢性能得以提高。

D'Angelo 等[30]发现 Niobium Oxide (Nb_2O_5)能使 Li-nMg-B-N-H 系统的放氢温度降低 10℃并同时提高其吸放氢动力学，Nb_2O_5 与 2%(摩尔分数)的纳米 Ni 协同作用可使该系统的放氢温度降幅达 27℃。Srinivasan 等[31]研究了添加量为 2%(摩尔分数)的几种不同纳米金属对 LiBNH+$n$$MgH_2$ 系统的放氢速率以及放氢温度的影响(图 7.15)，结果发现在纳米 Mn、Fe、Co、Cu、Ni 以及 Fe+Ni 中，铁

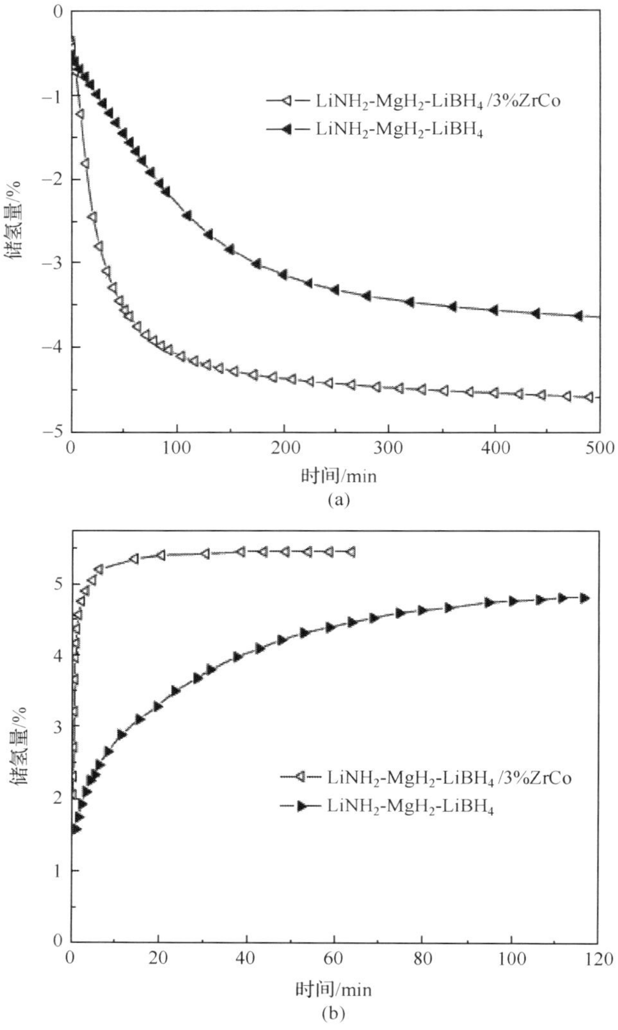

图 7.13　150℃下含催化剂以及未加催化剂的样品放氢动力学(a)和吸氢动力学(b)

和锰对放氢速率影响较大，钴对放氢温度的降低最有效，而铁具有较好的综合效力。

由于过渡金属的氯化物对二元 $LiBH_4$-$LiNH_2$ 系统有很好的催化性能，其对三元 $LiBH_4$-$LiNH_2$-MgH_2 系统是否也如此，本书对这方面进行了较为系统的研究。将纯度为 95％的 $LiNH_2$、MgH_2 和 $LiBH_4$ 粉末以摩尔比为 2∶1∶1 的混合物在 0.2MPa 高纯氩气保护下，进行 24h 球磨后形成 $LiNH_2$-MgH_2-$LiBH_4$ 三元储氢系统，在另一组该样品里还添加了各 0.5％(摩尔分数)的 $NiCl_2$ 和 $CoCl_2$ 催化剂，

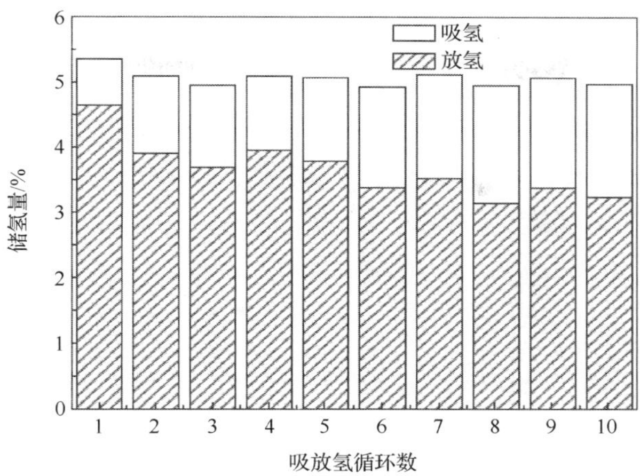

图 7.14 150℃下含 3%的 ZrCo 氢化物催化剂的 $2LiNH_2$-1.1MgH_2-0.1$LiBH_4$ 三元系统循环吸放氢性能

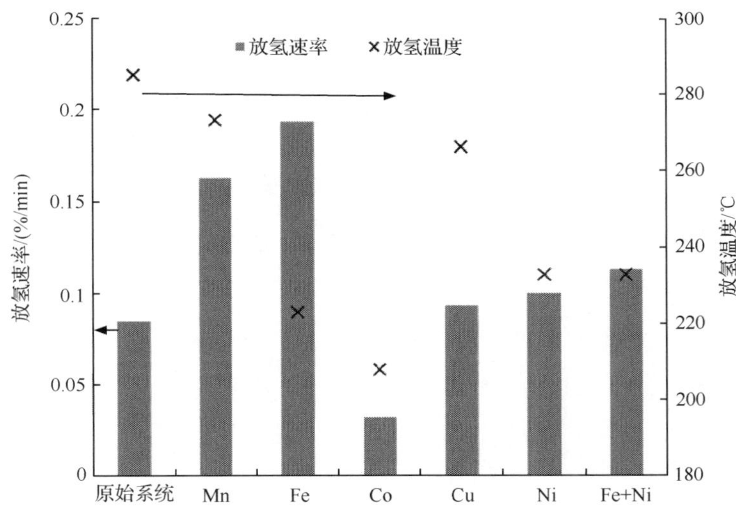

图 7.15 添加量为 2%(摩尔分数)的各种纳米金属对 LiBNH+$n$$MgH_2$ 系统的放氢速率和放氢温度的影响

研究催化剂对该系统吸放氢动力学的影响。两组样品分别在 100bar 氢压、240℃下活化 24h 后，采用 PCT pro2000 压力-组成-温度测试仪测试了 $LiNH_2$-MgH_2-$LiBH_4$ 三元储氢系统在 150～170℃时的储氢性能，包括吸氢和脱氢动力学，结果如图 7.16 和图 7.17 所示。由图可见未加 $NiCl_2$ 和 $CoCl_2$ 催化剂的样品在 170℃时的可逆储氢量为 1.5%，150℃和 160℃则为 1.0%，添加催化剂后其可逆储氢量

在 150～170℃时均提高至 2.0%；同时吸氢动力学测试证实（以 170℃为例）未加催化剂的样品在 40min 内完成了 85%，也就是质量分数为 1.3%，直至吸附完全时需要 50min，而催化剂的加入使样品的吸氢速率显著提高，其在 30min 内就完成了 95%，也就是质量分数为 1.85%，吸附完全时需要 40min；放氢动力学显示未加催化剂的样品在最初 10min 内完成了 60%，也就是质量分数为 0.9%，直至吸附完全时需要 1.2h，而催化剂的加入使样品的吸氢速率显著提高，其在最初 10min 内完成了 80%，也就是质量分数为 1.6%，但吸附完全时需要 2.2h，表明 $NiCl_2$ 和 $CoCl_2$ 催化剂对该系统的吸放氢动力学和可逆储氢量均有显著的影响。但是不管有无催化剂，实验表明该系统的可逆储氢量远未达到其含氢量 8%～10%，究其原

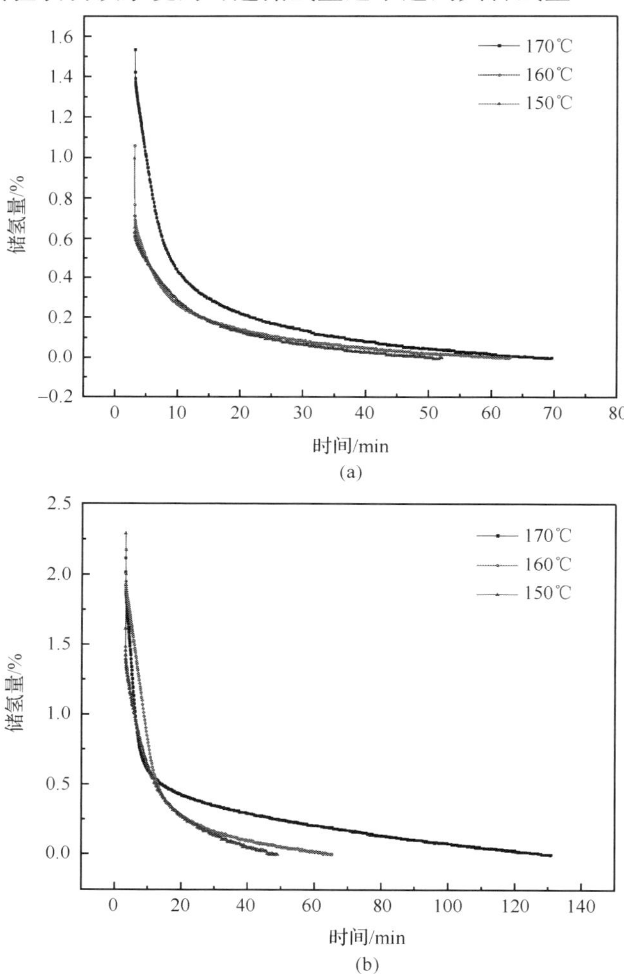

图 7.16 添加 $NiCl_2$＋$CoCl_2$ 复合催化剂(b)和未添加(a)的 $LiBH_4$-$LiNH_2$-MgH_2 系统等温放氢动力学

因有二：一是 $LiBH_4$ 的加入只是降低了 $LiNH_2$-MgH_2 二元系统的可逆吸放氢温度，尽管其也可以放出大量的氢（约为 18.36%），但其放氢温度需要 380℃且放氢过程不可逆吸氢，而本试验温度较低，因此系统中 $LiBH_4$ 其实表现为吸放氢惰性物质；二是即使 $LiBH_4$ 以惰性物质的方式加入，该三元系统的可逆储氢量也可达到 4.2%，然而试验结果却显示即使有催化剂，其可逆储氢量在 150℃时也只有 2.0%，但对比作者课题组以前对 $LiNH_2$-MgH_2 二元系统的可逆吸放氢研究可发现，温度低至 150℃时 $LiNH_2$-MgH_2 二元系统的可逆吸放氢也只有 0.6%，可见 $LiBH_4$ 和催化剂的加入对 $LiNH_2$-MgH_2 二元系统，无论是可逆储氢量还是吸放氢动力学，都有较显著的积极作用。

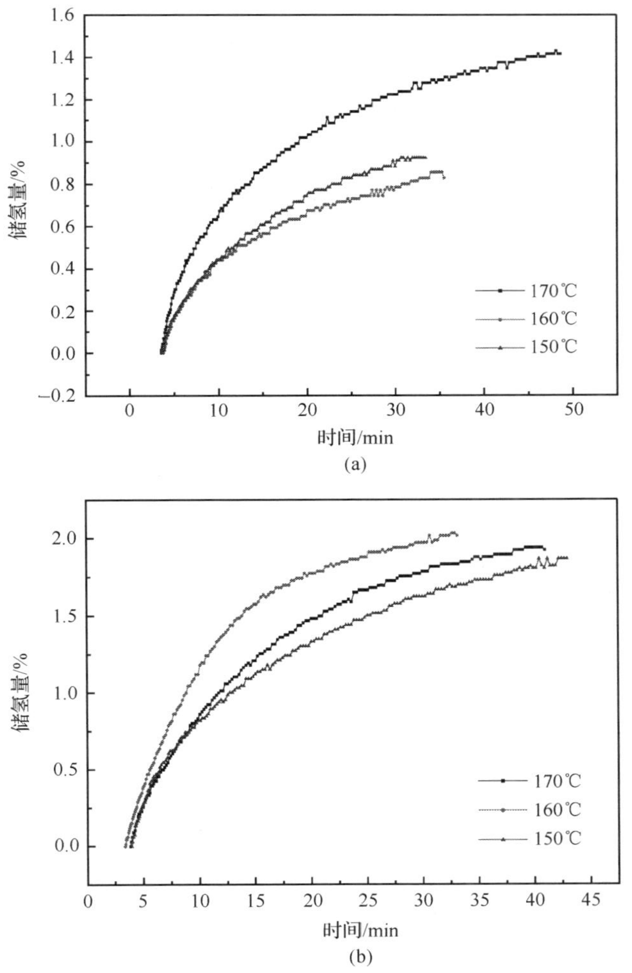

图 7.17　添加 $NiCl_2+CoCl_2$ 复合催化剂(b)和未添加(a)的 $LiBH_4$-$LiNH_2$-MgH_2 系统等温吸氢动力学

7.1.3 其他硼氢化物改性

由以上的论述可知，硼氢化物对 M-B-H 储氢材料系统的改性主要是降低了初始放氢温度，改善了低温吸放氢反应的动力学，系统的可逆性和储氢量也得以提高，主要的途径是需要可控的放氢过程，即放氢产物一定是金属氮硼氢的复合物 $M_xBN_3H_{10}$，比如 Li 为 $Li_4BN_3H_{10}$，系统才具有可逆性。这种物质的形成与分解显然与其中金属离子有关，特别是金属的电负性影响了这类物质的结构和性质，能否采用其他的金属离子或两种、两种以上金属离子替代 Li 离子从而改变这类物质的储氢性能值得研究。金属硼氢化物的合成难易与其形成能密切相关，而第一原理计算表明 $M(BH_4)_n$（M=Li，Na，K，Mg，Sc，Cu，Zn，Zr，Hf，n=1～4）的形成能（生成焓变 ΔH_{boro}）与对应的金属 Pauling 电负性 χ_P 有如下线性关系：$\Delta H_{boro}=248.7\chi_P-390.8$（kJ/molBH$_4$），如图 7.18[3]所示。金属硼氢化物受热分解的行为也不同，碱金属如 Na、Li、K 的硼氢化物受热分解为金属氢化物、硼和氢气，而 Mg、Sc、Zn 等为分步分解，特别是新近研究较多的 $Zn(BH_4)_2$，由于锌的氢化物不稳定，其分解为金属 Zn、B 和氢气。当然随着金属的电负性增大，金属硼氢化物的分解温度降低，熔点也降低，比如最近开始研究的 $Al(BH_4)_3$，其生成焓变不大，熔点仅为−65℃，室温下为液态，但具有非常高的质量，含氢量为 17%，最高的体积含氢量为 150kg/m^3。当然还有两种金属组成的复合硼氢化物，如 $Ca(BH_4)_2$-$Al(BH_4)_3$、$LiMn(BH_4)_3$[32]，其无论是质量含氢量还是体积含氢量都更高，可作为新的储氢材料。

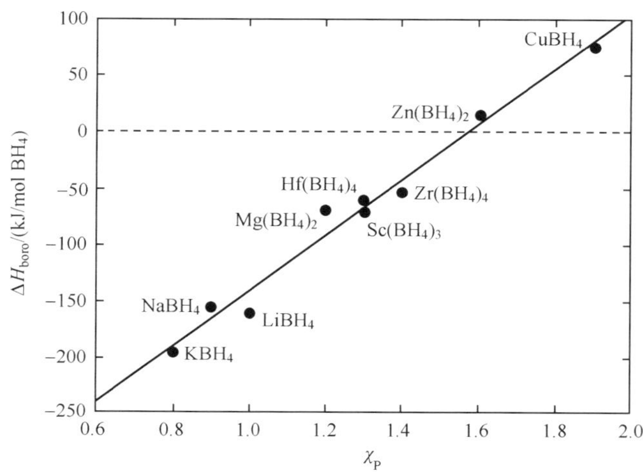

图 7.18　金属硼氢化物的生成焓变与金属 Pauling 电负性之间的关系

在 M-N-B-H 系统引入其他金属离子以替代 Li 离子最为有效的方法是采用其他金属的硼氢化物替代硼氢化锂来改性 M-N-H 系统。Chu 等[33]以 $Ca(BH_4)_2$ 代替 $LiBH_4$ 来改性氨基钙和氨基镁，组成了 $Ca(BH_4)_2$-$2Mg(NH_2)_2$ 和 $Ca(BH_4)_2$-$2Ca(NH_2)_2$ 两个系统，热重实验发现改性后的二元系统较单一的 $Ca(BH_4)_2$ 无论是储氢量还是放氢反应动力学都有显著的提高(图 7.19)，并且降低了放氢峰的温度，同时测试了这两个系统加热至 480℃时释放出气体中的氢气含量和氨气含量以及样品的储氢量(表 7.3)。可见两种改性系统的储氢量较对应的 M-N-H 系统的大，但氨气的析出也较明显。

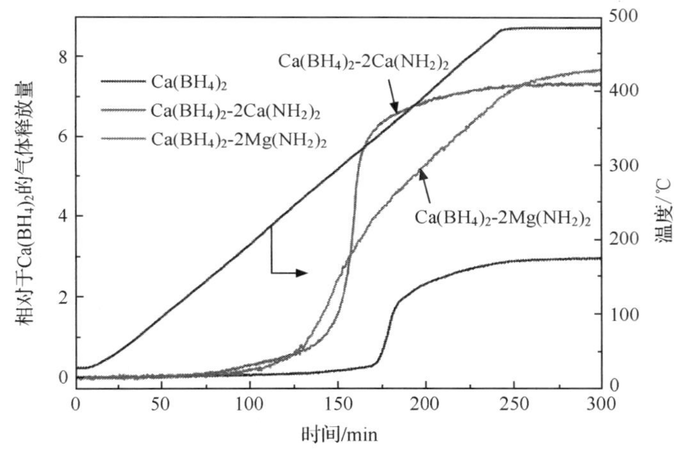

图 7.19　硼氢化钙改性的 M-N-H 系统的热分解

表 7.3　两种系统热分解时气态产物的组成以及储氢量

系统	氢气含量/% (摩尔分数)	氨气含量/% (摩尔分数)	储氢量/% (摩尔分数)
$Ca(BH_4)_2$-$2Ca(NH_2)_2$	98.7	1.3	6.8
$Ca(BH_4)_2$-$2Mg(NH_2)_2$	98.6	1.4	8.3

Chu 等[33]还研究了一些过渡金属卤化物对 $Ca(BH_4)_2$-$2Mg(NH_2)_2$ 系统的催化性能，从图 7.20 可见，除了 TiF_3 外，其他金属卤化物的加入使得放氢动力学曲线变陡，表明它们均不同程度地提高了系统的放氢动力学和降低了初始放氢温度。极少数研究还致力于以比硼氢化物更为复杂的氨硼化物来改性[34]，如 $Ca(NH_2BH_3)_2$ 和 $LiNH_2$ 混合球磨改性 M-N-H 系统，制备出了储氢量更高(理论储氢量为 9.85%)的 $LiCa(NH_2)_3(BH_3)_2$。

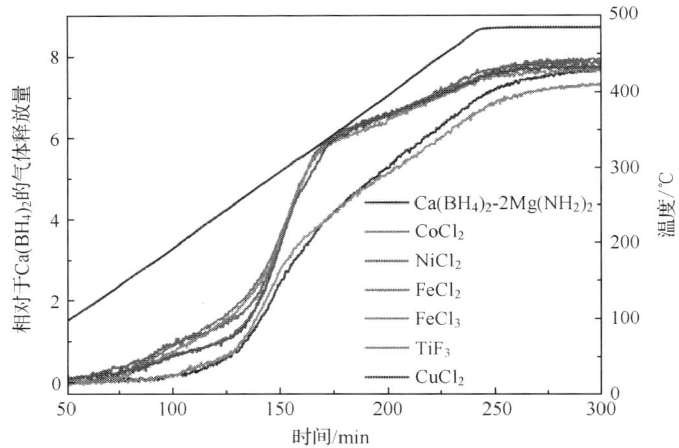

图 7.20 10%过渡金属卤化物的添加量对 $Ca(BH_4)_2$-$2Mg(NH_2)_2$ 系统的催化性能

7.2 铝氢化物改性的 M-N-H 系统

金属铝氢化物中比较有代表性的是铝氢化钠和铝氢化锂。铝氢化锂可由 Schlesinger 反应制备，即令氢化锂与无水三氯化铝在乙醚中进行反应：$4LiH + AlCl_3\text{-}Et_2O \longrightarrow LiAlH_4 + 3LiCl$。工业合成上一般采用铝氢化钠与氯化锂进行复分解反应，这一制备方法可以实现铝氢化锂的高产率：$NaAlH_4 + LiCl\text{-}Et_2O \longrightarrow LiAlH_4 + NaCl$。铝氢化锂可溶于多种醚溶液中，不过，由于杂质的催化作用，铝氢化锂可能会自动分解，但是在四氢呋喃中表现得更稳定，因此虽然在四氢呋喃的溶解度较低，相比乙醚，四氢呋喃应该是更好的溶剂。铝氢化锂具有单斜的晶体结构，空间群为 $P2_1/c$，$[AlH_4]^-$ 离子为四面体结构。铝氢化锂中，Li^+ 与五个 $[AlH_4]^-$ 正四面体相邻，并与每个正四面体中的一个氢原子分别成键，与其中四个的距离为 1.88～2.00Å，与第五个氢的距离稍长，为 2.16Å，成双角锥排列。其晶胞参数为 $a=4.82$Å，$b=7.81$Å，$c=7.92$Å，$\alpha=\gamma=90°$，$\beta=112°$。在高压(大于 2.2GPa)下，氢化铝锂会发生相变，成为 β-$LiAlH_4$。铝氢化锂在常温下是亚稳的。在长时间的贮存中，其会分解成 Li_3AlH_6 和 LiH。这一过程可以通过钛、铁、钒等助催化元素来加速。当加热氢化铝锂时，其反应机理分为三步：

$$3\ LiAlH_4 \longrightarrow Li_3AlH_6 + 2Al + 3\ H_2 \text{(R1)}$$

$$2\ Li_3AlH_6 \longrightarrow 6\ LiH + 2\ Al + 3\ H_2 \text{(R2)}$$

$$2\ LiH + 2\ Al \longrightarrow 2\ LiAl + H_2 \text{(R3)}$$

R1 通常以铝氢化锂的熔化开始，温度范围为 150～170℃，接着立即分解为 Li_3AlH_6，但是 R1 是在低于 $LiAlH_4$ 熔点的情况下进行的。在大约 200℃时，

Li_3AlH_6 分解成 LiH 和 Al(R2)，接着在 400℃以上分解成 LiAl(R3)。反应 R1 在实际中是不可逆的，而 R3 是可逆反应，在 500℃时的平衡压强是 25kPa。在有适当催化剂的情况下，R1 和 R2 反应可以在常温下发生。$LiAlH_4$ 遇水立即发生爆炸性的猛烈反应并放出氢气：

$$LiAlH_4 + 2H_2O \longrightarrow LiAlO_2 + 4H_2$$

$$LiAlH_4 + 4H_2O \longrightarrow LiOH + Al(OH)_3 + 4H_2$$

由于放出的氢是定量的，该反应可用来测定样品中铝氢化锂的含量。为了防止反应过于剧烈，常加入一些二噁烷、乙二醇二甲醚或四氢呋喃作为稀释剂。

铝氢化钠和铝氢化锂已经商品化可以直接购买，其他的金属铝氢化物可由实验制得。如铝氢化镁可由铝氢化钠与氢化镁复分解反应制得，铝氢化钾可由氢化钾、铝在高温高氢压下直接合成，而一些复合金属铝氢化物如 Na_2LiAlH_6 可由氢化钠、氢化锂和铝氢化钠球磨反应制得。在铝氢化物改性的 M-N-H 系统储氢材料中，研究较多的是铝氢化锂对金属氨基化物的改性，下面就主要介绍这一方面的研究进展。

7.2.1　$LiAlH_4$-$LiNH_2$ 系统

从表 7.1 可见，金属铝氢化物相对于硼氢化物来讲，尽管其含氢量较少一些，但其熔点和分解温度较低，因此其改性的 M-N-H 系统的放氢温度有希望进一步降低。Chater 等[35]对比了 $LiAlH_4$-2$LiNH_2$ 系统和 LiH-$LiNH_2$ 系统的热分解行为发现，以 $LiAlH_4$ 代替 LiH 可使储氢材料系统的释氢峰由 140～150℃附近降低为 60～90℃，并且释氢量增加(图 7.21)。与单独的 $LiAlH_4$ 分解相比，发现二元 $LiAlH_4$-2$LiNH_2$ 系统的分解实际上是 $LiAlH_4$ 分解与 LiH-$LiNH_2$ 系统分解的叠加，且 $LiAlH_4$-2$LiNH_2$ 系统无论是球磨还是控温热分解并未产生 Li-N-Al-H 新相，这是与硼氢化物改性产生新相 Li-N-B-H 最大的不同。由于 $LiAlH_4$ 分解释放出氢气的不可逆性，该二元系统的可逆性值得怀疑。

为了明确 $LiAlH_4$-$LiNH_2$ 系统中 $LiNH_2$ 的作用，Varin 等[36]系统地研究了组成分别为 n=1、3、11.5 和 30 的($n$$LiAlH_4$+$LiNH_2$)样品球磨时以及球磨后的吸放氢性能(图 7.22)，结果发现，1∶1 的组成在球磨 30min 后便释放出大量的氢(4%)，当 $LiNH_2$ 含量减少至 3∶1 时，释放出氢量减少至约 0.6%，随着 $LiNH_2$ 含量进一步减少到 11.5∶1 和 30∶1，球磨 30min 几乎不释放出氢。XRD 证实了球磨时释氢反应仅为 $LiAlH_4$ 的分步分解 R1 和 R2 反应，差热 DSC 分析表明 R1 反应为放热反应，而 R2 反应为吸热反应，但两者都是在接近于室温下的球磨反应。没有任何证据表明 $LiNH_2$ 参与了球磨反应，且其不能看作 $LiAlH_4$ 的分解反应的催化剂，因为 1∶1 组成时其含量高达 37.7%。随后的热分解和 XRD 分析结果发现组成不同的($n$$LiAlH_4$+$LiNH_2$)样品热分解释氢如同球磨释氢一样，仅是

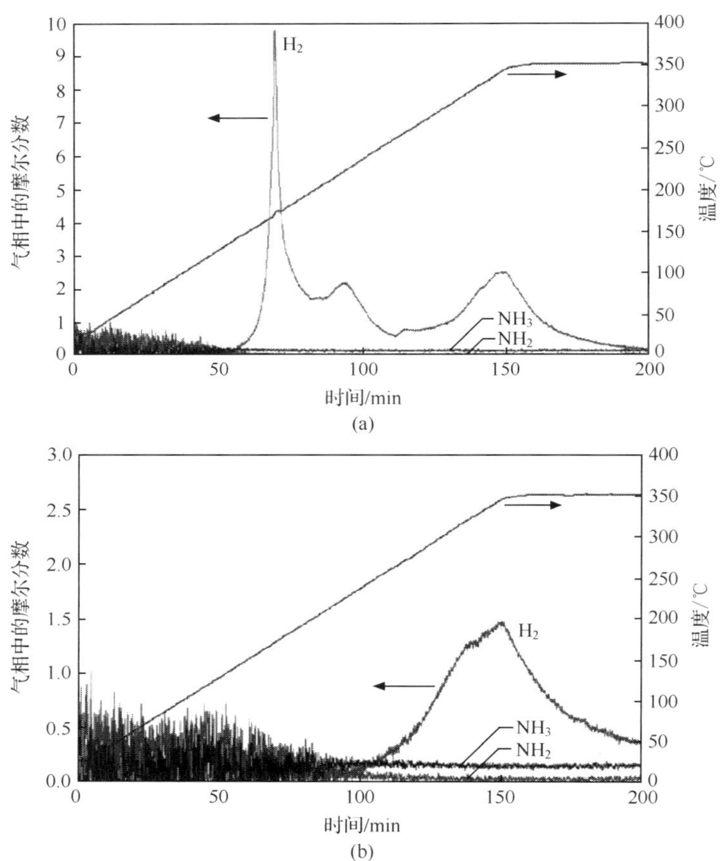

图 7.21　$LiAlH_4$-$2LiNH_2$ 系统(a)与 LiH-$LiNH_2$ 系统(b)的热分解对比

$LiAlH_4$ 的分解释氢步骤 R1 和 R2。可见 Varin 的结果支持了 Chater 的结论，即认为 $LiAlH_4+LiNH_2$ 无论是球磨时还是热分解时，均没有新的 M-Al-N-H 相生成，但他们都无法解释球磨时在低温产生释氢步骤 R1 和 R2 的机理。

然而，Xiong 等[37]的研究却表明，$LiAlH_4$-$2LiNH_2$ 系统球磨时就可产生大量的氢气，并且球磨后固相产物的 XRD 和红外光谱分析均表明有一个与 Li-N-B-H 中间相相似的新中间相 Li-Al-N-H 生成，组成确定为 $Li_3AlN_2H_4$，其可能是 $LiNH_2+AlN+2LiH$ 的混合物。球磨时所发生的反应为 $2\ LiNH_2+LiAlH_4 \longrightarrow [Li_3AlN_2H_4]+2H_2$，释放出的氢气量为 4.76%。将这个中间相加热至 500℃可释放出另外的 4 个 H，从而形成了 Li_3AlN_2。Li_3AlN_2 的吸放氢动力学(图 7.23)和核磁共振分析(图 7.24)研究表明，该化合物具有吸放氢可逆性，可逆储氢量可达 5.17%。本书采用热力学对这一系统中进行的反应进一步进行分析，认为该吸放

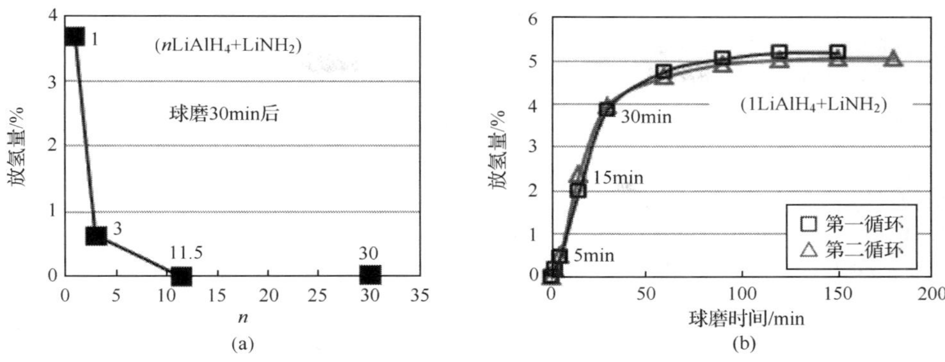

图 7.22　$LiAlH_4$ + $LiNH_2$ 系统球磨时的放氢量

氢可逆反应为 $Li_3AlN_2 + 2H_2 \longleftrightarrow LiNH_2 + 2LiH + AlN$，反应的焓变为 $\Delta H = -50.1kJ/molH_2$。Dolotko 等[38]也认为 1∶1 摩尔比的 $LiAlH_4$-$LiNH_2$ 系统释氢的总反应产物为 Li_3AlN_2、金属 Al、LiH 以及 9%的氢，但其放氢产物需在 275℃下 180bar 的高压氢中吸氢后变为 $LiNH_2$ 和无定形的 AlN。

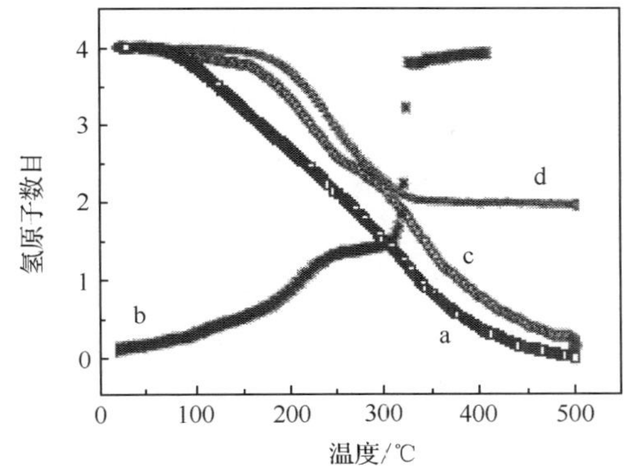

图 7.23　Li_3AlN_2 的可逆吸放氢动力学

a 为 12h 球磨 $LiAlH_4$-2$LiNH_2$ 后放氢，b 为吸氢，c 为 b 步骤后放氢，d 为 LiH+2$LiNH_2$ 系统的放氢

对于粉末状的固体储氢材料，吸放氢反应均为固相反应，其动力学通常由粒子通过晶格扩散来限制反应速率，可以设想能否通过合适的溶剂来加速物质传递步骤从而改善其动力学性能。实验证明，铝氢化锂添加少量的溶剂六甲基磷酰三胺(HMPA)可降低其分解温度约 100℃[39]。HMPA 是一种多功能的对质子惰性的高沸点极性溶剂，其可与铝氢化锂中的锂离子结合而降低铝氢化锂的释氢温度。Zheng 等[40]在 1∶1 的 $LiAlH_4$-$LiNH_2$ 系统中加入少量 HMPA(160mg 储氢材料样品中加入 10mL HMPA)发现，正如所希望的那样，HMPA 的加入使系统的放氢温度降至约 50℃(图 7.25)，低于质子交换膜燃料电池的使用温度，在 5h 内新系统

可释放出 8.1%的放氢量。

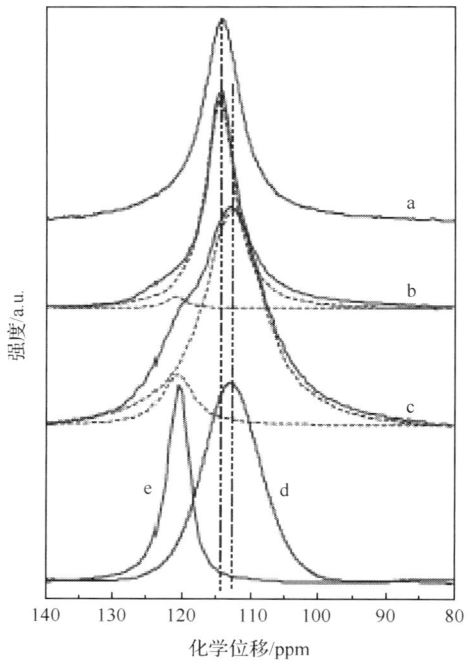

图 7.24 核磁共振分析结果

a 为 Li_3AlN_2，b 为在 200℃部分吸氢后，c 为在 280℃部分吸氢后，d 为在 330℃吸氢完全后，e 为三元铝氨基化合物 $LiAl(NH_2)_4$

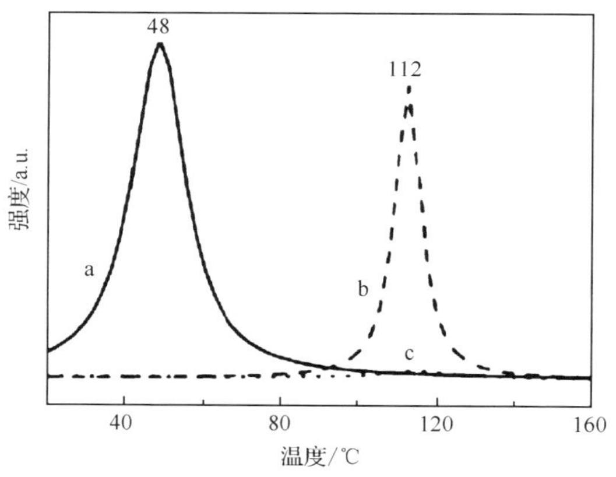

图 7.25 三个样品的控温分解

a 为 $LiAlH_4$-$LiNH_2$/HMPA，b 为 $LiAlH_4$/HMPA，c 为 $LiNH_2$/HMPA

加入少量 HMPA 的 $LiAlH_4$-$LiNH_2$ 系统表现出较 $LiAlH_4$/HMPA 系统和未加入 HMPA 的固相 $LiAlH_4$-$LiNH_2$ 系统优异的放氢动力学性能(图 7.26)。质谱分析表明,$LiNH_2$ 的存在可使放氢过程的初期产生大量的[AlH],随后 $LiNH_2$ 与[AlH]反应生成 Al 和 Li_2NH 并释放出氢气。另外 Kojima 等[41]发现纳米 Ni 催化剂可将 Li-Al-N-H 系统在 473～573K 时的储氢量由 1%～2%提升两倍至3%～4%。

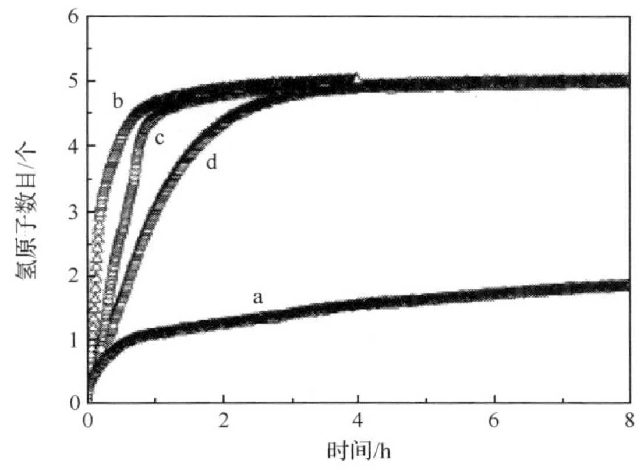

图 7.26　不同温度下的放氢动力学

a 为 $LiAlH_4$/HMPA 样品在 50℃，b、c、d 为 $LiAlH_4$-$LiNH_2$/HMPA 样品分别在 90℃、60℃、50℃

7.2.2　$LiAlH_4$-$NaNH_2$ 系统

早期研究 $LiAlH_4$-$NaNH_2$ 系统所采用的组成为 1∶1[42],球磨 30min 后该系统就可释放出约 5%的氢(图 7.27),而单一的 $LiAlH_4$ 球磨时并未释放出氢,说明 $LiAlH_4$ 与 $NaNH_2$ 之间的反应可在室温下发生,且为放热反应。随着球磨时间的增加,系统中的反应物也发生变化,其中 Na 为 $NaNH_2$→$NaAlH_4$ 和 $Li_3Na(NH_2)_4$→$LiNa_2AlH_6$→NaH;Li 为 $LiAlH_4$→$Li_3Na(NH_2)_4$→$LiNa_2AlH_6$→$LiNH_2$→未知化合物;Al 为 $LiAlH_4$→$NaAlH_4$→$LiNa_2AlH_6$＋Al→Al＋未知化合物。经过 XRD、红外光谱以及 XPS 研究发现未知化合物的组成为 $LiAl_{0.33}NH$,DSC 测试这种化合物的生成焓变约为－218kJ/mol,因此总反应可能是 $LiAlH_4$＋$NaNH_2$ ⟶ NaH＋0.67Al＋$LiAl_{0.33}NH$＋$2H_2$。

Chua 等[43]系统地研究了组成分别为 1∶2 和 2∶1 的 $LiAlH_4$-$NaNH_2$ 系统球磨时的反应以及球磨后的放氢反应,也印证了上述结果,两种组成的 $LiAlH_4$-$NaNH_2$ 系统球磨时也释放出氢,且释氢量(4 个氢原子,相当于 5%的释氢量)与系统的组成为 1∶1 时一样(图 7.28)。值得注意的是系统中随着 $LiAlH_4$ 含量的增加,释氢速率急剧增大。

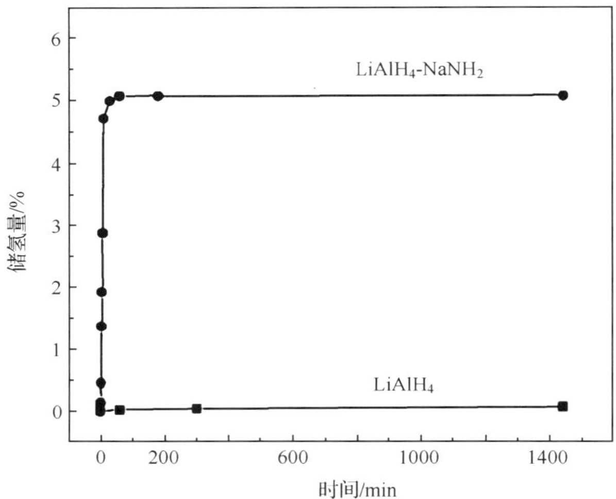

图 7.27　球磨时 $LiAlH_4$-$NaNH_2$ 系统的释氢行为

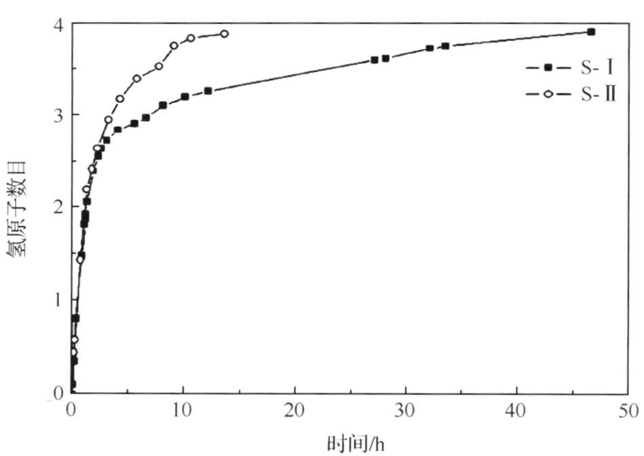

图 7.28　两个组成不同的系统球磨时的释氢过程

S-Ⅰ为 $LiAlH_4$-$2NaNH_2$，S-Ⅱ为 $2LiAlH_4$-$NaNH_2$

通过不同球磨阶段的反应产物的 XRD、红外光谱以及质谱分析球磨过程中系统组成对释氢反应的影响，发现对于 1∶2 和 2∶1 组成的系统球磨时反应途径和总反应结果都不同。组成为 1∶2 的系统球磨时的反应途径为

$$LiAlH_4 + 2NaNH_2 \longrightarrow 1/3Li_3Na(NH_2)_4 + NaAlH_4 + 2/3NaNH_2$$

$$\downarrow -H_2$$

$$\cdots Na_3AlH_6 + \cdots Li_3Na(NH_2)_4 + \cdots NaNH_2$$

$$\downarrow -H_2$$

$$LiAl(NH)_2 + 2NaH$$

而组成为 2∶1 的系统球磨时的反应途径为

$$2LiAlH_4 + NaNH_2 \longrightarrow 1/4Li_3Na(NH_2)_4 + 5/4LiAlH_4 + 3/4NaAlH_4$$
$$\downarrow$$
$$LiNH_2 + LiAlH_4 + NaAlH_4$$
$$\downarrow -H_2$$
$$1/2Li_3AlH_6 + 1/2LiNH_2 + 1/2AlN + NaAlH_4$$
$$\downarrow -H_2$$
$$2LiH + AlN + NaAlH_4$$
$$(Li_2AlNH_2)$$

所以总的反应可写为

$$LiAlH_4 + 2NaNH_2 \longrightarrow 2NaH + [LiAlN_2H_2] + 2H_2 \quad \text{（组成为 1∶2 的系统）}$$
$$2LiAlH_4 + NaNH_2 \longrightarrow NaAlH_4 + [Li_2AlNH_2] + 2H_2 \quad \text{（组成为 2∶1 的系统）}$$

对两个组成不同的系统球磨后产物的热分析实验表明，组成为 1∶2 的样品在 320℃的吸热放氢峰对应的是 NaH 的分解反应，较宽的放氢峰是$[LiAlN_2H_2]$的分解释氢峰；而组成为 2∶1 的样品主要的吸热放氢峰对应的反应是 $NaAlH_4$ 与$[Li_2AlNH_2]$反应的释氢峰而不是 $NaAlH_4$ 分解反应，如图 7.29 所示。

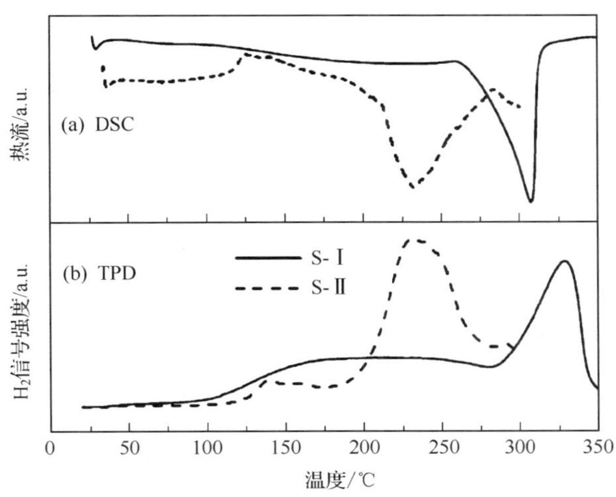

图 7.29　两个组成不同的系统球磨后的热分析结果

S-Ⅰ为 $LiAlH_4$-$2NaNH_2$，S-Ⅱ为 $2LiAlH_4$-$NaNH_2$

Chua 等[44]还系统地研究了 $LiAlH_4$ 对 $LiAl(NH_2)_4$ 的改性作用。将摩尔比为 1∶1、1∶2 和 1∶3 的 $LiAlH_4 + LiAl(NH_2)_4$ 混合物进行球磨时发现，球磨 2h 就有大量的氢放出，对于摩尔比为 1∶3 的系统球磨 12h 后有 16 个 H 放出，储氢量约为 7.5%。XRD 和质谱分析表明球磨时有复杂组成的 $Li_nAlH_{4-x}N_x$中间产物产生，该系统最后分解产物为 AlN 和 LiH。

7.2.3 $LiAlH_4$-$Mg(NH_2)_2$ 系统

对 $LiAlH_4$ 改性的 $Mg(NH_2)_2$ 系统研究较少，可能是由于 $Mg(NH_2)_2$ 没有市售，需要实验室自制，且自制过程较为繁琐，又不容易制得纯净的氨基镁。Liu 等[45]采用金属 Mg 与 NH_3 反应在 300℃制备 $Mg(NH_2)_2$，并研究了摩尔比为 1∶1 的 $LiAlH_4$-$Mg(NH_2)_2$ 系统球磨反应以及球磨后产物的热分解过程。与$LiAlH_4$-$LiNH_2$ 系统相似，球磨过程中该系统就可以释放出氢。在最初的 6h 球磨后，系统可释放出大约 4.4 个氢原子，延长球磨时间，更多的氢被释放出来，直至球磨 18h 后，系统总共可释放出大约 6 个氢原子，相当于 6.2%的储氢量(图 7.30)。可见，$LiAlH_4$ 与 $Mg(NH_2)_2$ 可在室温下反应放出氢气。

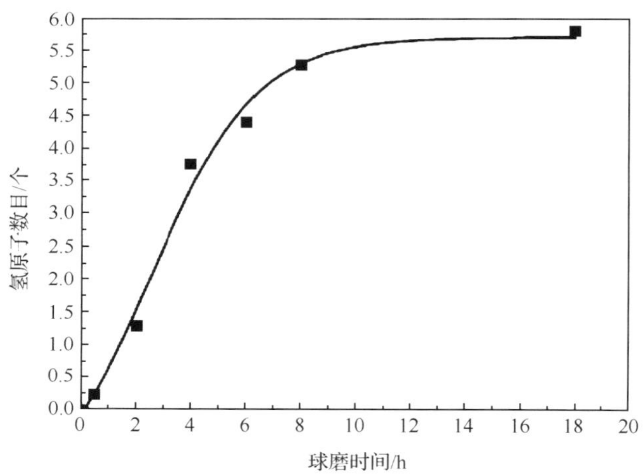

图 7.30 1∶1 的 $LiAlH_4$-$Mg(NH_2)_2$ 系统球磨释氢过程

对球磨后产物的热分解实验(图 7.31)发现，在 500℃以下，球磨产物还能释放出 2 个氢原子的储氢量，球磨以及球磨后热分解后系统总共可释放 8 个氢原子，相当于 8.4%的储氢量，说明该系统的储氢量相当高，且释氢过程中氨气的释放可以忽略。

XRD、红外光谱以及质谱分析可知，球磨过程中形成了[AlN_xH_{4-x}]、[AlH_6]和[Al]三种物质，热分解后的产物只有 Mg_3N_2 和 Li_3AlN_2，据此，本书推断该系统的放氢反应为 $LiAlH_4 + Mg(NH_2)_2 \longrightarrow 1/3Mg_3N_2 + 1/3Li_3AlN_2 + 2/3AlN + 4H_2$，系统的理论储氢量为 8.5%。本书还讨论了这个系统的可逆性，球磨后样品的 DSC 曲线发现该系统放氢反应为放热反应，焓变约为 32.9kJ/molH_2，这个焓变不大，预示着该系统是可逆的或者至少是部分可逆的。实验验证了这个猜测，将热

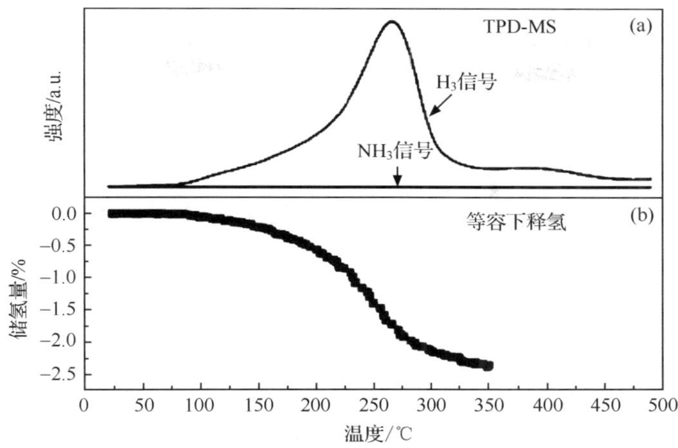

图 7.31　$LiAlH_4$-$Mg(NH_2)_2$ 系统球磨后控温分解和质谱结果

分解后样品在 350℃下 80bar 的氢压中吸氢后再放氢(图 7.32),可以发现,系统在 350℃以下只能吸氢 1.5%,因此其只具有部分可逆性。

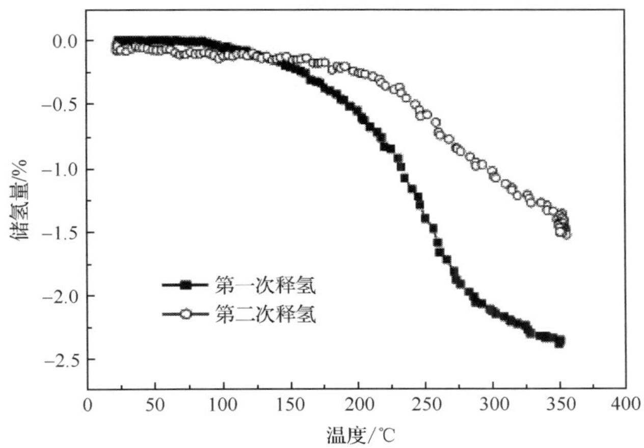

图 7.32　$LiAlH_4$-$Mg(NH_2)_2$ 系统球磨后控温分解产物的可逆性

7.2.4　其他铝氢化物改性

随着化学合成技术的进步,陆续制备出了一些其他较重元素的铝氢化物,如 $Mg(AlH_4)_2$[46]、$Ca(AlH_4)_2$[47] 等,以及两种金属元素的复合铝氢化物,如 Na_2LiAlH_6[48]等。现阶段主要研究方向是针对这些电负性较大(相比于 Li、Na)的金属取代 Li 后铝氢化物的分解释氢性能进行研究,着重点是寻找合适的催化剂研究其催化分解性能,几乎未见其与 M-N-H 系统混合构建新的储氢材料系统的研究报道，但是可以预期不久的将来，这些新的由较重金属铝氢化物和氨基化物组成的储氢材料系统将会得到重视。

7.3 本章小结

本章介绍了采用含氢量大的硼氢化物和铝氢化物对 M-N-H 系统的改性研究进展，尽管添加了不同组成的硼氢化物和铝氢化物后系统的初始放氢温度得到极大的降低，多数情况下降至室温，放氢量增大至 8%左右，放氢动力学也得到明显的改善，但新系统的可逆性较差，主要的原因是氮化物、硼化物吸氢性能差，为了提高可逆性，必须对系统进行放氢产物可控释氢，但这又引起储氢量变小，因此，为了取得较好的综合性能，对这些新系统吸氢反应催化剂的研究将成为重点。

氢作为能源载体，与电能一样，具有可再生、清洁、CO_2 减排等一系列优势。氢能的利用现阶段最重要的是储氢技术的研究进展，发展低成本、高效的储氢材料一直是科技人员追求的目标。金属氨基化物、氢化物、硼氢化物以及铝氢化物由于其密度小、含氢量高一直是储氢材料的研究重点。但是作为单一的储氢材料，其性能往往达不到车载氢源和质子交换膜燃料电池的应用要求，因此将它们两者或三者有机地结合最有希望得到储氢量大、可逆性良好、吸放氢动力学快、吸放氢条件温和的储氢材料系统，这必然是储氢材料的发展方向。当然合成新的储氢材料也是必不可少的，如 Zn、Mn 的硼氢化物以及轻金属的氨硼烷，因其具有更大的储氢量或者吸放氢条件温和而受到重视。随着储氢材料的发展以及其他技术问题的解决，氢能将离我们的实际生活越来越近，也许本世纪中叶氢能将面临爆炸式发展，人们将会生活在氢能与电能组成的新的能源体系中，人类社会将步入崭新的发展阶段。

参考文献

[1] Wang J H, Hu J J, Liu Y F, et al. Effects of triphenyl phosphate on the hydrogen storage performance of the $Mg(NH_2)_2$-LiH system. Journal of Materials Chemistry, 2009, 192: 141-146.

[2] 陈志. Li-N-H 储氢材料的制备、表征及性能研究. 天津:南开大学硕士学位论文，2011

[3] Orimo S, Nakamori Y, Eliseo J R, et al. Complex hydrides for hydrogen storage. Chemical Reviews, 2007, 107: 4111-4132.

[4] Hino S, Ichikawa T, Kojima Y. Thermodynamic properties of metal amides determined by ammonia pressure-composition isotherms. Journal of Chemical Thermodynamics, 2010, 42: 140-143.

[5] Schlesinger H I, Brown H C. Metallo borohydrides. III. Lithium borohydride. Journal of the American Chemical Society, 1940, 62: 3429-3435.

[6] Züttel A, Borgschulte A, Orimo S I. Tetrahydroborates as newhydrogen storage materials. Scripta Materialia, 2007, 56: 823-828.

[7] Friedrichs O, Buchter F, Borgschulte A, et al. Direct synthesis of Li[BH_4] and Li [BD_4] from the ele-

ments. Acta Materialia，2008，56：949-954.

[8] Li C，Peng P，Zhou D W，et al. Research progress in $LiBH_4$ for hydrogen storage：A review. International Journal of Hydrogen Energy，2011，36：14512-14526.

[9] Soulié J-P，Renaudin G，Černý R，et al. Lithium borohydride $LiBH_4$：I. Crystal structure. Journal of Alloys and Compounds，2002，346：200-205.

[10] Sundqvist B，Andersson O. Thermal conductivity and phasediagrams of some potential hydrogen storage materialsunder pressure. International Journal of Thermophysics，2009，30：1118-1129.

[11] Friedrichs O，Borgschulte A，Kato S，et al. Low-temperature synthesis of $LiBH_4$ by gase solid reaction. Chemistry：A European Journal，2009，15：5531-5534.

[12] Au M，Spencer W，Jurgensen A，et al. Hydrogen storage properties of modified lithium borohydrides. Journal of Alloys and Compounds，2008，462：303-309.

[13] Zhang Y，Zhang W S，Wang A Q，et al. $LiBH_4$ nanoparticles supported by disordered mesoporous carbon：hydrogen storage performances and destabilization mechanisms. International Journal of Hydrogen Energy，2007，32：3976-3980.

[14] Li H，Nakamori Y，Miwa K，et al. Complex hydrides for advanced hydrogen storage media. WHEC 16/13-16 June 2006-Lyon France.

[15] Pinkerton F E，Meisner G P，Meyer M S，et al. Hydrogen desorption exceeding ten weight percent from the new quaternary hydride $Li_3BN_2H_8$. Journal of Physical Chemistry B，2005，109：6-8.

[16] Pinkerton F E，Meyer M S，Meisner G P，et al. Improved hydrogen release from $LiB_{0.33}N_{0.67}H_{2.67}$ with noble meta ladditions. Journal of Physical Chemistry B，2006，110：7967-7974.

[17] Wu H，Zhou W，Wang K，et al. Size effects on the hydrogen storage properties of nano-scaffolded $Li_3BN_2H_8$. Nanotechnology，2009，20：204002.

[18] Filinchuk Y E，Yvon K，Meisner G P，et al. On the composition and crystal structure of the new quaternary hydride phase $Li_4BN_3H_{10}$. Inorganic Chemistry，2006，45：1433-1435.

[19] Chater P A，David W I F，Johnson S R，et al. Synthesis and crystal structure of $Li_4BH_4(NH_2)_3$. Chemical Communications，2006：2439-2441.

[20] Herbst J F，Hector L G. Electronic structure and energetic of the quaternary hydride $Li_4BN_3H_{10}$. Applied Physics Letters，2006，88：231904.

[21] Siegel D J，Wolverton C，Ozolin V. Reaction energetic and crystal structure of $Li_4BN_3H_{10}$ from first principles. Physical Review B，2007，75：014101.

[22] Tang W S，Wu G T，Liu T，et al. Cobalt-catalyzed hydrogen desorption from the $LiNH_2$-$LiBH_4$ system. Dalton Transactions，2008，2395-2399.

[23] Zheng X L，Wu G T，Teng H E，et al. Improved hydrogen desorption properties of Co-doped Li_2BNH_6. Chinese Science Bulletin，2011，56(2323)：2481-2485.

[24] Yang J，Sudik A，Wolverton C. Destabilizing $LiBH_4$ with a metal(M=Mg，Al，Ti，V，Cr，or Sc) or metal hydride（$MH_2=MgH_2$，TiH_2，or CaH_2）. Journal of Physical Chemistry C，2007，111：19134-19140.

[25] Yang J，Sudik A，Siegel D J，et al. Hydrogen storage properties of $2LiNH_2+LiBH_4+MgH_2$. Journal of Alloys and Compounds，2007，446，447：345-349.

[26] Sudik A，Yang J，Siegel D J，et al. Impact of stoichiometry on the hydrogen storage properties of $LiNH_2$-$LiBH_4$-MgH_2 ternary composites. Journal of Physical Chemistry C，2009，113：2004-2013.

[27] Hu J J, Liu Y F, Wu G T, et al. Improvement of hydrogen storage properties of the Li-Mg-N-H system by addition of LiBH. Chemistry of Materials, 2008, 20: 4398-4402.

[28] Lewis G J, Sachtler J W A, Low J J, et al. High throughput screening of the ternary $LiNH_2$-MgH_2-$LiBH_4$ phase diagram. Journal of Alloys and Compounds, 2007, 446,447: 355-359.

[29] Zhang X G, Li Z N, Lv F, et al. Improved hydrogen storage performance of the $LiNH_2$-MgH_2-$LiBH_4$ system by addition of ZrCo hydride. International Journal of Hydrogen Energy, 2010, 35: 7809-7814.

[30] D'Angelo A, Kuravi S, Niemann M, et al. Effect of Nb_2O_5 on the hydrogen storage characteristics of Li-*n*Mg-B-N-H complex hydrides. International Conference on Engineering and Meta-Engineering, 2010,4:6-9.

[31] Srinivasan S S, Niemann M U, Hattrick-Simpers J R, et al. Effects of nano additives on hydrogen storage behavior of the multinary complex hydride $LiBH_4/LiNH_2/MgH_2$. International Journal of Hydrogen Energy, 2010, 35: 9646-9652.

[32] Pabitra Choudhury. Theoretical and Experimental Study of Solid State Complex Borohydride Hydrogen Storage Materials. Tampa:University of South Florida, 2009.

[33] Chu H L, Wu G T, Zhang Y, et al. Improved dehydrogenation properties of calcium borohydride combined with alkaline-earth metal amides. Journal of Physical Chemistry C, 2011, 115: 18035-18041.

[34] Liu B, Chua Y S, Wu G T, et al. Synthesis and dehydrogenation of $LiCa(NH_2)_3(BH_3)_2$. International Journal of Hydrogen Energy,2012, 37: 9076-9081.

[35] Chater P A, Anderson P A, Prendergast J W, et al. Synthesis and characterization of amide-borohydrides: New complex light hydrides for potential hydrogen storage. Journal of Alloys and Compounds, 2007, 446,447: 350-354.

[36] Varin R A, Zbroniec L. Mechanical and thermal dehydrogenation of lithium alanate ($LiAlH_4$) and lithium amide ($LiNH_2$) hydride composites. Crystals, 2012, 2(2): 159-175.

[37] Xiong Z T, Wu G T, Hu J J, et al. Reversible hydrogen storage by a Li-Al-N-H complex. Advanced Functional Materials, 2007, 17: 1137-1142.

[38] Dolotko O, Kobayashi T, Wiench J W, et al. Investigation of the thermochemical transformations in the $LiAlH_4$-$LiNH_2$ system. International Journal of Hydrogen Energy, 2011, 36(17): 10626-10634.

[39] Zheng X L, Xiong Z T, Qin S, et al. Dehydrogenation of $LiAlH_4$ in HMPA. International Journal of Hydrogen Energy, 2008, 33: 3346-3350.

[40] Zheng X L, Xu W L, Xiong Z T, et al. Ambient temperature hydrogen desorption from $LiAlH_4$-$LiNH_2$ mediated by HMPA. Journal of Materials Chemistry, 2009, 19: 8426-8431.

[41] Kojima Y, Matsumoto M, Kawai Y, et al. Hydrogen absorption and desorption by the Li-Al-N-H system. Journal of Physical Chemistry B, 2006, 110 (19): 9632-9636.

[42] Xiong Z T, Hu J J, Wu G T, et al. Large amount of hydrogen desorption and stepwise phase transition in the chemical reaction of $NaNH_2$ and $LiAlH_4$. Catalysis Today, 2007, 120: 287-291.

[43] Chua Y S, Wu G T, Xiong Z T, et al. Investigations on the solid state interaction between $LiAlH_4$ and $NaNH_2$. Journal of Solid State Chemistry, 2010, 183: 2040-2044.

[44] Chua Y S. Development of High Hydrogen Capacity Complex and Chemical Hydrides for Hydrogen Storage. Singapore:National University of Singapore, 2011.

[45] Liu Y F, Hu J J, Wu G T, et al. Large amount of hydrogen desorption from the mixture of $Mg(NH_2)_2$ and LiAlH. Journal of Physical Chemistry C, 2007, 111(51): 19161-19164.

[46] Fichtner M, Fuhr O, Kircher O. Magnesium alanate: A material for reversible hydrogen storage? Journal of Alloys and Compounds, 2003, 356, 357: 418-422.

[47] Kabbour H, Ahn C C, Hwang S J, et al. Direct synthesis and NMR characterization of calcium alanate. Journal of Alloys and Compounds, 2007, 446,447: 264-266.

[48] Brinks H W, Hauback B C, Jensen C M, et al. Synthesis and crystal structure of Na_2LiAlD_6. Journal of Alloys and Compounds, 2005, 392(1,2): 27-30.